国家出版基金项目
NATIONAL PUBLICATION FOUNDATION

中国扬子区奥陶纪末至志留纪初

含页岩气地层

Late Ordovician to Early Silurian
Shale Gas Bearing Strata from
the Yangtze Region, China

陈 旭 王红岩 等 著

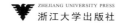
Zhejiang University Press
浙江大学出版社

图书在版编目（CIP）数据

中国扬子区奥陶纪末至志留纪初含页岩气地层 / 陈旭等著. -- 杭州：浙江大学出版社, 2021.8
　　ISBN 978-7-308-21574-9

　　Ⅰ.①中… Ⅱ.①陈… Ⅲ.①奥陶纪—油页岩—区域地层—中国 ②志留纪—油页岩—区域地层—中国
Ⅳ.①P618.120.2

中国版本图书馆CIP数据核字（2021）第137862号

中国扬子区奥陶纪末至志留纪初含页岩气地层

陈　旭　　王红岩　等　著

策划编辑	徐有智　许佳颖
责任编辑	伍秀芳　范洪法
责任校对	汪淑芳
封面设计	程　晨
出版发行	浙江大学出版社
	（杭州天目山路148号　　邮政编码310007）
	（网址：http://www.zjupress.com）
排　　版	杭州林智广告有限公司
印　　刷	浙江海虹彩色印务有限公司
开　　本	889mm×1194mm　1/16
印　　张	17.25
字　　数	365千
版 印 次	2021年8月第1版　2021年8月第1次印刷
书　　号	ISBN 978-7-308-21574-9
定　　价	168.00元

审图号　GS（2021）976号

主要著者名单

陈　旭　中国科学院南京地质古生物研究所，南京市北京东路39号
xuchen@nigpas.ac.cn

王红岩　中国石油勘探开发研究院，北京市海淀区学院路20号
wanghongyan69@petrochina.com.cn

赵　群　中国石油勘探开发研究院，北京市海淀区学院路20号
zhaoqun69@petrochina.com.cn

邱　振　中国石油勘探开发研究院，北京市海淀区学院路20号
qiuzhen@petrochina.com.cn

陈吉涛　中国科学院南京地质古生物研究所，南京市北京东路39号
jtchen@nigpas.ac.cn

聂海宽　中国石化石油勘探开发研究院，北京市海淀区学院路31号
niehk.syky@sinopec.com

前　言

存在于海相黑色页岩中的页岩气是我国重要的油气资源。页岩气在非常规天然气中是一类清洁能源，尤为可贵。2019年，中国页岩气年产量为154×10^8 m³；2020年，中国页岩气年产量为200×10^8 m³。四川盆地及其周缘奥陶系顶部五峰组和志留系底部龙马溪组的两套黑色笔石页岩，正是目前我国页岩气勘探开发的主要产出层位。

2014年5月，在中石化涪陵会议上，笔者提出了用五峰组和龙马溪组笔石带序列的划分与对比，来解决含页岩气的这两套黑色页岩的精确划分和对比。这种笔石生物地层学的方法，被公认为卡准含页岩气层位的"标尺"。随后，我们组织了中石油、中石化和中国地调局的青年科研骨干，成立页岩气生物地层小组。六年来，我们鉴定和研究了扬子区奥陶系-志留系含页岩气黑色页岩的64口井的岩芯，以及8条重要地层剖面，并及时向各部门（公司）提供了咨询报告。前后三次开办培训班，组织野外现场教学，取得了积极的效果。在此基础上，先后发表了扬子区奥陶系-志留系黑色页岩的阶段渐进展布模式和宜昌上升的圈层展布模式（陈旭等，2017，2018），以及有关重要井位、重要地区的井下含页岩气地层论文（王红岩等，2015；罗超等，2017；梁峰等，2016，2017；聂海宽等，2017；孙莎莎等，2018；邱振和邹才能，2020）。

在上述六年的工作和研究基础之上，本书对扬子区五峰组和龙马溪组两套黑色页岩中的含页岩气地层进行系统总结。在论证了扬子区奥陶纪至志留纪时期的地质背景后，对扬子区的五峰组和龙马溪组黑色页岩的划分和对比进行总结，并在全球范围内讨论了奥陶系与志留系之间的黑色笔石页岩分布，对其进行了全球地层对比和含烃潜力评估；讨论了笔石动物群的演替以及有机质的富集，分析了奥陶纪与志留纪间古环境变迁，归纳出扬子区奥陶纪末至志留纪初页岩气富集的甜点层位；结合这些甜点层位上下的斑脱岩富集，讨论了斑脱岩代表的火山喷发和邻近海域有机质富集的关系。为了把笔石生物地层在井下的划分与页岩气勘探密切结合，本书还专章讨论了自然伽马测井响应与同地生物地层带的对应相当关系。

六年来，中石油、中石化和国家地调局系统各单位在扬子区奥陶纪末至志留纪初黑色页岩层位中开发的页岩气，无一例外都在我们建议的五峰组WF2至龙马溪组LM6的9个优质笔石带层位之内，就是对我们研究工作的最大肯定。

本书的写作和出版得到国家油气科技重大专项（National Science and Technology Major Project of China）"四川盆地及周缘页岩气形成富集条件、选区评价技术与应用"（项目号：20172x05035）和国家自然科学基金（National Natural Science Foundation of China）"华南五峰组–龙马溪组黑色页岩高有机质富集与生物多样性相关性研究"（项目号：41972162）的联合资助，并得到中国石油勘探开发研究院、中国石化勘探开发研究院、成都地质矿产研究所、青岛海洋地质研究所和浙江湖州地质资源与地质工程实验室的支持，在此一并致谢。

本书的英文版全文随即刊出。

参考文献

陈旭, 樊隽轩, 王文卉, 等. 黔渝地区志留系龙马溪组黑色笔石页岩的阶段性渐进展布模式. 中国科学:地球科学, 2017, 47(6):720-732.

陈旭, 陈清, 甄勇毅, 等. 志留纪初宜昌上升及其周缘龙马溪组黑色笔石页岩的圈层展布模式. 中国科学:地球科学, 2018, 48(9):1198-1026.

梁峰, 拜文华, 邹才能, 等. 渝东北地区巫溪2井页岩气富集模式及勘探意义. 石油勘探与开发, 2016, 43(3):350-358.

梁峰, 王红岩, 拜文华, 等. 川南地区五峰组–龙马溪组页岩笔石带对比及沉积特征. 天然气工业, 2017, 37(7):20-26.

罗超, 王兰生, 石学文, 等. 长宁页岩气田宁211井五峰组–龙马溪组生物地层. 地层学杂志, 2017, 41(2):142-152.

聂海宽, 金之钧, 马鑫, 等. 四川盆地及邻区上奥陶统五峰组–下志留统龙马溪组底部笔石带及沉积特征. 石油学报, 2017, 32(2):160-174.

邱振, 邹才能. 非常规油气沉积学:内涵与展望. 沉积学报, 2020, 38(1):1-29.

孙莎莎, 芮昀, 董大忠, 等. 中、上扬子地区晚奥陶世–早志留世古地理演化及页岩沉积模式. 石油与天然气地质, 2018, 39(6):1087-1106.

王红岩, 郭伟, 梁峰, 等. 四川盆地威远页岩气田五峰组和龙马溪组黑色页岩生物地层特征与意义. 地层学杂志, 2015, 39(3):289-293.

目　录

1　绪　论

陈　旭　王红岩

页岩气是一种以吸附或游离方式存在于可生烃的、富有机质页岩或泥岩中的天然气，它是自储成藏的非常规天然气，储层孔隙微小且渗透率低，开发时需进行体积压裂，工艺技术要求较高。页岩气是一种可贵的清洁能源，近年来引起世界各国能源开发界的广泛关注。

美国是最早发现并开采页岩气的国家，至今仍是页岩气产量最大的国家。美国页岩气发展总体可划分为三个阶段：科学探索阶段、技术突破阶段和跨越发展阶段。

（1）科学探索阶段（1821—1996年）

早在1821年，哈特（Hart）就在纽约州弗雷德尼亚镇（Fredonia）钻探美国陆上第一口油气井，首次成功获得页岩气。20世纪40年代，部分企业将页岩气作为一种非常规油气资源开始探索，相继在安特里姆郡（Antrim）、巴内特郡（Barnett）和德文郡（Devonian）等页岩气田进行了开发试验。

20世纪70年代，由于石油危机的影响，美国政府出台了多项政策促进页岩气等非常规油气开发，并开展大量探索性开发，页岩气产量初具规模。1997年，页岩气年产量达到了$80 \times 10^8 \mathrm{m}^3$，主要来自安特里姆郡（Antrim）、马塞勒斯（Marcellus）等页岩气田。

（2）技术突破阶段（1997—2003年）

2002年，水平井多段压裂技术试验成功并开始推广应用，成为页岩气开发的有效技术。Barnett页岩气田的开发得到突破后，产量快速增长，2002年产量达到$54 \times 10^8 \mathrm{m}^3$，成为美国最大的页岩气田；2003年页岩气年产量为$75 \times 10^8 \mathrm{m}^3$，占美国页岩气田总产量的28%。

（3）跨越发展阶段（2004年至今）

Barnett页岩气田开发的成功经验在海恩斯维尔（Haynesville）、马塞勒斯（Marcellus）、尤蒂卡（Utica）等页岩气田相继推广应用，页岩气产量迅猛增长，快速成为美国天然气产量的主体。2007年，费耶特维尔（Fayetteville）和伍德福德（Woodford）页岩气田实现了规模有效开发，而巴肯（Bakken）、伊格福特（Eagle Ford）、二叠（Permian）等一批以页岩油为主的储层也获得有效开发，页岩油产量快速增长。2019年产量跨越到$7140 \times 10^8 \, m^3$，页岩气资源实现了高效开发。

邹才能等（2015）将全球页岩气开发的总体情况与我国做了一个简明对照，如表1-1和1-2所示。

表1-1 全球主要页岩气田发现时间及资源分布（邹才能等，2015）

气　田	国家	可采集资源量($\times 10^{12} \, m^3$)	发现年份	含气面(km^3)	深度(m)
巴内特郡（Barnett）	美国	1.22	1981	13000	1980～2590
马塞勒斯（Marcellus）	美国	7.40	2008	240000	1220～3250
海恩斯维尔（Haynesville）	美国	7.10	2007	23000	3200～4115
费耶特维尔（Fayetteville）	美国	1.17	2003	23000	305～2134
伍德福德（Woodford）	美国	0.32	2003	28500	1829～3353
新奥尔巴尼（New Albany）	美国	0.54	1858	113000	152～610
安特里姆郡（Antrim）	美国	0.56	20世纪40年代	31000	183～671
刘易斯（Lewis）	美国	0.56	1998	10000	915～1830
霍恩河（Horn River）	加拿大	3.79	1963	21000	2500～3000
巴肯（Bakken）	加拿大	0.06	1953	225300	1524～2682
科罗拉多州（Colorado）	加拿大	1.21	1877	321200	1524～3048
瓦卡姆尔塔（Vaca Muerta）	阿根廷	8.72	1931	30000	30～1200
威远	中国	0.45	2010	4216	1530～3500
富顺-永川	中国	0.85	2011	6670	3000～4500
长宁(-昭通)	中国	0.48	2011	3980	2300～4000
焦石坝	中国	0.40	2012	2304	2100～3500
巫溪	中国	0.15	2014	1660	1500～3200
下寺湾	中国	0.23	2011	2400	1200～2000

表1-2 全球主要页岩气产地特征简表（邹才能等，2015）

气田	国家	沉积环境 (构造背景、相带)	岩性	地层	成因	产量 ($\times10^8\,m^3$)
巴内特郡 （Barnett）	美国	前陆盆地，深水陆棚相	硅质页岩、钙质页岩	C_1	热成因	462
马塞勒斯 （Marcellus）	美国	前陆盆地，深水陆棚相	硅质页岩、钙质页岩	D_2	热成因	1330
海恩斯维尔 （Haynesville）	美国	克拉通盆地，深水陆棚相	硅质页岩、钙质页岩	J_3	热成因	617
费耶特维尔 （Fayetteville）	美国	前陆盆地，深水陆棚相	钙质页岩	C_1	热成因	286
伍德福德 （Woodford）	美国	前陆盆地，深水陆棚相	硅质页岩、云质页岩	D_3	热成因	161
新奥尔巴尼 （New Albany）	美国	克拉通盆地，深水陆棚相	硅质页岩	D–C	混合成因	
安特里姆郡 （Antrim）	美国	克拉通盆地，深水陆棚相	云质页岩、钙质页岩	D_3	混合成因	28
刘易斯 （Lewis）	美国	前陆盆地，滨海相	硅质页岩	K_2	热成因	
霍恩河 （Horn River）	加拿大	前陆盆地，深水陆棚相	硅质页岩、钙质页岩	D_2	热成因	79
巴肯 （Bakken）	加拿大	前陆盆地，深水陆棚相	钙质页岩、硅质页岩	$D_3–C_1$	热成因	
科罗拉多州 （Colorado）	加拿大	前陆盆地，深水陆棚相	黏土质页岩	K	生物成因	
瓦卡姆尔塔 （Vaca Muerta）	阿根廷	前陆盆地，深水陆棚相	灰质页岩	$J_3–K_1$	热成因	4~6
威远	中国	克拉通台地，深水陆棚相	硅质页岩、钙质页岩	$O_3w–S_1l$、Cm	热成因	2.43
富顺-永川	中国	克拉通台地，深水陆棚相	硅质页岩、钙质页岩	$O_3w–S_1l$	热成因	1.78
长宁(-昭通)	中国	克拉通台地，深水陆棚相	硅质页岩、钙质页岩	$O_3w–S_1l$	热成因	6.60
焦石坝	中国	克拉通台地，深水陆棚相	硅质页岩、钙质页岩	$O_3w–S_1l$	热成因	30.60
巫溪	中国	克拉通台地，深水陆棚相	硅质页岩、钙质页岩	$O_3w–S_1l$	热成因	
下寺湾	中国	大型坳陷湖盆，深湖相	粉砂质页岩、钙质页岩	T_3y	伴生气	0.05

从表1-1和1-2中可以明显看出，中国页岩气的开发从2010年才开始突破，在短短10余年的时间内突飞猛进，在产地上集中在华南扬子流域中、上部，在层位上集中在奥陶系顶部的五峰组和志留系底部的龙马溪组。这种页岩气产、储层的时空分布规律已引起了全世界石油地质界的关注。

自2005年以来，中国的页岩气勘探开发也跨越了三个阶段。

（1）合作借鉴阶段（2003—2009年）

早在2003年，国内的一些学者开始借鉴美国成功经验引入页岩气概念，并对中国页岩气资源前景进行了预测。2005年以来，中国在页岩气勘探开发上借鉴北美成功经验，先后在中国南方寒武系、奥陶系-志留系、石炭系-二叠系、三叠系-侏罗系和鄂尔多斯盆地三叠系、石炭系-二叠系等层系页岩中发现了页岩气，评价优选了四川盆地及邻区、鄂尔多斯盆地为中国页岩气勘探开发有利区，锁定了威远、长宁-昭通、富顺-永川、涪陵、巫溪、甘泉-下寺湾等一批有利的页岩气目标。

（2）探索评价阶段（2010—2013年）

这一阶段是海相页岩气工业化开采试验、海陆过渡相与陆相页岩气勘探评价阶段，确立了中、上扬子区五峰组-龙马溪组海相页岩气的开发地位，并发现了蜀南和涪陵两大页岩气田，为页岩气规模开发奠定了基础。

自2010年起，中国先后在四川盆地威远-长宁、富顺-永川、昭通、涪陵等区块发现高产页岩气流，建立了3个海相页岩气工业化生产示范区。

（3）规模建产阶段（2014年至今）

2014年以来，焦石坝、威远、长宁和昭通页岩气田进入快速建产阶段。截至2019年年底，全国页岩气探明储量达$1.8 \times 10^{12} \, \mathrm{m^3}$，产量达$154 \times 10^8 \, \mathrm{m^3}$。

焦页1HF井钻获高产页岩气流，发现了中国首个大型页岩气田——焦石坝龙马溪组页岩气田。截至2014年6月，该页岩气田共有产气井28口，日产气$322 \times 10^4 \, \mathrm{m^3}$，产能达到$11 \times 10^4 \, \mathrm{m^3/a}$（王志刚，2015）。

2014年7月，国土资源部组织专家评审，认为焦页1井-焦页3井区五峰组-龙马溪组一段新增页岩气探明含气面积$106.45 \, \mathrm{km^2}$，地质储量$1067.50 \times 10^8 \, \mathrm{m^3}$，并认为页岩储层发育且厚度稳定，集中分布在$80 \sim 150 \, \mathrm{m}$内，整体为一套页岩储层，全部为气层，连续性好，无砂岩、碳酸盐岩或硅质夹层（郭旭升，2014）。

涪陵焦石坝页岩气田的突破大大促进了我国页岩气的勘探与开发。2014年春，中石化领导层在涪陵召开会议，笔者有幸应邀参加。涪陵会议不但介绍了焦石坝页岩气田勘探与开发的成功经验，同时也讨论了进一步开发涪陵乃至整个四川盆地五峰组和龙马溪组黑色页岩层和页岩气层的问题，其中黑色页岩地层的精确对比成为首要解决的基础地质问题之一。这是因为五峰组至龙马溪组黑色页岩岩性均一，缺失标准层，加上测井曲线在钻井之间横向对比的不确定性，依靠传统的岩石地层对比和测井曲线峰值对比的方法无法达到勘探中含页岩气层位准确对比的要求。如何简便而又准确地确定含页岩气的产出层位，并有效进行钻井间和地区间的对比，便成了急需解决的问题。

岩石地层学、生物地层学和年代地层学是地层学分支学科中三个最基本的研究领域，但岩石地层学存在区域上横向的穿时性，以及在单一岩相地层序列中纵向上难以区分的缺陷，生物地层学则正好弥补了这些缺陷，因此，生物地层学不但可作为年代地层学的基础，而且在井下地层对比上也可以直接、准确地发挥巨大作用。如果只根据岩石地层来划分，就只能在扬子区五峰组和龙马溪组两套黑色页岩之间分出一个薄层泥质灰岩，即观音桥层，而在观音桥层缺失或未保存的情况下，就连五峰组和龙马溪组都难以区分，更不能做进一步的细分和对比。奥陶系和志留系的生物地层研究中，笔石是全球公认的第一门类，在五峰组和龙马溪组的黑色页岩中更是如此。因此，以笔石带序列作为奥陶系、志留系黑色页岩的划分和对比标准，就是解决井下五峰组和龙马溪组黑色页岩中含页岩气层位的准确划分和对比的最有效和最简便的方法。

根据数十年来对扬子区五峰组和龙马溪组黑色页岩中笔石带的研究成果，特别是近年来含笔石地层的精确研究，并参考国际通用的笔石带，我们提出了五峰组和龙马溪组黑色页岩序列中笔石带的划分标准，以此作为当前黑色页岩地层划分和对比的"标尺"（图1-1）。为了方便石油地质同行的应用，我们把每个笔石带都编成代码，其中WF代表五峰组的笔石带，LM代表龙马溪组的笔石带，N代表南江组的笔石带，以避免用笔石拉丁文属种名称命名的笔石带在我国产业部门应用不便。

笔者在2014年涪陵会议上首次提出了这一笔石带划分，并建议应用笔石带来精确划分和对比五峰组-龙马溪组黑色页岩，当即得到了与会中石化和中石油高层领导及相关专家的肯定。涪陵会议主持人、中石化王志刚副总裁当场提出要将笔石带作为五峰组和龙马溪组黑色页岩勘探工作的"标尺"。在随后的三年多时间内，笔者等投入大量时间，对四川盆地及其周缘五峰组-龙马溪组共计40余口井下岩芯进行笔石带的划分与对比，并及时向这些钻井所属的中石油和中石化系统提供咨询报告。除此之外，先后开办了三期培训班，成立了针对奥陶系-志留系黑色页岩地层研究的地层组。这些工作对中石油、中石化以及地调局下属油气研究中心开展相关含页岩气地层的勘探和开发起了推动作用。在大量井下地层和露头剖面研究的基础上，笔者等总结了中、上扬

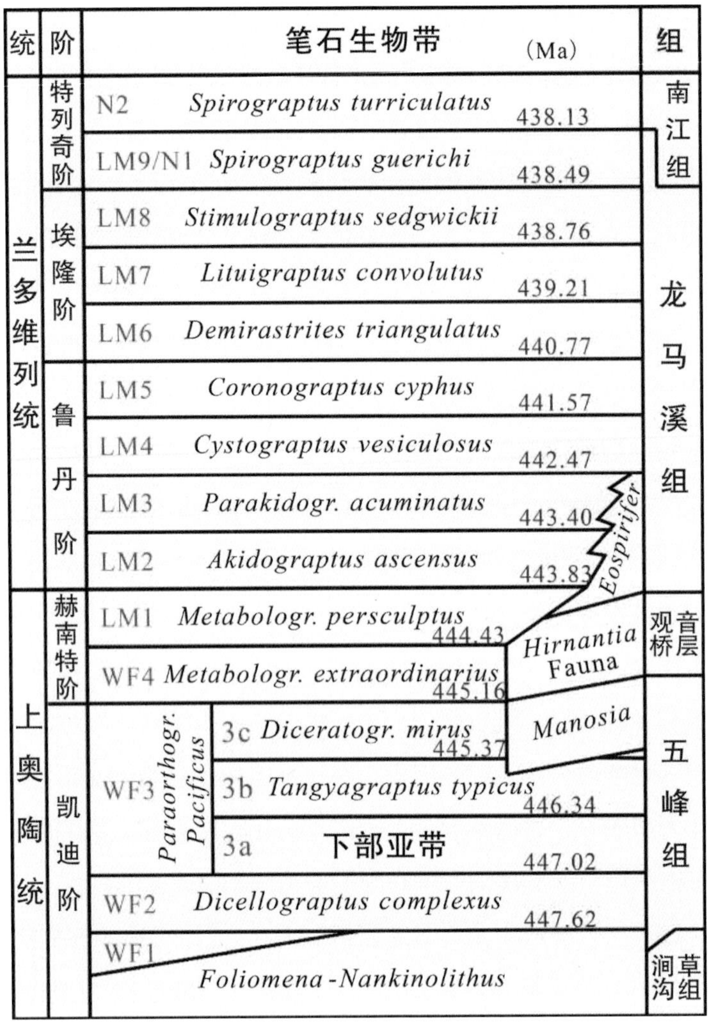

统	阶	笔石生物带			(Ma)	组
兰多维列统	特列奇阶	N2	*Spirograptus turriculatus*		438.13	南江组
		LM9/N1	*Spirograptus guerichi*		438.49	
	埃隆阶	LM8	*Stimulograptus sedgwickii*		438.76	龙马溪组
		LM7	*Lituigraptus convolutus*		439.21	
		LM6	*Demirastrites triangulatus*		440.77	
	鲁丹阶	LM5	*Coronograptus cyphus*		441.57	
		LM4	*Cystograptus vesiculosus*		442.47	
		LM3	*Parakidogr. acuminatus*		443.40	*Eospirifer*
		LM2	*Akidograptus ascensus*		443.83	
上奥陶统	赫南特阶	LM1	*Metabologr. persculptus*		444.43	观音桥层
		WF4	*Metabologr. extraordinarius*		445.16	*Hirnantia Fauna*
	凯迪阶	*Paraorthogr. Pacificus*	3c	*Diceratogr. mirus*	445.37	五峰组 *Manosia*
			3b	*Tangyagraptus typicus*	446.34	
			3a	下部亚带	447.02	
		WF2	*Dicellograptus complexus*		447.62	
		WF1	*Foliomena - Nankinolithus*			涧草沟组

图1-1 华南奥陶系–志留系之交五峰组–龙马溪组笔石带划分

（据陈旭等，2015，少数属名已做修改）

子区龙马溪组黑色页岩的两种时空分布模式（陈旭等，2017，2018）。2017年11月，在南京召开了"中国南方页岩气形成和分布"的学术研讨会，从事基础理论的研究所、大专院校和石油与天然气公司以及地质调查系统一起进行学术交流，促进了中国的页岩气勘探与开发。

迄今为止，中国已在四川盆地发现埋藏深、地层古老、地层压力大、热演化程度高、具万亿立方米级储量规模的大型页岩气区，包括威远、长宁、焦石坝、威荣、泸州等5个五峰组-龙马溪组页岩气田。截至2020年年底，中国累计探明地质储量超过$2 \times 10^{12} \, m^3$，产能超过$200 \times 10^8 \, m^3/a$，2020年页岩气年产量为$200 \times 10^8 \, m^3$。

志留纪早期的油气田在北非的摩洛哥、阿尔及利亚、利比亚以及阿拉伯半岛的约旦早已是重要的油气资源，它们的产出层位统称为热页岩（hot shale）。我国扬子区龙马溪组下部黑色页岩发育的页岩气层位与之几乎相当。国内外这些地区志留纪早期黑色页岩形成的地质背景和分布模式、有机质总量（TOC）、自然伽马（Gamma-Ray）等数值变化曲线也十分相似（Lüning et al.，2000，2003，2005）。唯一不同的是，我国扬子区该层位只产出页岩气而非原油，可能是扬子台地经历了多次构造运动，已处于过成熟阶段。尽管如此，本书在探讨龙马溪组下部黑色页岩的形成和分布规律之时，对比和借鉴北非和阿拉伯半岛热页岩的油气产出规律，仍是十分重要的。

近年来，笔者等积累了大量的五峰组-龙马溪组黑色页岩地层从地表到井下的基础资料，认识了这段地层的时空分布规律，并开始对笔石生物地层学与岩相古地理学、地球化学进行深入的综合研究。

本书共设8章和1个附录，主要内容如下：

1. 绪论（陈旭、王红岩）

2. 扬子台地奥陶系、志留系展布的地质背景（陈旭、张元动、李越、樊隽轩）

3. 扬子区奥陶纪末至志留纪初含页岩气地层的主要剖面及井位（陈旭、王红岩、梁峰、陈清、罗超、周志、王文卉、李佳、刘德勋）

4. 扬子区奥陶系-志留系页岩气富集地层的分布模式（陈旭、王红岩、聂海宽、武瑾）

5. 奥陶纪末至志留纪初含页岩气地层的区域及全球对比（陈旭、陈清、王红岩、张娣、梁峰、李佳、孙莎莎）

6. 扬子区奥陶纪末至志留纪初古地理与环境演替（陈吉涛、陈清、李文杰、施振生）

7. 中上扬子区奥陶系-志留系之交黑色页岩笔石带的划分与地球物理测井及同位素值的对应关系（赵群、李超、孙莎莎、郭伟）

8. 扬子区五峰组至龙马溪组火山灰沉积与页岩有机质的富集（邱振、葛祥英）

附录：图版（陈旭、王文娟、林长木）

参考文献

陈旭, 樊隽轩, 张元动, 等. 五峰组及龙马溪组黑色页岩在扬子覆盖区内的划分与圈定. 地层学杂志, 2015, 39(4):351-358.

陈旭, 樊隽轩, 王文卉, 等. 黔渝地区志留系龙马溪组黑色笔石页岩的阶段性渐进性分布模式. 中国科学:地球科学, 2017, 47(6):720-732.

陈旭, 陈清, 甄勇毅, 等. 志留纪初宜昌上升及其周缘龙马溪组黑色笔石页岩的圈层展布模式. 中国科学:地球科学, 2018, 48(9):1198-1206.

郭旭升. 南方海相页岩气"二元富集"规律——四川盆地及周缘龙马溪组页岩气勘探实践认识. 地质学报, 2014, 88(7):1209-1218.

王志刚. 涪陵页岩气勘探开发重大突破与启示. 石油与天然气地质, 2015, 30(1):1-6.

邹才能, 董大忠, 王玉满, 等. 中国页岩气特征、挑战及前景(一). 石油勘探与开发, 2015, 42(6):689-701.

Lüning, S., Craig, R., Loydell, D.K., et al. Lower Silurian "hot shale" in North Africa and Arabia: Regional distribution and depositional model. Earth-Science Reviews, 2000, 49:121-200.

Lüning, S., Archer, R., Craig, J., Loydell, D.K. The lower Silurian "hot shales" and "double hot shales" in Borth Africa and Arabia. ResearchGate, 2003.

Lüning, S., Shahin, Y.M., Loydell, D.K., et al. Abtomy of a world-class source rock:Distribution and depositional model of Silurian organic-rich shales in Jordan and implications for hydrocarbon potential. AAPG Bulletin, 2005, 89(10):1397-1427.

2 扬子台地奥陶系、志留系展布的地质背景

陈　旭　张元动　李　越　樊隽轩

地质背景（geological setting）是国际通用的一个名词，用来概括在特定时期内一个特定地质体所处的地质条件，特别是其范围及其与周边其他地质单元的相互关系，而这种宏观地质条件对本单元内地层的构造背景、分布的时空模式、岩相和生物相的分布均是重要的控制因素。这比用"地质环境""沉积环境"等名词更贴切，因为环境（environment）一词，主要用于说明地球现代的各种内外条件间的因果关系。本章将扬子地块的边界投在简化的中国地质图上，以便进行一个带有地质背景的宏观展布（图2-1）。过去笔者等以华南板块来概括扬子台地、珠江盆地和江南过渡带（Chen and Rong，1992；Chen et al.，2010），但是华南各生物地理区或相带的地质基底都是扬子的，因此本书改称为扬子地块或板块更为合适，何况云开地块可能并不属于华南（Chen et al.，2010）。

扬子台地与其北临的秦岭都经历了漫长而复杂的地质过程。从古生代到中生代所经历的造山带演化过程中，秦岭无不间接或直接与扬子板块发生关系，但现今只剩下它们在不同部位之间的接触关系。扬子台地在川陕交界处以勉略缝合带为界，此缝合带西端的略阳再向西可与舟曲相连，因为舟曲志留系文洛克统产出与紫阳相同的弓笔石动物群（穆恩之等，1982）。扬子台地与西秦岭之间为宁陕断裂所截。扬子台地的大巴山构造带或扬子板块北缘构造带与东秦岭之间，应为宁陕断裂东端与商南-淅川间的连线，并在淅川以北与北秦岭南界的商丹缝合带会合（图2-2）。从地理位置上看，扬子台地的北界从舟曲-略阳-勉县-宁陕一线，经柞水与镇安间，过山阳县南至淅川县北，沿桐柏山和大别山南侧，至大别山南端转向西北，经合肥南、巢湖北端，延至连云港北侧入海。

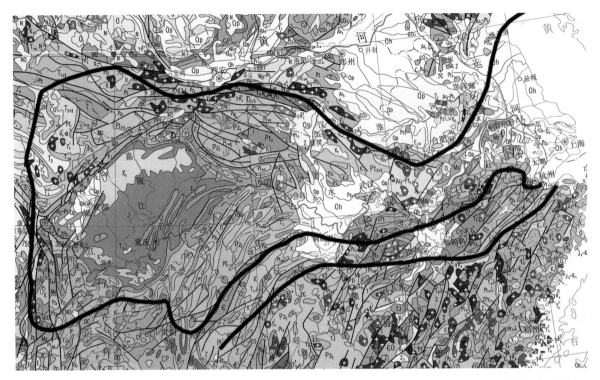

图2-1　奥陶纪-志留纪时期扬子台地范围（据中国地质科学院地质研究所，2005，中国地质图集电子版）

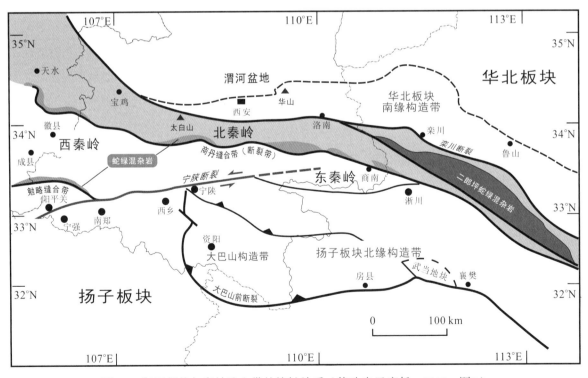

图2-2　扬子板块与秦岭造山带的接触关系（修改自孟庆任，2017，图2）

从以上的简述中，扬子板块与秦岭造山带不同部位的接触，都发生在扬子台地内部不同部位与秦岭不同构造带的直接对接，如宁陕断裂带西端穿过宁强县宽川铺与阳平关之间。在此构造带一侧，笔者等于1967年在阳平关附近的浅变质千枚状板岩中发现笔石 *Tetragraptus* cf. *bigsbyi* Hall，并在广元西北陈家坝的灰黑色夹灰岩条带的千枚状板岩中，发现笔石 *Expansograptus* 和三叶虫 *Ptychopyge* 等。这两个地点都在嘉陵江西北岸阳平关与勉略缝合带之间，虽地层变质而与嘉陵江东南侧的不同，但是笔石和三叶虫仍是扬子台地奥陶系下、中统的常见分子，说明宁陕断裂带西端与勉略缝合带之间的狭小地带仍未到达扬子板块的边界，至多代表了部分扬子台地的边缘相带。

宁陕断裂带从南郑北至宁强县境内的一段，实际上已切入扬子台地的内部，因为南郑中梁寺剖面发育了完整的奥陶系赵家坝组、中梁寺组、宝塔组、南郑组、龙马溪组及崔家沟组，自南郑向西至宁强县境内的奥陶系和志留系完全可以与之对比。由南郑向东至西乡三郎铺，自下而上发育奥陶系的"大田坝组"、宝塔组、涧草沟组、五峰组至志留系的龙马溪组和南江组，各组之间虽有间断，但仍是典型的扬子台地上的沉积相和生物相。

东秦岭是一个狭长的地带，它与扬子台地之间的界线在商南与淅川之间。商南一带是一套浅变质的千枚岩、片岩，而淅川则发育了一套扬子台地边缘相的奥陶纪-志留纪早期的地层。据汪啸风等（1996）的研究，自下而上为早-中奥陶世碳酸盐相的白龙庙组和火山碎屑岩夹灰岩的岈岫组，及晚奥陶世碎屑岩夹灰岩的寺岗组和石燕河组。上述奥陶纪地层中含有牙形刺及少量壳相动物群，是扬子台地边缘相的地层。淅川志留纪早期的一套黄灰色泥岩中产出笔石，汪啸风和薛子俭（1986）将之划分为4个笔石带；从他们发表的图像以及笔者（陈旭）研究黄冰等采自淅川的笔石标本来看，志留系兰多维列统 *Demirastrites triangulatus* 带是肯定存在的，与扬子区龙马溪组的笔石动物群一致。

本书当前对扬子板块北界的认识，远比以前（Chen and Rong，1992；Chen et al.，2010）的认识更为深入，这是借助了研究秦岭的专家们对秦岭造山带演变历史更深入而精炼的认识和概括。本章选用孟庆任（2017）对秦岭造山带二维演化模型来加以讨论（图2-3）。

从图2-3来看，扬子板块在早古生代与华北板块之间曾被商丹洋和外来地块所隔（图2-3a和2-3b），志留纪早期商丹洋闭合（图2-3c），扬子板块从晚古生代才逐渐向华北板块漂移（图2-3d），中-晚三叠世秦岭与外来地块碰撞，勉略缝合带将华北与扬子结合在了一起（图2-3e），最终扬子地块与北秦岭直接接触，形成大巴山构造带（图2-3f）。大巴山构造带即扬子板块的北缘构造带，在此后的构造活动中，它与扬子台地之间形成断裂带，打断了扬子台地上五峰组与龙马溪组的沉积等厚线（熊国庆等，2017）（图2-4）。上述生物地层提供的扬子地块北缘的证据，能够比较容易解释扬子台地不同部位在造山过程中与秦岭接近、接触并遭受损失和消

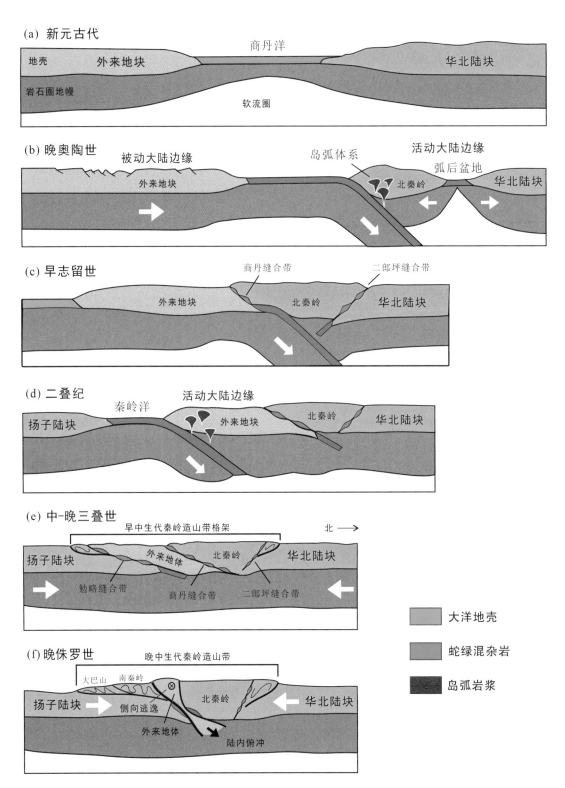

图2-3 秦岭造山带二维演化模型（孟庆任，2017，图3）

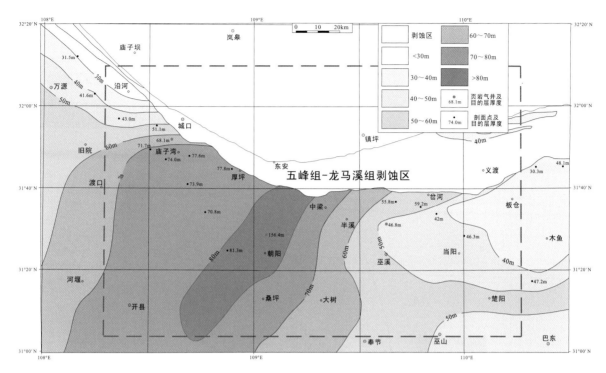

图2-4　扬子台地与其北部边缘带之间的断裂及后期隆升（据熊国庆等，2017，图15）

减，最终与秦岭造山带的不同部位直接接触。

自淅川向南，北秦岭的南缘代表了秦岭与扬子台地的界线，经桐柏山、大别山，至合肥南转折向东北，然后沿郯庐断裂带直达连云港以北，此即华北地台的南端界线。淅川-桐柏山-大别山一线靠近扬子台地一侧，缺少古生代地层露头。但在大别山北侧的安徽霍邱县白大山（河南与安徽省界），张春雷等（2014）在白大山群中发现了晚奥陶世的牙形刺 *Belodina compressa*（Brabson and Mehl）等，这些属种在华北峰峰组、桃曲坡组、背锅山组和塔里木良里塔格组中均为常见分子，因此，固始的白大山群可能是华北地台边缘带的沉积，为扬子和华北的分界提供了依据。

中生代的郯庐断裂带显然截切了下扬子台地的东北缘（图2-5）。断裂带通过滁州与嘉山（明光）间，而滁州的奥陶系与南京附近的完全可以对比，属于扬子区（朱兆玲等，1984），尚未到达扬子的边界，而连云港附近的早古生代仍属于扬子地层的连云港分区（吕成高，1997），也未到达扬子的边界。Li（1994）认为华北的东界应该在郯庐断裂带以东600~700 km处。由此可见，以郯庐断裂作为华北地台和下扬子台地的界线，不但切掉了扬子台地的边缘，而且切掉了华北地台的东部（Chen et al.，2010）。

最近在南黄海钻孔中的重要发现，将扬子台地的东北界从连云港延伸到了朝鲜半岛。Guo et al.（2019）在南黄海CSDP-2钻孔中发现了下扬子巢湖和南京上泥盆统五通组中常见的植

物化石 *Archaeopteris* 和中型孢子 *Apiculiretusispora* 等（图2-5），因此下扬子台地显然要向东北方向延入南黄海。Hsu et al.（1990）就把郯庐-青岛缝合带延入朝鲜的临津江断裂带，此后Ree et al.（1996）又从构造学、岩石学和年代地质学来加以论证。南黄海钻孔中五通组植物群的发现，不但再次证实了这一构造带的东延，也说明了韩国北部的京畿地块为下扬子台地的延伸（图2-5）。

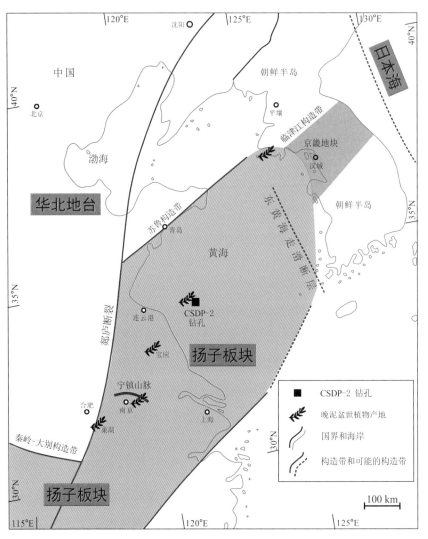

图2-5 （南黄海）CSDP-2钻孔推断扬子台地的东延范围

（据Guo et al.，2019，Fig.5）

连通临津江断裂带的苏鲁造山带是分割北黄海和南黄海的地质界线（赵淑娟等，2017）。肖国林等（2015）认为北黄海古生界的基底与华北地台相似，但最近金炳成等（2018）报导在朝鲜半岛北部发现志留系，给朝鲜半岛的北部以及与之连通的北黄海盆地的基底带来了新的启示。据金炳成等（2018）的研究，朝鲜半岛北部平南盆地志留系的发现，标志着其与华北地台下古生界的重大差别，因为华北地台下石炭统假整合于上奥陶统之上，缺失了整个志留系和泥盆系。有意思的是，平南盆地的志留系下部相当于兰多维列统的地层，即谷山组，包括两个化石带，第一带的带化石 *Striispirifer shiqianensis* 以及其中的分子 *Heliolites fenggangensis* 和 *Howellella tingi* 都是扬子区的分子。金炳成等（2018）划为相当于文洛克统的月阳里组包括三个化石带，第三带的带化石 *Leptostrophia guizhouensis* 和其中的分子 *Striispirifer hsiehi* 等也是扬子区的分子。因此，朝鲜半岛北部平南盆地以及与之连通的北黄海古生代基底，就不能简单地看作与华北地台相似了，因为不仅是南黄海，而且北黄海的古生代基底连同朝鲜半岛北部，也与扬子板块发生了联系。

近年来，Kido（2009）对志留纪珊瑚的研究，又把扬子台地的范围扩大到了志留纪时期的日本九州和四国岛，因为在志留纪兰多维列世特列奇期在扬子区广泛发育的两个珊瑚属 *Nanshanophyllum* 和 *Shensiphyllum* 在九州和四国的同期地层中产出，因此，Kido（2009）认为志留纪时期日本的黑濑川（Kurosegawa）地体应该位于扬子板块的边缘。

扬子台地的西界以龙门山为界，但龙门山是一套巨厚的泥盆纪碳酸盐相地层，明显是从扬子台地以西推覆过来的。龙门山泥盆系底部桂溪组在北川县桂溪镇桂溪中学附近不整合于志留系茂县群之上。长期以来，茂县群中缺少化石记录，因此其时代定为前泥盆系。最近南京古生物所李越和 Kershaw 在北川的茂县群中发现了珊瑚 *Paleofavosites*，从而肯定了其时代属于志留纪。Guo et al.（2013）展示了从西藏地块东部的诺尔盖巨厚三叠系盆地到龙门山的地震剖面，表明龙门山地块的基底仍属于扬子，因此，茂县群在地表所代表的浅变质志留系属于扬子板块的边缘带似无问题，扬子板块的西界应该向西推至龙日坝断裂带，与若尔盖三叠系盆地为界（图2-6）。龙日坝断裂带是一条大致从阿坝到道孚近于北南向的断裂带，扬子板块的西缘如以此断裂带为界，还需证实阿坝至舟曲是否可以代表扬子板块的边缘。

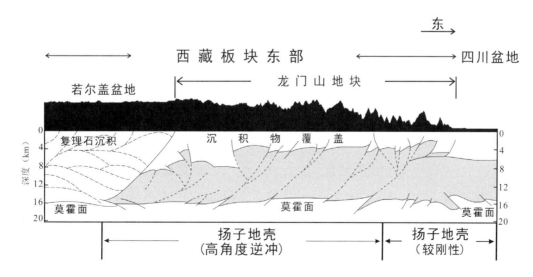

图2-6 扬子板块西缘地震剖面（据Guo et al., 2013, Fig.5）

华南板块内的生物地理分区，最早由穆恩之（1974）根据笔石动物群划分为华中型和华南型，前者分布在扬子台地的范围。卢衍豪（1976）按照三叶虫、笔石、鹦鹉螺等动物群，将华南的生物地理区划分为扬子型、东南型（包括江南沉积区和珠江沉积区），这一生物地理分区被笔者等此后用作扬子区、珠江区以及它们之间的江南过渡带（Chen and Rong，1992）。这三个相带同样可运用于当前的扬子板块之中，只是扬子板块中为三分式的台、坡、盆模式。至奥陶纪末，由于广西运动抬升过程，这种台、坡、盆模式因华夏古陆扩展而最终被打破（图2-7）（据陈旭等，2014，图2）。

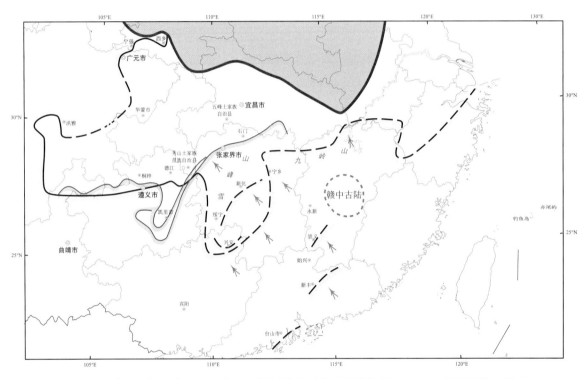

图2-7　奥陶纪末扬子台地与江南过渡带界线的迁移（据陈旭等，2014，中国科学，图2）

扬子台地的南界即扬子台地与江南过渡带的界线，我们选择了桑比阶早期，即 *Nemagraptus gracilis* 带时期为例，因为此时全球海平面上升达到顶点，也是扬子台地的边界，即台缘和盆地斜坡界线最清晰的时期（图2-8）。这一界线从杭州闲林附近，经临安板桥向北转至安吉杭垓，向西穿越宁国与泾县之间，经皖南黟县、鄱阳湖北端，沿修水流域穿越洞庭湖，沿武陵山北侧石门-慈利-大庸-吉首-凤凰以南，至黔东北铜仁-镇迟-凯里-丹寨-三都。

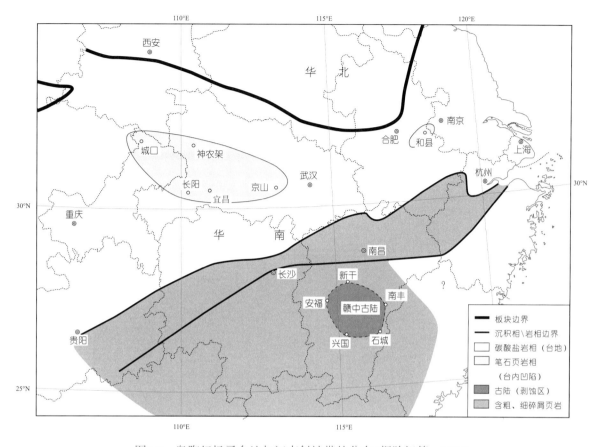

图2-8 奥陶纪扬子台地与江南斜坡带的分布 (据陈旭等，2017)

江南过渡带与扬子台地界线的西南端，由丹寨（扬子台地）和三都（江南过渡带）之间转向贵阳与遵义之间，与黔中古陆的北缘连接，因此，黔中古陆的北界就成了扬子台地的边界。在黔中古陆的北缘存在着狭窄的扬子台地边缘带，志留纪早期在遵义董公寺发育鲁丹晚期 *Coronograptus cyphus* 带非黑色笔石页岩，属于扬子台地边缘相带（陈旭等，2017）。最近唐鹏等（2017）研究上扬子区西南角的大渡河组，较详细勾画了黔中古陆在滇黔交界地区的延伸部分（图2-9）。

滇东曲靖-昆明地区虽仍属于扬子台地，但与上扬子台地之间为黔中古陆所隔。广西运动虽一方面继续推动了黔中古陆的上升，但仍保存了曲靖-昆明这一条狭窄的海湾，那里的早古生代动物群完全是扬子台地上的动物群。按唐鹏等（2017）的意见，黔中古陆西段在滇黔交界处转向昭通与昆明之间的会理-盐边，沿大渡河向北在道孚附近与龙日坝断裂带相接，从而完成了扬子板块的西部边界（图2-10）。

17

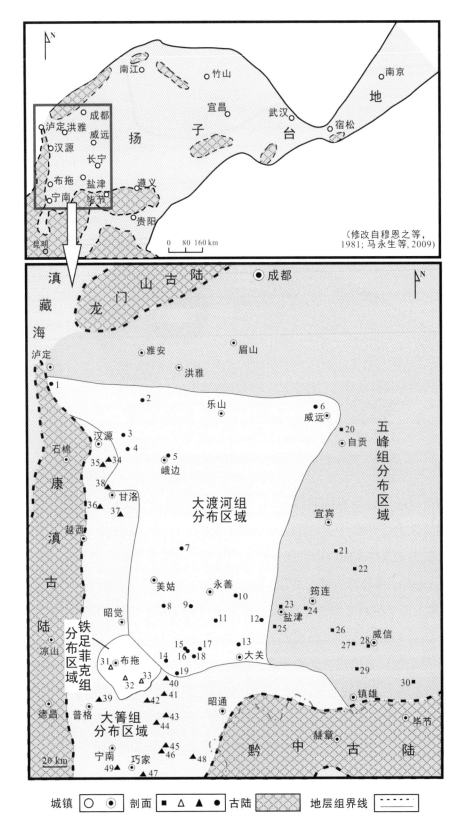

图2-9 奥陶纪末扬子台地西南角的海陆分布（据唐鹏等，2017，图7）

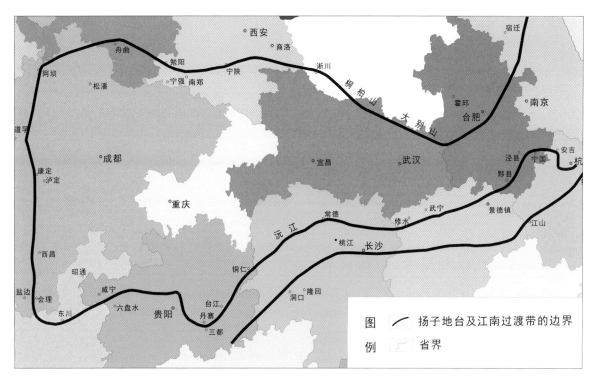

图2-10　扬子台地的边界

参考文献

陈旭, 樊隽轩, 陈清, 唐兰, 侯旭东. 论广西运动的阶段性. 中国科学, 地球科学, 2014, 44(5):842-850.

陈旭, 樊隽轩, 王文卉, 等. 黔渝地区志留系龙马溪组合适笔石页岩的阶段性渐进性分布模式. 中国科学, 地球科学, 2017, 47:720-732.

金炳成, 王训练, 江进健, 李哲俊, 李斌, 许哲雄. 朝鲜半岛中部的志留系特征及地质意义. 地学前缘, 2018, 25(4):23-31.

卢衍豪, 朱兆玲, 钱义元, 周志毅, 陈均远, 余汶, 陈旭, 许汉奎. 中国奥陶纪的生物地层和古动物地理. 中国科学院南京地质古生物研究所集刊, 1976, 第7号:1-83.

吕成高. 绪论//江苏省地质矿产局. 江苏省岩石地层. 武汉:中国地质大学出版社, 1997:1-8.

孟庆任. 秦岭的由来. 中国科学:地球科学, 2017, 47(4):412-420.

穆恩之. 正笔石及正笔石式树形笔石的演化, 分类和分布. 中国科学, 1974, 2:172-183.

穆恩之, 宋礼生, 李晋僧, 等. 半索动物门//地质矿产部西安地质矿产研究所. 西北地区古生物图册, 陕、甘、宁分册 (一). 北京:地质出版社, 1982:294-346.

唐鹏, 黄冰, 吴荣昌, 等. 论上扬子区上奥陶统大渡河组. 地层学杂志, 2017, 11(2):119-133.

汪啸风, 薛子俭. 豫西南早志留世的笔石群. 中国地质科学院院报, 1986, 第12号:35-49.

汪啸风, 陈旭, 陈孝红, 朱慈英. 中国地层奥陶系. 北京:地质出版社, 1996:1-162.

肖国林, 孙长虹, 郑浚茂. 北黄海盆地东部前中生界基底特征. 现代地质, 2015, 19(2):261-266.

熊国庆, 王剑, 李园园, 等. 大巴山地区早古生代黑色岩系岩相古地理及页岩气地质意义. 古地理学报, 2017, 19(6):965-986.

张春雷, 毕志国, 宫维莉, 查世新, 马国明, 夏琼, 路硕. 安徽省霍邱县白大山群万奥陶世牙形刺的发现. 地层学杂志, 2014, 38(2):200-203.

赵淑娟, 李三忠, 索艳慧, 郭玲莉, 戴黎明, 姜素华, 汪刚. 黄海盆地构造特征及形成机制. 地学前缘, 2017, 24(4):239-248.

朱兆玲, 许汉奎, 陈旭, 陈均远, 姜立富, 吴绍君, 周岩新. 安徽滁县、全椒及南京、六合等地区早古生代地层. 中国科学院南京地质古生物研究所丛刊, 1984, 第7号:313-338.

Chen, X., Rong, J.Y. Ordovician plate tectonics of China and its neighbouring regions. In: Webby, B.D., Laurie, J.R., Chen, X., Rong, J.Y. (eds.), Global Perspectives on Ordovician Geology. Rotterdam:Balkema, 1992:277-291.

Chen, X., Zhou, Z.Y, Fan, J.X. Ordovician paleogeography and tectonics of the major paleoplates of China. The Geological Society of America, Special Papers, 2010, 466:85-104.

Guo, X.W., Xu, H.H., Zhu, X.Q., Peng, Y.M., Zhang, X.H. Discovery of Late Devonian plants from the southern Yellow Sea borehole of China and its palaeogeographical implications. Palaeogeography, Palaeoclimatology, Palaeoecology, 2019, 531:1-7.

Guo, X.Y., Gao, R., Keller, G.R., Xu, X., Wang, H.Y., Li, W.H. Imaging the crustal structure beneath the eastern Tibetan Plateau and implications for the uplift of the Longmen Shan range. Earth and Planetary Science Letters, 2013, 379:72-80.

Hsu, K.J., Li, J.L., Chen, H.H., Wang, Q.C., Sun, S., Sengor, A.M.C. Tectonics of South China: Key to understanding West Pacific geology. Tectonophysics, 1990, 183:9-39.

Kido, E. Nanshanophyllum and Shensiphyllum (Silurian Rugosa) from the Kurosegawa Terrane, Southwest Japan, and their paleobiogeographic implications. J. Paleotntology, 2009:280-292.

Li, Z.X. Collision between the North and South China blocks:A crustal-detachment model for suturing in the region east of the Tanlu fault. Geology, 1994, 22:739-742.

Ree, J.H., Cho, M., Kwon, S.T., Nakamura, E. Possible eastward extension of Chinese collision belt in South Korea: The Imjingang belt. Geology, 1996, 24:1070-1074.

3 扬子区奥陶纪末至志留纪初含页岩气地层的主要剖面及井位

陈　旭　王红岩　梁　峰　陈　清　罗　超

周　志　王文卉　李　佳　刘德勋

本书选择已发表的或已进行生物地层分带的含页岩气地层剖面及井位共43个，作为页岩气地层对比的基础资料，进行生物带一级的准确对比（图3-1）。

为了进行扬子区奥陶-志留系之交的含页岩气层位对比，特别是对产出于五峰组中、上部（WF2-WF4）及龙马溪组中、下部（LM1-LM6）的9个笔石带层位的对比（陈旭等，2015，2017），我们将地层的逐层文字描述简化为地层柱状图，主要突出黑色页岩及其所在的笔石带。在已发表的井下岩芯柱中，附有总有机碳（TOC）以及自然伽马等测井曲线。在进行地层对比以及今后对生物相、岩相古地理数值化成图及页岩气地层时空分布模式的总结中，首先都要解决等时的问题。此外，在确定含页岩气层位中TOC和自然伽马曲线中的峰值变化，以及黑色页岩中斑脱岩（K-bentonites）对解释有机质富集的重要作用时，也都把其准确层位的确立和对比放在首位。地质学是研究地质体的时空分布规律的科学，可见"时"是首要的。中石油、中石化和地调局油气中心把握了这一基本要素，促进了近年来我国页岩气的勘探与开发的快速发展。

为了叙述方便，本书将43个剖面和井下岩芯柱在扬子台地范围内自西北向东南方向排列，尽量照顾到从盆地边缘向盆地中心方向的变化顺序，以及从上扬子至下扬子地区的变化顺序。为了便于扬子台地与其边缘相带的对比，我们纳入了安吉杭垓和常山蒲堂口两个地层柱，以便反映在扬子边缘相带中沉积和古地理方面的特征。本书纳入的43个剖面和岩芯柱中的生物带，因篇幅所限，均只标明代表性的属种。宜昌王家湾、分乡、桐梓红花园和松桃陆地坪4个连续采集和系统古生物研究的剖面是阐明奥陶末灭绝事件的重要剖面，附上了原图。这些剖面和井下岩芯柱在研究程度上是不同的，特别是井下岩芯柱，由于柱面十分有限，能确切鉴定的笔石属种很少，而有的剖面和井下岩芯柱只能根据少数特征分子来划分笔石带，因此，这些笔石带的界线并非十分准确，以虚线来表示。还需要说明的是，在不少钻井的岩芯柱状图中，由于精度有限，因此把五峰组与宝塔组之间很薄的临湘组和涧草沟组均归入宝塔组的顶部。现将这43个剖面和岩芯柱按其分布的地区分别概述如下。

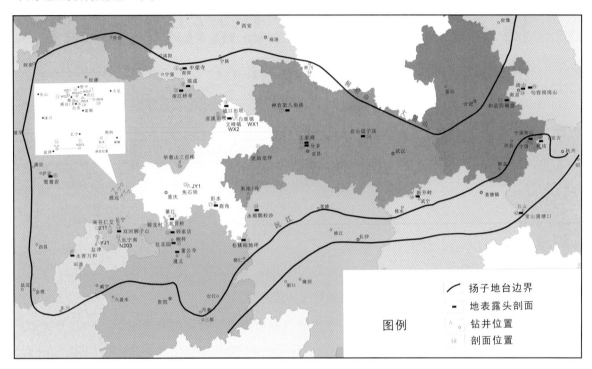

图3-1　扬子区奥陶系上部五峰组至志留系下部龙马溪组地层剖面及井下岩芯柱分布图

3.1　上扬子区：四川盆地及其周缘

1. 陕西南郑中梁寺剖面

南郑中梁寺剖面的南郑组及其上下地层中的化石最早为卢衍豪（1943）所采集，其中的笔石直到20世纪80年代才交付陈旭研究，而后进行了发表（陈旭，1984）。限于当时的采集条件，卢衍豪采集的笔石虽然数量不多，但层位控制良好，1943年他在南郑组中发现的与三叶虫 *Dalmanitina* 共层的笔石 *Normalograptus angustus*（Perner）尤为重要。现将陈旭（1984）发表的中梁寺南郑组与其上龙马溪组主要的代表性笔石及其层位概括如下（图3-2）。

由于中梁寺剖面地处扬子台地西北缘的汉中古陆边缘，南郑组的泥岩中夹含粉砂质，其中含有扬子区五峰组顶部至龙马溪组底部常见的笔石 *Normalograptus angustus*（Perner），与南郑组以及观音桥层中常见的三叶虫 *Dalmanitina* 共层，因此，本书将中梁寺剖面的南郑组相当WF4–LM1

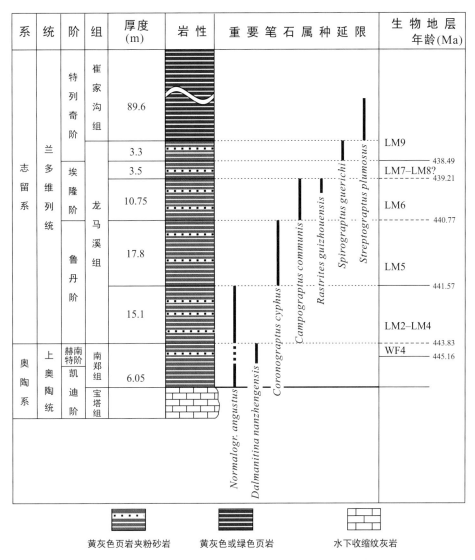

系	统	阶	组	厚度(m)	岩性	重要笔石属种延限	生物地层年龄(Ma)
志留系	兰多维列统	特列奇阶	崔家沟组	89.6			LM9
		埃隆阶	龙马溪组	3.3			438.49
				3.5			LM7–LM8? — 439.21
				10.75			LM6 — 440.77
		鲁丹阶		17.8			LM5
				15.1			441.57 LM2–LM4 443.83
奥陶系	上奥陶统	赫南特阶 凯迪阶	南郑组 宝塔组	6.05			WF4 — 445.16

笔石属种（竖排，斜体）：*Normalogr. angustus*，*Dalmanitina nanzhengensis*，*Coronograptus cyphus*，*Campograptus communis*，*Rastrites guizhouensis*，*Spirograptus guerichi*，*Streptograptus plumosus*

图例：黄灰色页岩夹粉砂岩　　黄灰色或绿色页岩　　水下收缩纹灰岩

图3-2　陕西南郑中梁寺南郑组及龙马溪组地层柱状图（据陈旭，1984）

的层位。南郑中梁寺附近的南郑组顶底界线穿时性均较明显。中梁寺剖面的龙马溪组为近岸相沉积，风化后也为黄灰色，普遍夹含粉砂质，地层厚度普遍减薄，所含笔石的分异度明显降低。

2. 陕西南郑福成剖面

福成位于南郑县东南，靠近陕西省与四川省的边界。由中梁寺至福成，明显地表现为由扬子台地西北边缘向盆地中央，或由近岸带至较深水的黑色笔石页岩相带的相变（图3-3）。

福成剖面的五峰组顶部产有 *Paraorthograptus* 和 *Diceratograptus mirus* Mu（WF3顶部），因此福成五峰组和南郑组的界线与奥陶纪末大灭绝主幕发生的时间较为一致（陈旭等，2005），也

23

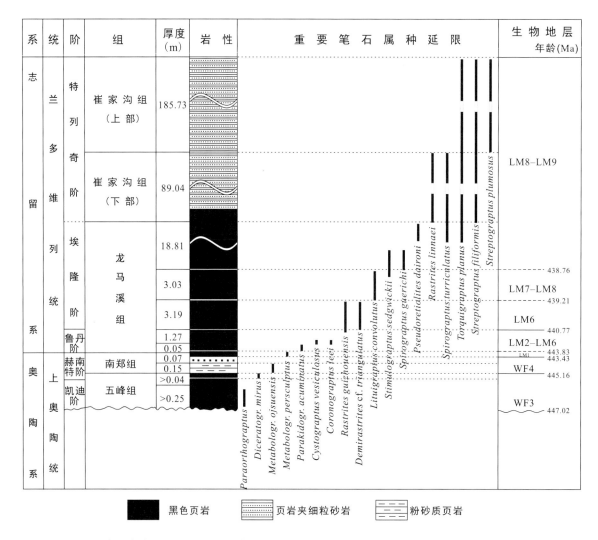

图3-3　陕西南郑福成五峰组至崔家沟组地层柱状图及重要的笔石属种（据王玉忠，1988）

就是说它指示了南极冰盖扩张到最大范围、全球海平面下降达到最大值的时间。这里的南郑组和宜昌王家湾赫南特阶层型剖面的观音桥层完全可以对比（陈旭等，2005；Chen et al.，2006）。福成南郑组下部含有笔石 *Metabolographtus ojsuensis*（Koren and Mikhailova），代表WF4的分子，其上部及龙马溪组最底部（共0.12 m）可能代表了 *Metabolographtus persculptus* 带，因此，福成的南郑组顶界和宜昌观音桥层顶界都位于LM1带之中。

从中梁寺边缘相的"龙马溪组"到福成较深水的黑色笔石岩相的龙马溪组，在LM2-LM9的时限内，厚度由50.45 m（中梁寺）减薄至26.35 m（福成），说明沉积速率从近岸到远岸几乎减小了一半。

3. 四川南江桥亭剖面

南江桥亭剖面是南江组的建组剖面，代表了在大巴山内一套特定层位（LM9/N1-N2）的黑色页岩-青灰色含笔石页岩。由于大巴山内岩相和生物相的变化太过迅速，致使南江组，特别是其

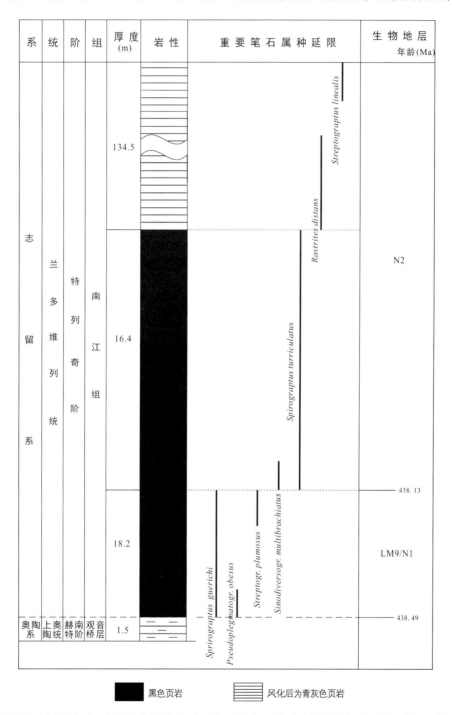

图3-4 四川南江桥亭南江组地层柱状图及重要的笔石属种、笔石动物群的组成及其延限（陈旭，1984）

底部近30 m厚的笔石黑色页岩，只限于南江县桥亭至旺苍县大两会之间相距约40 km的小范围之内，因此，南江组下部的这套笔石黑色页岩对于页岩气的生、储意义都是有限的（图3-4）。

　　南江组下部是连续的黑色页岩沉积，含有 *Spirograptus guerichi* 带（LM9/N1）至 *Spirograptus turriculatus* 带（N2）连续演变的笔石动物群（图3-5）。Loydell（1992）根据威尔士边区特列奇阶一套浊积地层中的含笔石层，将原属 *S. turriculatus* 带进一步分为2个笔石带，包括6个亚带。这些建立在浊积岩地层中被分隔的生物亚带实际上只是被分隔的生物层，在其他地区难以应用，而建立在南江组连续笔石序列中的 *Spirograptus guerichi* 带和 *S. turriculatus* 带则是可信的。Loydell（1992）把英国原来的 *S. turriculatus* 带两分为 *S. guerichi* 带和 *S. turriculatus* 带是恰当的。

图3-5　南江桥亭南江组地层剖面及所含的笔石

4. 重庆城口田坝剖面

　　葛梅钰（1990）描记城口田坝剖面时，根据岩性特征将不同笔石带合并在了同一岩层中。笔者选择了其中各带的特征分子，据他的记录重新做了标定。葛梅钰（1990）将城口田坝的相当于龙马溪组底部厚约37 m的黑色页岩（田坝杉树梁至大岩门公路剖面的第1～5层），与之上巨厚的非黑色页岩和粉砂岩合并在一起，建立了双河场组，但这并不符合建立岩石地层单元的原则。因此，本书仍将城口田坝志留系底部黑色笔石页岩保留为双河场组，其上地层可另用他名（图3-6）。

5. 重庆巫溪田坝剖面

　　该剖面沿巫溪田坝公路边。本书只记录了奥陶-志留系界线上下的一小段地层（图3-7）。

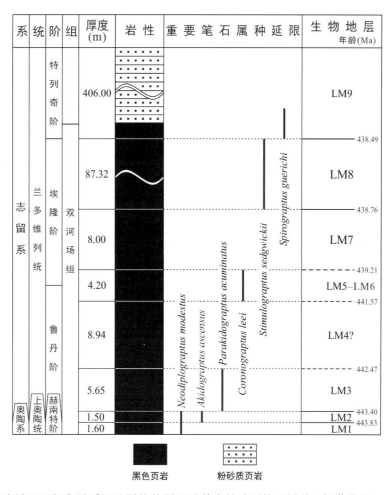

图3-6　重庆城口田坝龙马溪组地层柱状图以及其中的重要笔石属种（据葛梅钰，1990改编）

6. 重庆巫溪文峰镇（巫溪2井）及白鹿镇（巫溪1井）岩芯柱

这两口井是中石油廊坊分院为探明重庆巫溪地区五峰组及龙马溪组黑色页岩含页岩气的潜在价值而布钻。陈旭等与廊坊分院王红岩、梁峰等对这两口井做了详细的分层，并鉴定其中各笔石带的笔石。巫溪文峰镇（巫溪2井）和白鹿镇（巫溪1井）的五峰组顶部见有WF4（*Metabolograptus extraordinarius* 带）的带化石，龙马溪组从LM1（*Metabolograptus persculptus* 带）至LM9（*Spirograptus guerichi* 带）发育完整。尽管龙马溪组上部出现粉砂岩夹层，但黑色页岩并未消失，这与临近的神农架八角庙剖面十分一致，代表了上扬子台地盆地北部较深水、完整的五峰组至龙马溪组黑色页岩笔石相。尽管从巫溪至神农架地处大巴山与扬子台地的交界，后期地质构造甚剧，但是奥陶纪末至志留纪初含页岩气的黑色页岩地层仍然具有明显的开发页岩气的优势条件（图3-8和3-9）。

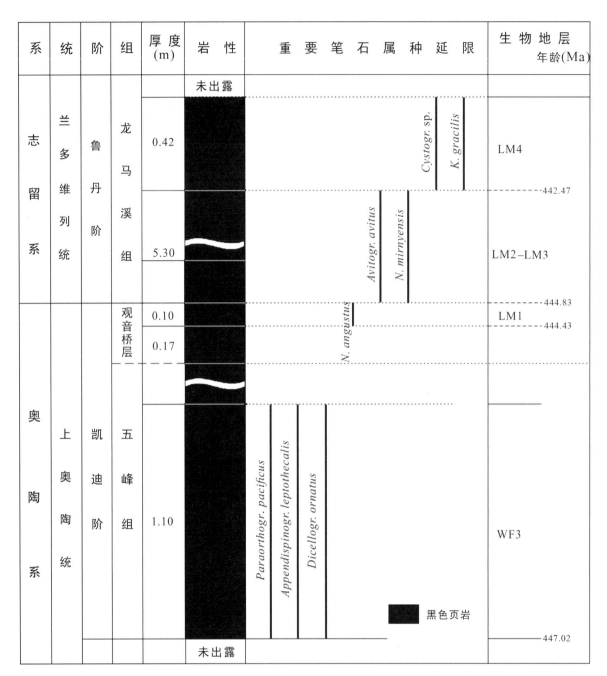

系	统	阶	组	厚度 (m)	岩性	重要笔石属种延限	生物地层 年龄(Ma)

图3-7　重庆巫溪田坝奥陶–志留系界线上下的地层及重要笔石

（陈旭与中石油廊坊分院2015年野外调查）

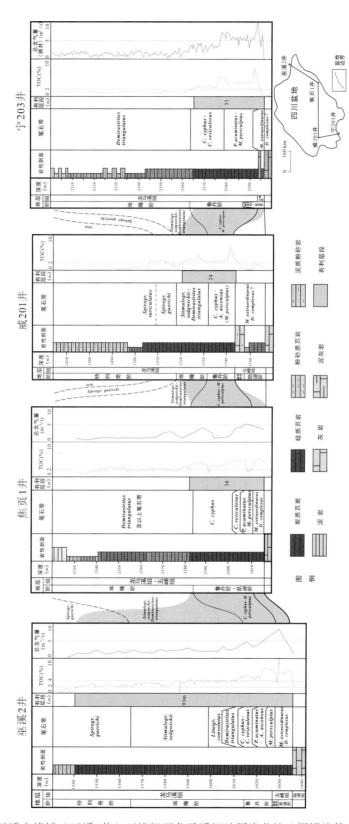

图3-8　重庆巫溪文峰镇（巫溪2井）五峰组至龙马溪组地层岩芯柱（据梁峰等，2016，图3）

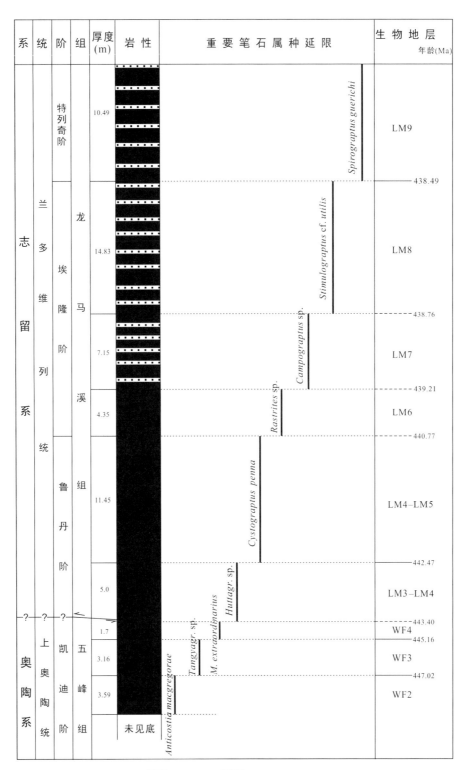

图3-9　重庆巫溪白鹿镇（巫溪1井）五峰组至龙马溪组地层岩芯柱
（陈旭及王红岩、梁峰等观察、综合）

7.　湖北神农架八角庙龙马溪组地层剖面

八角庙剖面的龙马溪组黑色页岩发育完整，从LM1至LM9均含有分异度较高的笔石动物群，但八角庙剖面的LM3中部出现层间断层，缺失了LM3中部发育 *Hirsutograptus* 等的层位，而且厚度也明显偏小。*Hirsutograptus* 等在宜昌王家湾无间断采集的龙马溪组剖面中见于LM3的中部。

扬子区LM6及其上的层位常被非黑色页岩所代替，在八角庙剖面中的LM8和LM9层位中也出

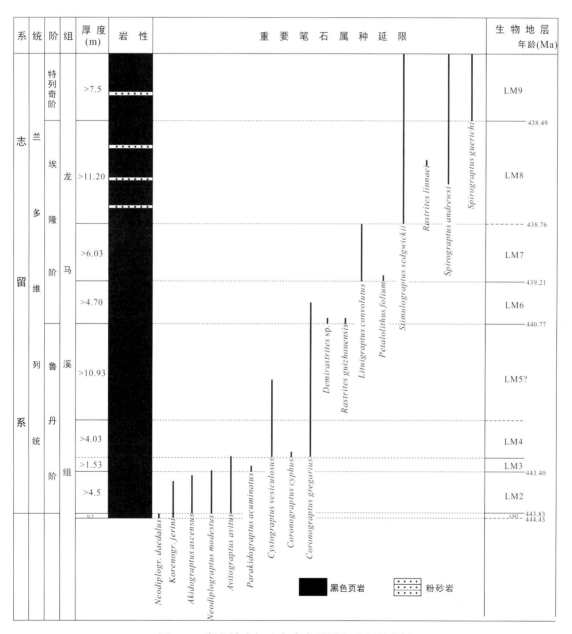

图3-10　湖北神农架八角庙龙马溪组地层柱状图

（由樊隽轩、陈清整理，重要笔石鉴定及笔石带划分由陈旭完成）

31

现粉砂岩夹层，虽然黑色笔石页岩未曾消失，但也反映了此时陆源碎屑物的出现（图3-10、3-11和3-12）。

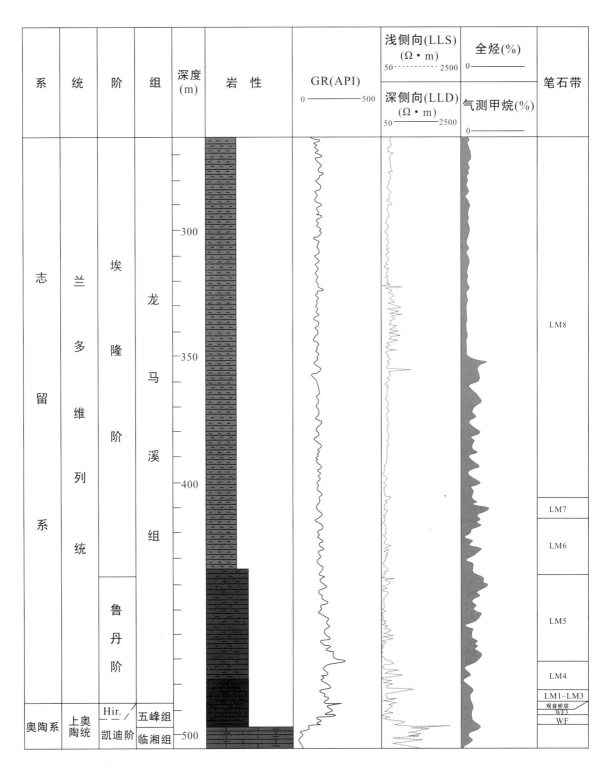

图3-11　湖北神农架地区龙马溪组多项测井曲线（据宋腾等，2018）（Hir.：赫南特阶）

图3-12 湖北神农架八角庙剖面龙马溪组地层

8. 四川二郎山鸳鸯岩鸳鸯岩组地层剖面

鸳鸯岩剖面虽地处大渡河大断裂带东侧的二郎山地区，但其志留系下部相当于龙马溪组的黑色页岩（鸳鸯岩组）为一套厚度较大的LM1-LM8的地层，虽然夹有粉砂岩，但仍不失为一套连续沉积的黑色岩系，并富含笔石。因此，鸳鸯岩组并不能代表扬子台地西部的地台边缘相带。而与五峰组相当的新沟组则为白云岩夹少量粉砂岩，并夹含少量笔石，相当于WF2-WF3带的地层。因此，从新沟组来看，倒有些与永善-布拖地区的大渡河组类似，代表扬子台地的边缘相带。这可能是二郎山地区在志留纪初因全球海平面上升而导致黑色页岩相的扩展，漫及扬子边缘相带所致（图3-13）。

9. 云南永善万和大渡河组至龙马溪组地层剖面

发育在永善–布拖地区的大渡河组是一套浅水的泥晶灰岩夹泥岩，其间夹有多层笔石，发育了相当五峰组的WF2-WF4三个笔石带，代表了五峰笔石动物群在扬子台地西南最边缘的地点。奥陶系与志留系间为连续沉积（图3-14），赫南特阶的两个笔石带（WF4及LM1）均有代表。但龙马溪组真正的黑色页岩只限于LM2-LM4的层位，从LM3的上部开始黑色页岩消失，为黄灰色的粉砂质页岩所取代（图3-15）。

万和的大渡河组至龙马溪组反映了典型的地台边缘相沉积，陆源碎屑物很早就控制了近岸的碎屑岩相带，而此时扬子盆地的中心部位尚广布着典型的黑色笔石页岩。

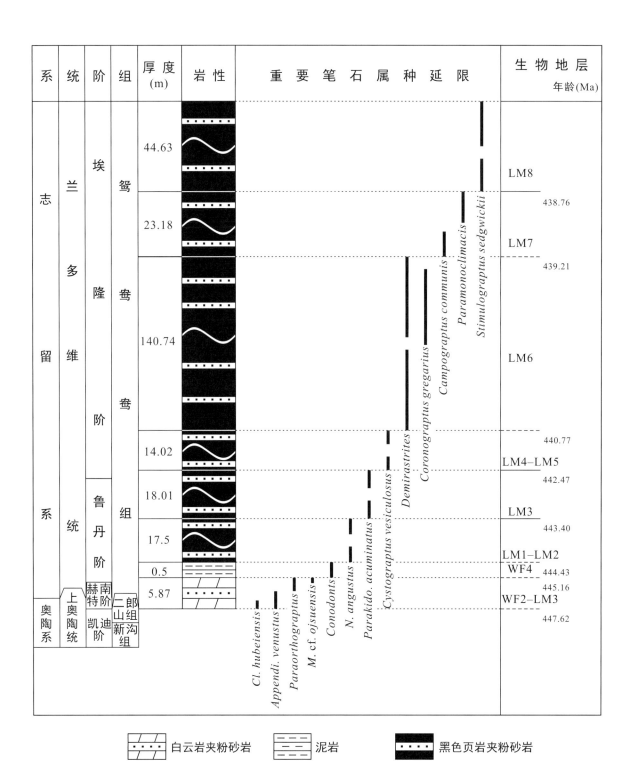

图3-13 四川二郎山鸳鸯岩新沟组及鸳鸯岩组地层柱状图（据金淳泰等，1989）

图3-14 云南永善万和大渡河组至龙马溪组地层剖面

10. 云南盐津东北YJ1井岩芯柱

盐津YJ1井下奥陶系与志留系连续沉积，五峰组中上部（WF3带）发育良好的黑色页岩。观音桥层正常发育。龙马溪组的黑色页岩发育LM1-LM7带的连续沉积，但从LM7带开始，厚度明显加大。在盐津YJ1井下820 m处见有海相红层，相当于大关黄葛溪剖面的嘶风崖组，大致相当LM9的层位。因此，盐津YJ1井下的龙马溪组笔石黑色页岩最高层位到LM7，与长宁地区相似。从总体上来看，盐津龙马溪组黑色页岩以上的非黑色页岩地层厚度虽不如大关黄葛溪，但在永善-盐津-大关一线，龙马溪组黑色页岩的沉积中心仍在盐津（图3-16）。

11. 四川长宁东南N203井岩芯柱

长宁东南N203井下的五峰组至龙马溪组也是连续沉积，位于长宁背斜的南翼。五峰组的主体部分（WF2-WF3）黑色页岩厚仅0.43 m，龙马溪组下部真正的黑色页岩LM1-LM4不大于20 m，自LM5向上虽仍含笔石，但并非典型的黑色页岩。因此，长宁东南N203井下虽然地层发育完整，但是五峰组和龙马溪组下部典型的黑色页岩厚度不够大（图3-16）。

12. 四川长宁双河狮子山五峰组至龙马溪组地层剖面

狮子山剖面出露五峰组（WF2）至龙马溪组（LM8）的地层，位于长宁背斜近核部，其中仅

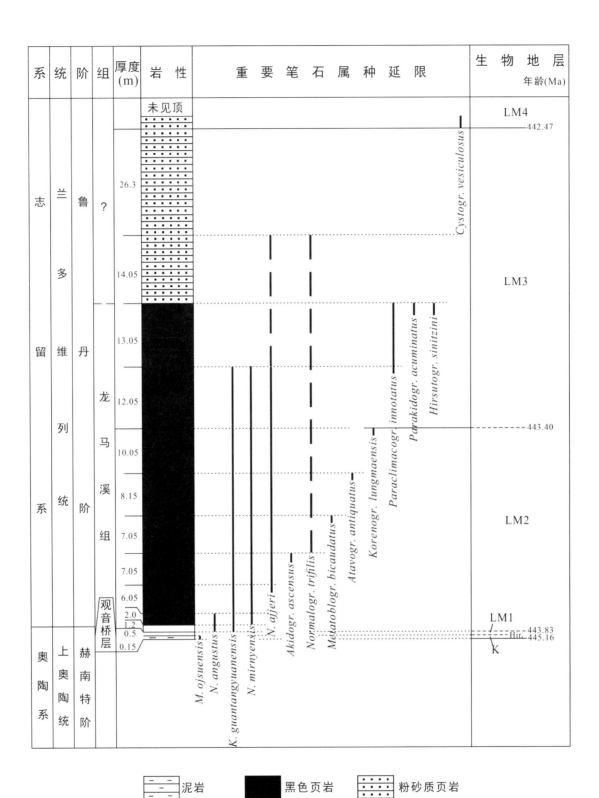

图3-15 云南永善万和大渡河组至龙马溪组地层柱状图（据唐鹏等，2017及本书著者资料）

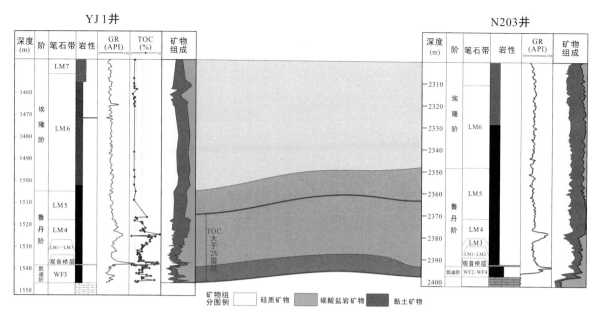

图3-16 云南盐津YJ1及长宁N203五峰组-龙马溪组岩芯柱（据梁峰等，2017，图3）

LM3上部至LM4地层被掩盖。狮子山的五峰组较厚，可达7.6 m，而且从WF2至WF4三个笔石带发育完整，说明长宁地区五峰组的黑色笔石页岩或黑色硅质页岩也具有产出页岩气的潜力。

狮子山剖面的龙马溪组黑色笔石页岩发育完整，直至LM8（*Stimulograptus sedgwickii* 带）下部，其上才转为泥岩夹粉砂岩。狮子山剖面各层笔石动物群的分异度均较高，各笔石带的带化石及重要分子皆有出现，是长宁背斜各钻井井下岩芯中五峰组、观音桥层及龙马溪组黑色笔石页岩划分对比的地区性参照标准（图3-17）。狮子山剖面表明，在长宁地区五峰组及龙马溪组的LM1至LM6带，黑色页岩沉积厚度虽不大，但分布稳定，这对页岩气的产出仍是一个有利的条件（图3-18）。

13. 四川高县仁义乡宁211井岩芯柱

四川高县仁义乡的宁211井位于长宁背斜的西北翼，井下从五峰组至龙马溪组均为连续沉积。五峰组厚约5.87 m，观音桥层的下部出现WF4的带化石 *Metabolograptus extraordinarius*，可见五峰组在井下是完整的。观音桥层之上出现LM1带的重要分子 *Avitograptus avitus*，向上至LM4带各带的带化石在井下均已有发现。鲁丹阶在井下厚约35 m，也是黑色笔石页岩发育最佳的层段。从LM5带开始，典型的黑色页岩逐渐为深灰色页岩所代替，粉砂质成分增加，笔石的分异度逐渐降低。井下最高的层位LM8（*Stimulograptus sedgwickii* 带）与长宁双河地表剖面同名笔石带相当（图3-19）。

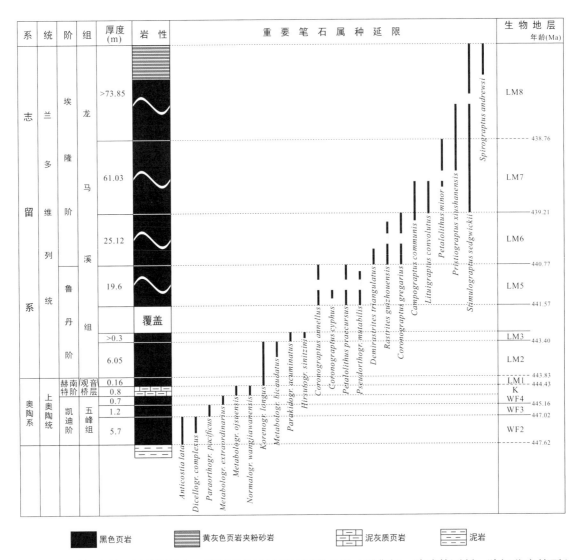

图3-18　四川长宁双河狮子山五峰组至龙马溪组底部地层剖面（人站立处为奥陶系–志留系分界位置）

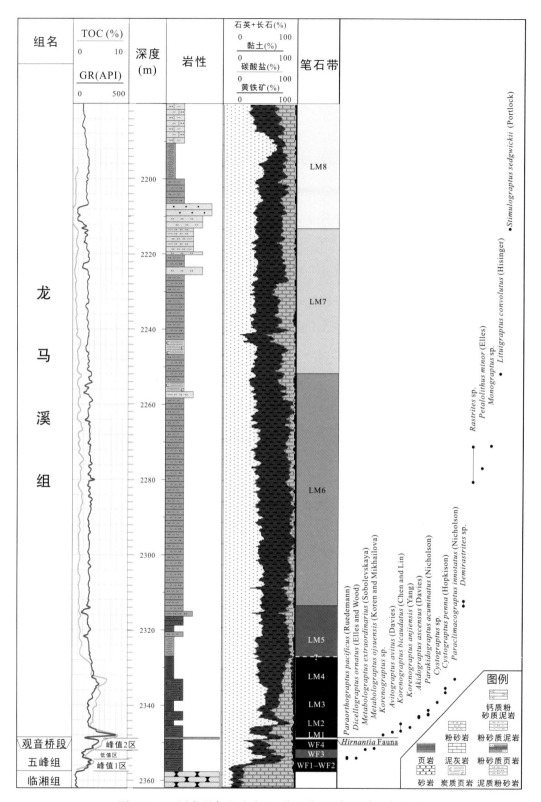

图3-19 四川高县仁义乡宁211井五峰组–龙马溪组岩芯柱

（据罗超等，2017，图3）

14. 四川威远威201井（WD1井）岩芯柱

威远威201井下五峰组较厚，可达8m左右，从其中记载的代表性笔石来看，应该从WF2至WF4共有3个笔石带。但龙马溪组则较薄，从LM1至LM9共计厚度不到40 m，其上为粉砂质页岩所取代，不含笔石。威远地区龙马溪组黑色页岩虽然含有LM1至LM9带的笔石带，笔石较齐全，但厚度都薄，也即赋存页岩气有利地层的厚度有限，这是威远气田的一个缺陷（图3-20）。

15. 四川威远威202井（WD2井）岩芯柱

威202井（WD2井）与上述威201井（WD1井）情况类似，也提供了五峰组WF2-WF3（约5 m）经观音桥层至龙马溪组（LM1-LM9，约33 m）的连续沉积（图3-20）。王红岩等（2015）认为威202井龙马溪组黑色页岩从LM1至LM9的地层均薄，总量相对较少，可能是靠近川中古陆的缘故。在威远县境内诸井中，均未发现相当五峰组至龙马溪组近岸相的沉积，砂质沉积物主要从LM9才开始大量出现，说明威远和长宁地区五峰组黑色页岩厚度稳定。龙马溪组黑色页岩厚度不大但分布很稳定，代表了一个地区性黑色页岩沉积速率低的滞留沉积环境，这对有机质的局部富集和页岩气在局部层位的生成是个有利条件。

16. 四川威远WD4井岩芯柱

WD4井龙马溪组的黑色页岩最高层位可到达LM8，向上消失（图3-21）。

17. 四川威远WD3井岩芯柱

WD3井与上述WD4井可以进行很好的对比。值得注意的是，梁峰等（2017）在对比WD3井和WD4井的岩芯柱时，以WD2井（即威202井）为参数值，其中在展示三口井的伽马测井曲线（HSGR/API）时，WD2井岩芯柱在龙马溪组底部，LM4-LM5以及LM5上部共显示了三个高峰值，而在WD4井和WD3井中则只见到龙马溪组底部伽马测井的高峰值（图3-21）。

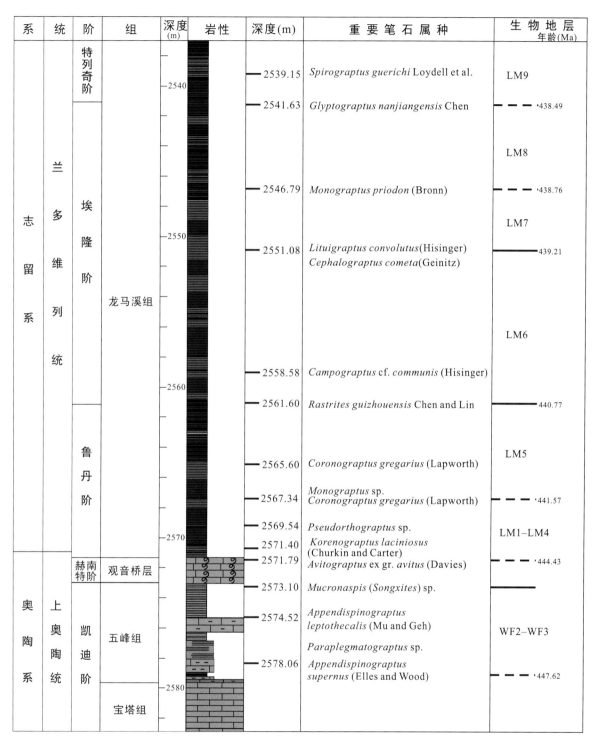

系	统	阶	组	深度(m)	岩性	深度(m)	重要笔石属种	生物地层 年龄(Ma)
志留系	兰多维列统	特列奇阶	龙马溪组	2540		2539.15	*Spirograptus guerichi* Loydell et al.	LM9
						2541.63	*Glyptograptus nanjiangensis* Chen	ᐧ438.49
								LM8
		埃隆阶				2546.79	*Monograptus priodon* (Bronn)	ᐧ438.76
				2550				LM7
						2551.08	*Lituigraptus convolutus*(Hisinger) *Cephalograptus cometa*(Geinitz)	439.21
								LM6
				2560		2558.58	*Campograptus* cf. *communis* (Hisinger)	
						2561.60	*Rastrites guizhouensis* Chen and Lin	440.77
		鲁丹阶				2565.60	*Coronograptus gregarius* (Lapworth)	LM5
						2567.34	*Monograptus* sp. *Coronograptus gregarius* (Lapworth)	ᐧ441.57
				2570		2569.54	*Pseudorthograptus* sp.	LM1–LM4
						2571.40	*Korenograptus laciniosus* (Churkin and Carter)	
奥陶系	上奥陶统	赫南特阶	观音桥层			2571.79	*Avitograptus* ex gr. *avitus* (Davies)	ᐧ444.43
						2573.10	*Mucronaspis* (*Songxites*) sp.	
		凯迪阶	五峰组			2574.52	*Appendispinograptus leptothecalis* (Mu and Geh)	WF2–WF3
						2578.06	*Paraplegmatograptus* sp. *Appendispinograptus supernus* (Elles and Wood)	ᐧ447.62
			宝塔组	2580				

图3-20　四川威远威202井（WD2井）井下岩芯柱（据王红岩等，2015，图3）

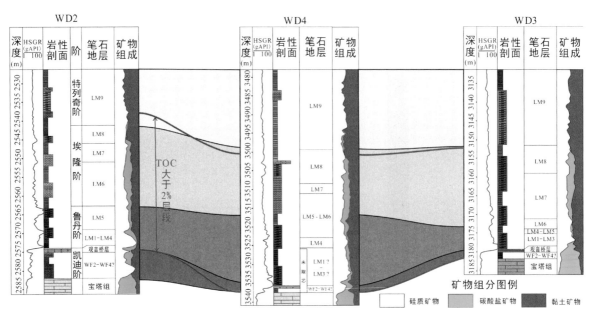

图3-21　四川威远WD3与WD4井岩芯柱（据梁峰等，2017，图4）

18. 四川威远威页1井岩芯柱

梁峰等（2017）对威页1井-WD5井-WD6井一线三口井进行了对比研究（图3-22）。其中，威页1井的测井资料最差，只见有相当WF2-WF3和LM4的含笔石层位的证据。

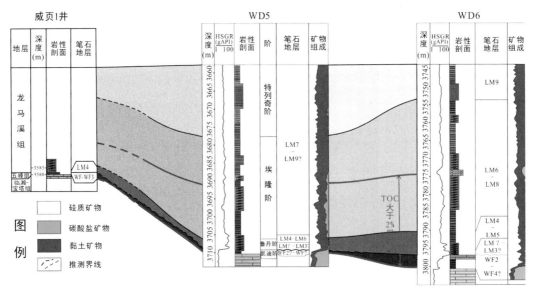

图3-22　四川威远威页1井、WD5和WD6井岩芯柱对比（据梁峰等，2017，图5）

19.　四川威远WD5井岩芯柱

WD5井中龙马溪组近底部含 *Normalograptus mirnyensis*（Obut and Sobolevskaya），此种见于LM1-LM3，特别常见于LM2（*Akidograptus ascensus* 带）。其下0.28 m处，即直接覆盖于宝塔组或临湘组的石灰岩之上，因此五峰组和观音桥层缺失（图3-22）。这一沉积间断或缺失，被梁峰等（2017）作为威页1井和WD6井之间，乃至威远与长宁之间在奥陶纪之末存在着一个古隆起的证据，并称之为内江-自贡古隆起（梁峰等，2017，图6），但施振生等（2020）认为这只是一个水下的古隆起。

20.　四川威远WD6井五峰组至龙马溪组岩芯柱

WD6井五峰组至龙马溪组为连续沉积，但此岩芯柱中化石记录不全（图3-22）。

21.　贵州遵义董公寺剖面

遵义董公寺的"龙马溪组"（LM5）代表黔中古陆北缘近岸边缘相的非黑色笔石页岩，它假整合在观音桥层之上，表明志留纪初南极冰盖迅速消融，全球海平面上升至LM5（*Coronograptus cyphus* 带）时达到最高潮。在上扬子台地，志留纪初的海进由盆地中心向南在此时才达到黔中古陆北缘，指示了上扬子盆地志留纪早期黑色笔石页岩的一种阶段渐进分布模式（图3-23）（陈旭等，2017）。

22.　贵州桐梓红花园五峰组至龙马溪组剖面

桐梓红花园五峰组的笔石带发育齐全（图3-24和3-25）。从WF4向上，各带的带化石及重要分子都有发育。观音桥层中不但有发育良好的三叶虫、腕足动物、珊瑚等壳相动物化石组合，而且还出现WF4带重要的笔石 *Metabolograptus extraordinarius* 和 *M. ojsuensis* 等（图3-26）。但是观音桥层与龙马溪组之间出现了明显的沉积间断，缺失LM1-LM3三个笔石带。戎嘉余等（2011）认为这个桐梓红花园志留纪之初的沉积间断，代表了黔中古陆在志留纪之初曾有一短暂的向北扩展。

23. 贵州桐梓韩家店五峰组至龙马溪组剖面

韩家店剖面五峰组、观音桥层及龙马溪组发育完整，是韩家店组的建组剖面。龙马溪组的黑色笔石页岩顶界在LM6（*Demirastrites triangulatus* 带）之内（图3-27和3-28），其上为石牛栏组泥质灰岩所代替。韩家店已位于上扬子盆地近中央部位（陈旭等，2017）。

24. 重庆市綦江观音桥地层剖面

观音桥剖面从五峰组、观音桥层至龙马溪组也是连续沉积，而且和韩家店剖面分别代表同一大背斜的北、南两翼。观音桥剖面龙马溪组的黑色页岩最高层位可达LM6顶部，而LM7虽然已不是典型的黑色页岩，但仍产有少量的笔石（图3-29和3-30），因此，陈旭等（2017）认为綦江-华蓥山廊带是产出页岩气最有利的地带。

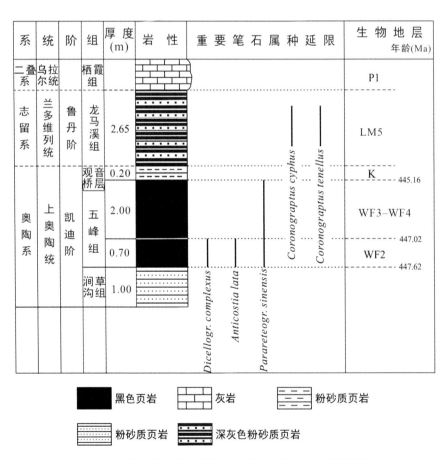

图3-23 遵义董公寺五峰组至"龙马溪组"地层柱状图

（据张文堂等，1964；其中的笔石由陈旭重新做了鉴定）

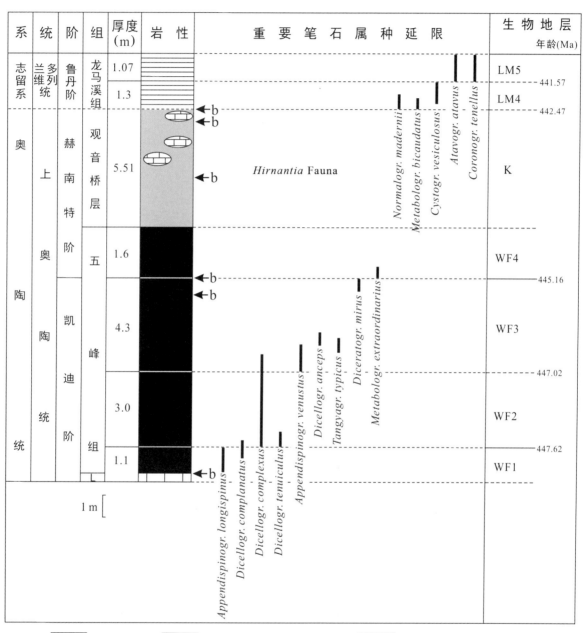

图3-24 贵州桐梓红花园五峰组至龙马溪组地层剖面（据Chen et al.，2000简化并补充）

注：LM6笔石 *Demirastrites* cf. *triangulatus* 见于龙马溪组底界之上12.8m处；b：斑脱岩；L：临湘组。

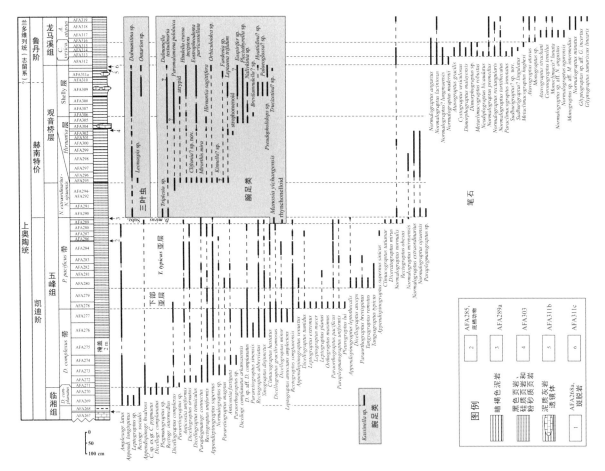

图3-25 贵州桐梓红花园五峰组至龙马溪组地层剖面（据Chen et al.，2000）

图3-26 贵州桐梓红花园观音桥层底部

46

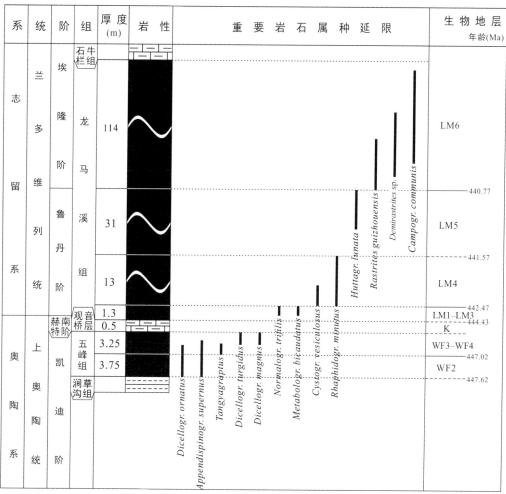

注：石牛栏组：泥质灰岩。LM6 上部：深灰色页岩夹薄层灰岩；下部：黑色页岩。LM1–LM5：黑色页岩。
　　K：观音桥层，泥质灰岩，具赫南特贝动物群。WF2–WF4：黑色硅质页岩。涧草沟组：钙质泥岩。

图3-27　贵州桐梓韩家店五峰组至龙马溪组地层柱状图（据张文堂等，1964；陈旭和林尧坤，1978）

图3-28　贵州桐梓韩家店龙马溪组下部

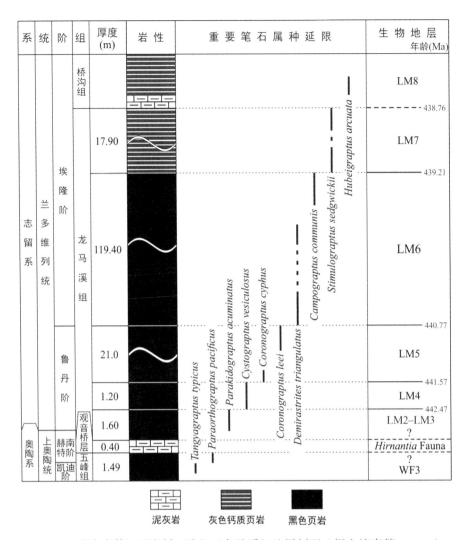

图3-29　重庆市綦江观音桥五峰组至龙马溪组地层剖面（据金淳泰等，1982）

图3-30　重庆市綦江观音桥五峰组至龙马溪组底部地层（左上站立者头部位置为观音桥层）

图3-32　重庆市涪陵气田

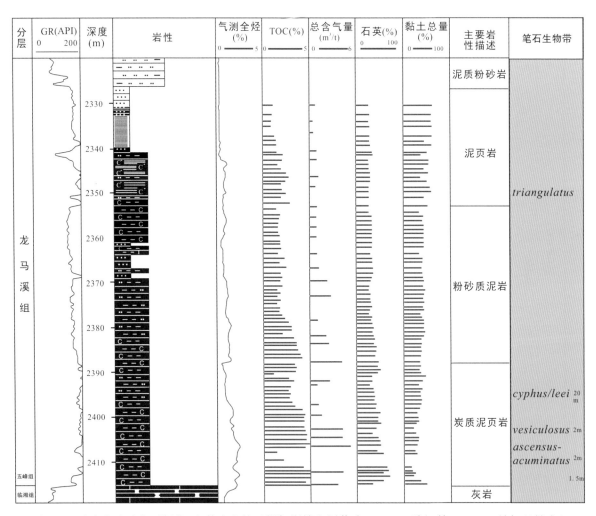

图3-33　重庆市涪陵焦石坝焦页1井岩芯柱（据郭彤楼和刘若冰，2013；陈旭等，2015，并加以补充）

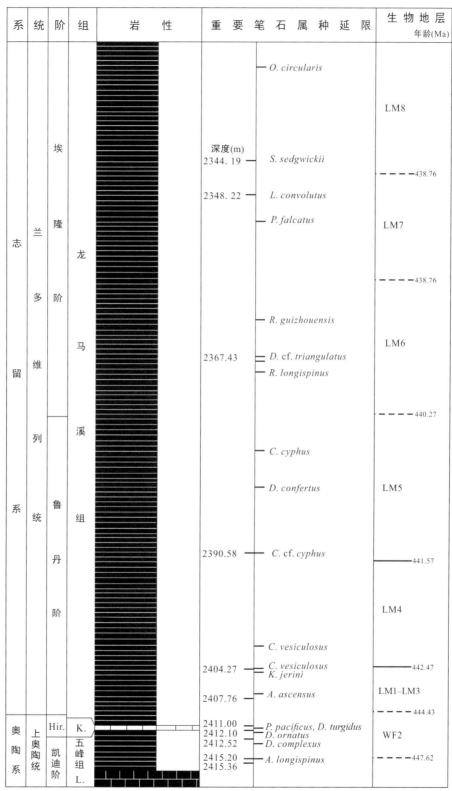

注: K.: 观音桥层; L.: 临湘组; Hir.: 赫南特阶。

图3-34 重庆市涪陵焦石坝焦页1井岩芯柱（据本书作者的鉴定）

页1井的TOC和Gamma Ray测井值从LM1至LM5-LM6持续高值，是一种特别的类型，代表一种与宁211井（高县仁义乡）以及北非热页岩的不同类型。后者的TOC和Gamma Ray值都集中在鲁丹阶的下部（陈旭等，2018；Lüning et al.，2005）。

27. 四川华蓥山三百梯（阎王沟）

华蓥山三百梯（阎王沟）剖面最早由卢衍豪先生测量并采集，他在该地所采五峰组的笔石曾交由穆恩之先生研究，建立了 *Pleurograptus lui* 带（下部）和 *Dicellograptus szechuanensis* 带（上部）（穆恩之，1954），这是对中国五峰组笔石带最早的划分方案。但后者被修正为 *Dicellograptus complexus* 带（WF2）（Chen et al.，2000）（图3-35）。

华蓥山三百梯剖面五峰组及龙马溪组均为连续的黑色笔石页岩沉积，龙马溪组黑色页岩顶部可达LM9（*Spirograptus guerichi* 带），代表了黔渝地区龙马溪组黑色页岩的最高层位。从綦江至华蓥山的廊带，是扬子区内对页岩气最有贡献的地带（陈旭等，2017）。

图3-35　四川华蓥山三百梯剖面临湘组及五峰组

28. 重庆市彭水鹿角镇剖面

鹿角镇剖面奥陶系与志留系之间，缺失了观音桥层及龙马溪组底部的LM1-LM2两个笔石带（图3-36）。

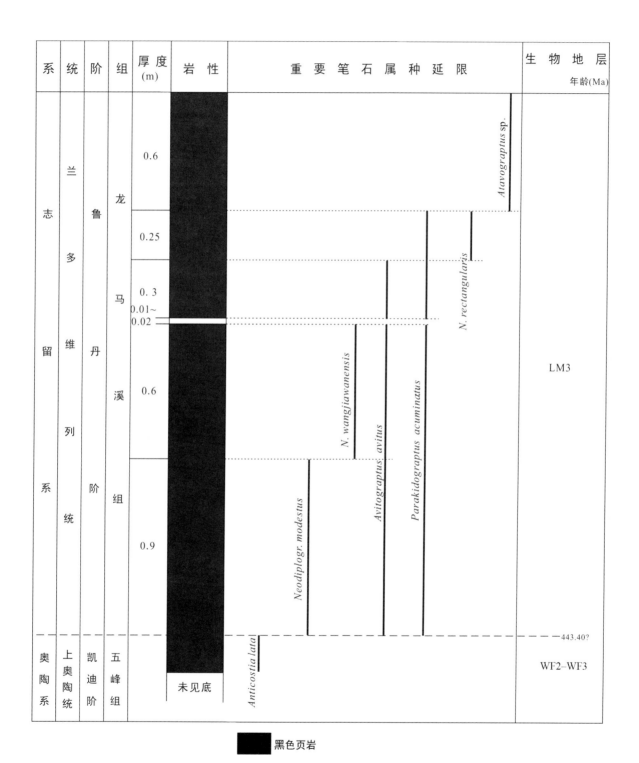

图3-36　重庆市彭水县鹿角镇五峰组及龙马溪组剖面（据陈旭等，2018，附录）

29. 贵州松桃陆地坪五峰组至龙马溪组地层剖面

陆地坪剖面五峰组和观音桥层发育完好，但其上龙马溪组只观测到LM3带底部。松桃陆地坪接近扬子台地南缘，五峰组和龙马溪组底部的黑色页岩厚度均较大（图3-37）。

30. 湖南永顺青坪镇颗粒沙五峰组至龙马溪组地层剖面

颗粒沙剖面五峰组至龙马溪组地层是连续沉积的。LM1-LM4的黑色页岩特别薄，对这一段页岩气产出层位的评估不利（图3-38）。

31. 湖北来凤两河口来地1井岩芯柱

来凤两河口的来地1井位于宜昌上升的圈层内，因此龙马溪组的LM2（*Akidograptus ascensus* 带）直接覆盖在WF3地层之上，缺失了赫南特阶的地层（陈旭等，2018）。龙马溪组底部的黑色页岩很薄，只到达LM3的层位，向上则转变为非典型的黑色页岩（图3-39）。

3.2　中扬子三峡地区

32. 湖北建始龙坪（鄂红地1井）井下岩芯柱

龙坪井位于宜昌上升的圈层内，龙马溪组的含笔石黑色页岩厚为10 m左右，其底部为LM4（*Cystograptus vesiculosus* 带），直接覆盖于五峰组顶部WF4（*Metabolograptus extraordinarius* 带）之上，其间缺失了观音桥层至LM3的地层（图3-40）。

33. 湖北宜昌分乡五峰组至龙马溪组地层剖面

宜昌分乡从五峰组至龙马溪组剖面连续（图3-41）。

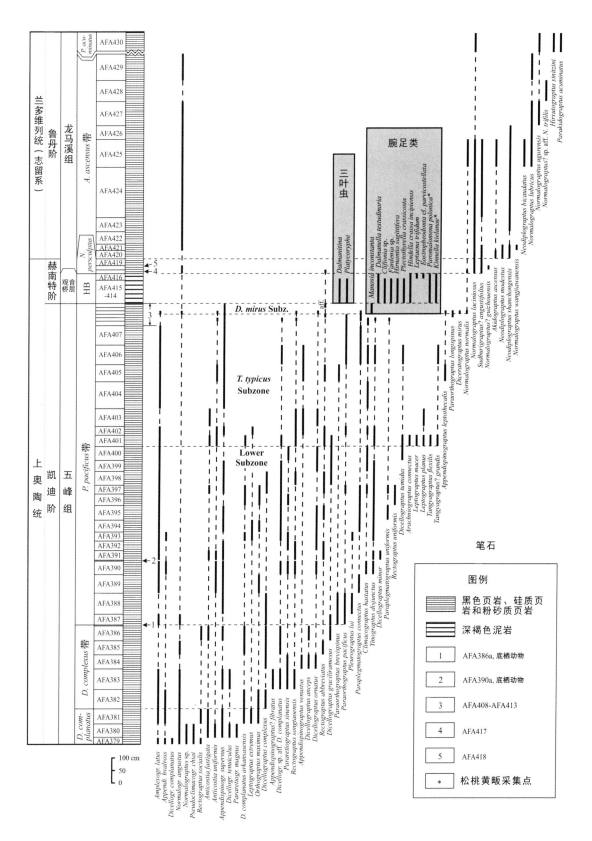

图3-37　贵州松桃陆地坪五峰组至龙马溪组底部地层柱状图（据Chen et al., 2000）

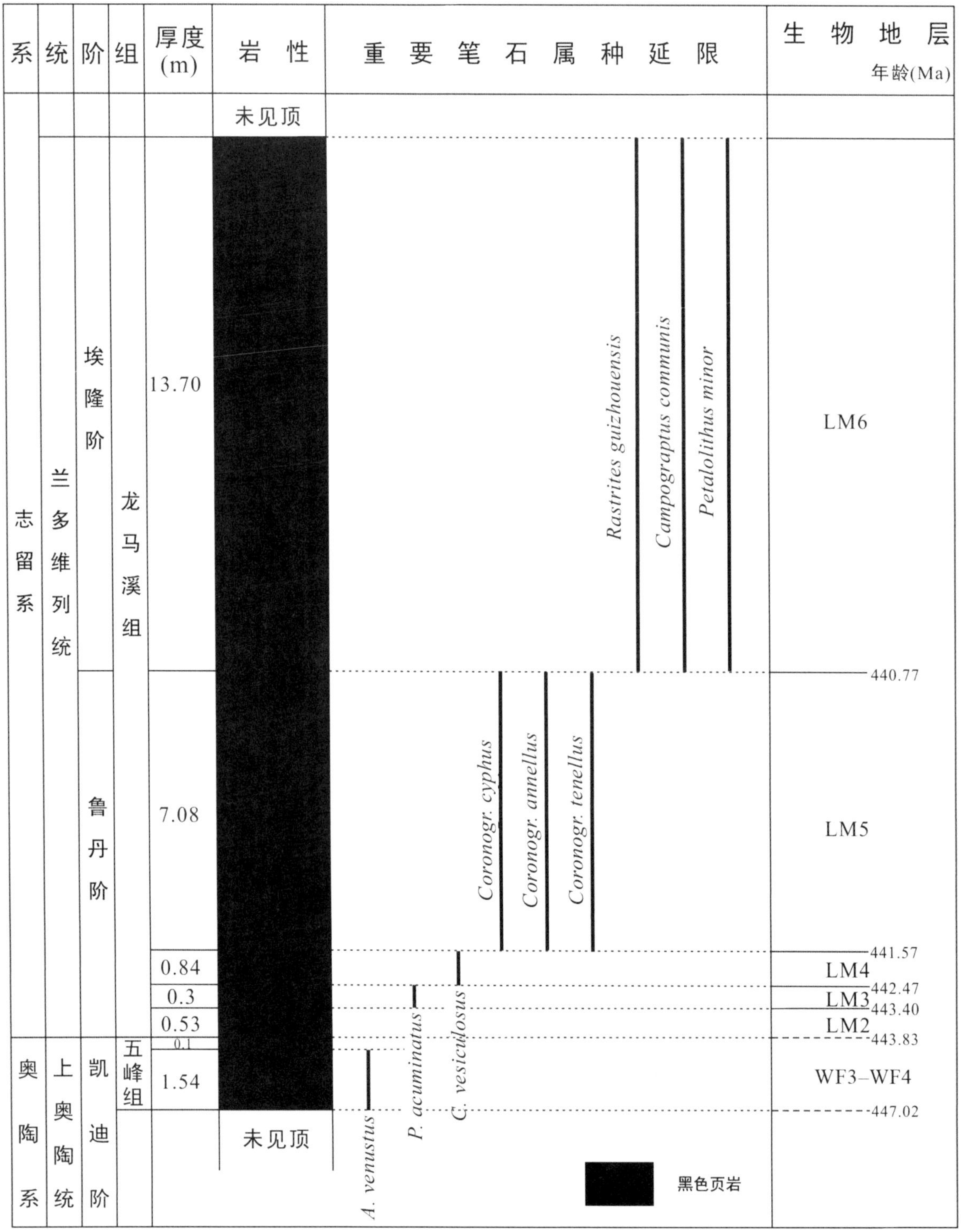

系	统	阶	组	厚度(m)	岩 性	重 要 笔 石 属 种 延 限	生 物 地 层 年龄(Ma)
志留系	兰多维列统	埃隆阶	龙马溪组	13.70	未见顶	*Rastrites guizhouensis* *Campograptus communis* *Petalolithus minor*	LM6
		鲁丹阶		7.08		*Coronogr. cyphus* *Coronogr. annellus* *Coronogr. tenellus*	——440.77 ——— LM5 ——441.57
			五峰组	0.84		*C. vesiculosus*	LM4 ——442.47
				0.3		*P. acuminatus*	LM3 ——443.40
奥陶系	上奥陶统	凯迪阶	五峰组	0.53			LM2 ——443.83
				0.1			WF3–WF4
				1.54	未见顶	*A. venustus*	——447.02

黑色页岩

图3-38 湖南永顺青坪镇颗粒沙五峰组至龙马溪组地层柱状图（据王文卉等，见陈旭等，2018，附录）

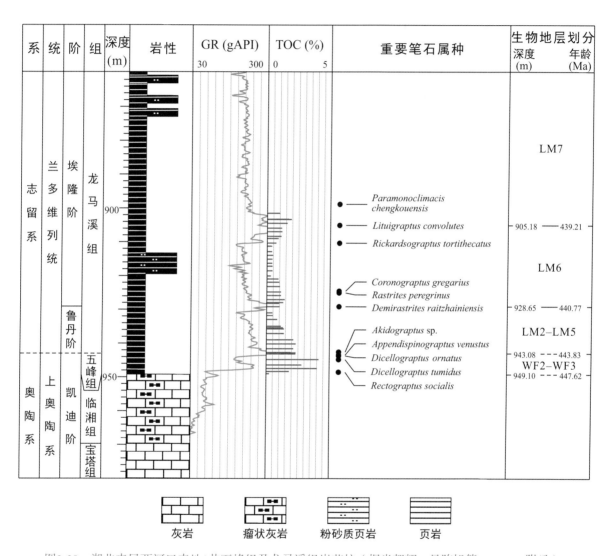

图3-39　湖北来凤两河口来地1井五峰组及龙马溪组岩芯柱（据肖朝辉，见陈旭等，2018，附录）

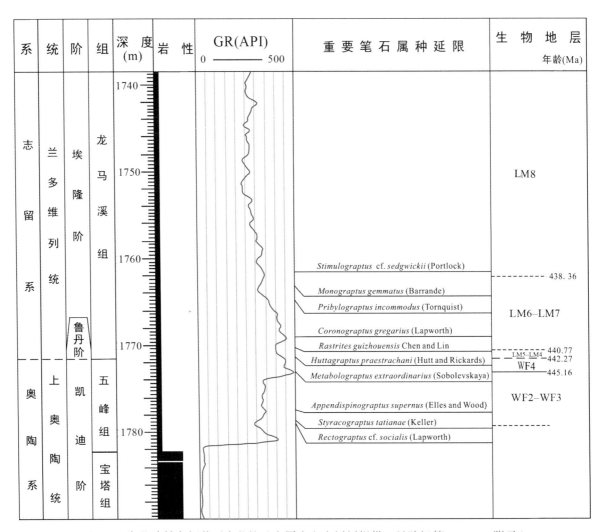

图3-40　湖北建始龙坪井下岩芯柱（由周志和童川川提供，见陈旭等，2018，附录）

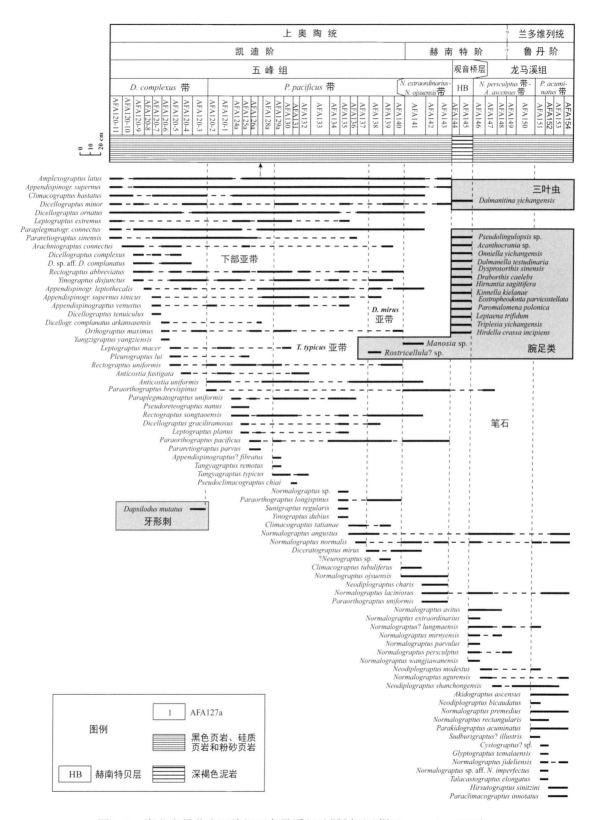

图3-41　湖北宜昌分乡五峰组至龙马溪组地层剖面（据Chen et al.，2000）

34．湖北宜昌王家湾五峰组至龙马溪组地层剖面

宜昌王家湾剖面长期以来都被作为扬子区五峰组至龙马溪组的参照剖面。不但地层发育连续完整，而且其中所含的各门类化石都得到了充分研究并已发表。汪啸风等（1987）曾详细测制、描述并发表了王家湾村边的王家湾-大中坝奥陶系-志留系剖面（图3-42），后来陈旭等又发表了王家湾北奥陶系-志留系界线上下的地层剖面（图3-43和3-44），这一剖面即成为奥陶系赫南特阶的全球层型剖面和点位（Chen et al.，2006）。

35．河南淅川张湾志留系兰多维列统剖面

淅川张湾的志留系兰多维列统黄灰色泥岩中产出LM6带的笔石，代表扬子台地的边缘相带。

36．湖北京山道子庙奥陶系–志留系剖面

道子庙的奥陶系-志留系界线上下地层出露。五峰组厚3.5 m，产出WF2，特别是WF3的笔石动物群，其上与志留系底部之间有沉积间断，缺失相当于赫南特阶的地层。LM2的笔石如 *Metabolograptus bicaudatus*（Chen and Lin），代表道子庙龙马溪组的底部，但是龙马溪组更高层位的黑色页岩未出露（图3-45和3-46）。

3.3 下扬子及江南过渡带

37．江西武宁新开岭剖面

武宁新开岭剖面最早由俞剑华等（1976）研究（图3-47）。从武宁开始直至江苏宁镇山脉，五峰组的黑色硅质页岩及其笔石动物群与中、上扬子区一致，但厚度略大。相当于中、上扬子区的观音桥层在此相变为新开岭层，其中所产腕足动物群以 *Paromalomena* 动物群为主（戎嘉余和陈旭，1987）。相当于龙马溪组的地层在此称为梨树窝组，黑色笔石页岩只限于鲁丹阶的一部分，奥陶系与志留系之间为连续沉积。因此，从武宁向东则属于下扬子区。

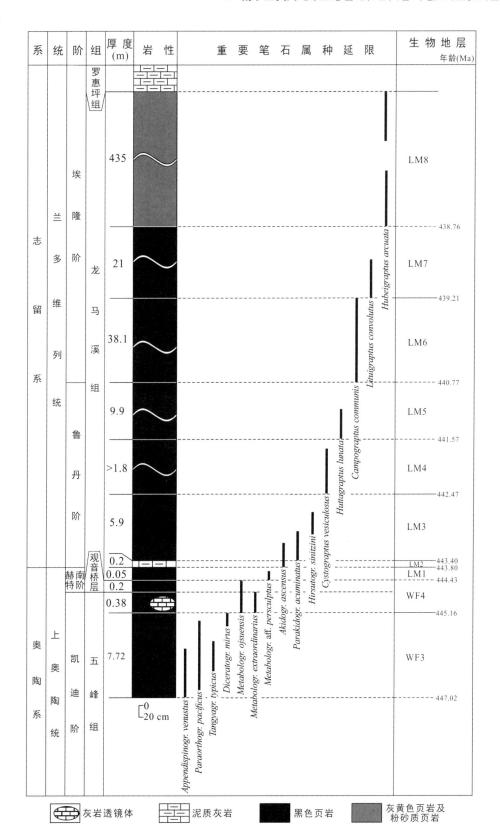

图3-42　湖北宜昌王家湾-大中坝奥陶系-志留系地层剖面

（据汪啸风等，1987，只引用了部分重要笔石的延限）

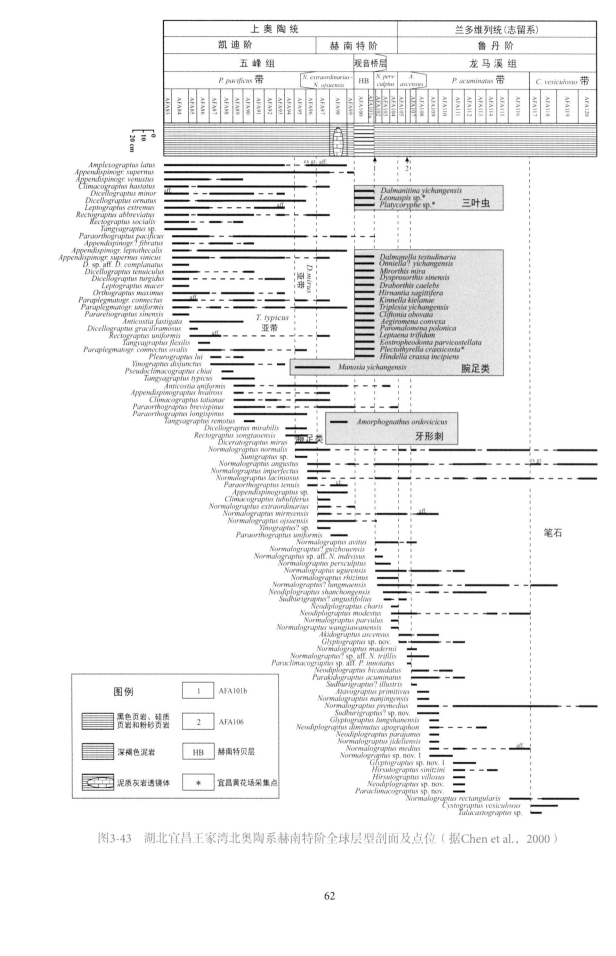

图3-43　湖北宜昌王家湾北奥陶系赫南特阶全球层型剖面及点位（据Chen et al.，2000）

图3-44　湖北宜昌王家湾北赫南特阶层型剖面

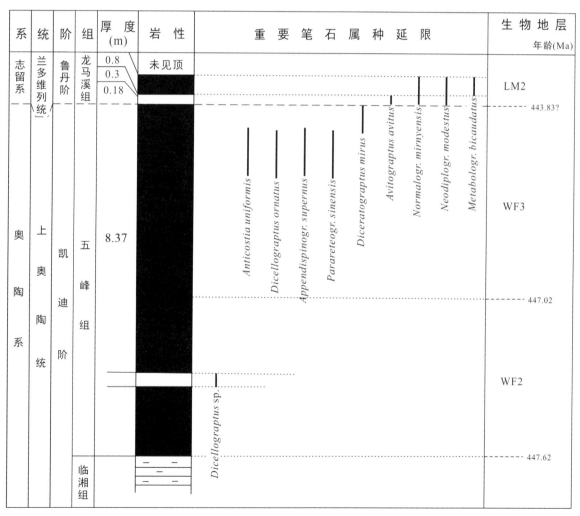

泥岩　黑色页岩

图3-45　湖北京山县道子庙奥陶系–志留系地层剖面（据笔者等2007年野外调查）

图3-46 湖北京山道子庙奥陶系-志留系地层

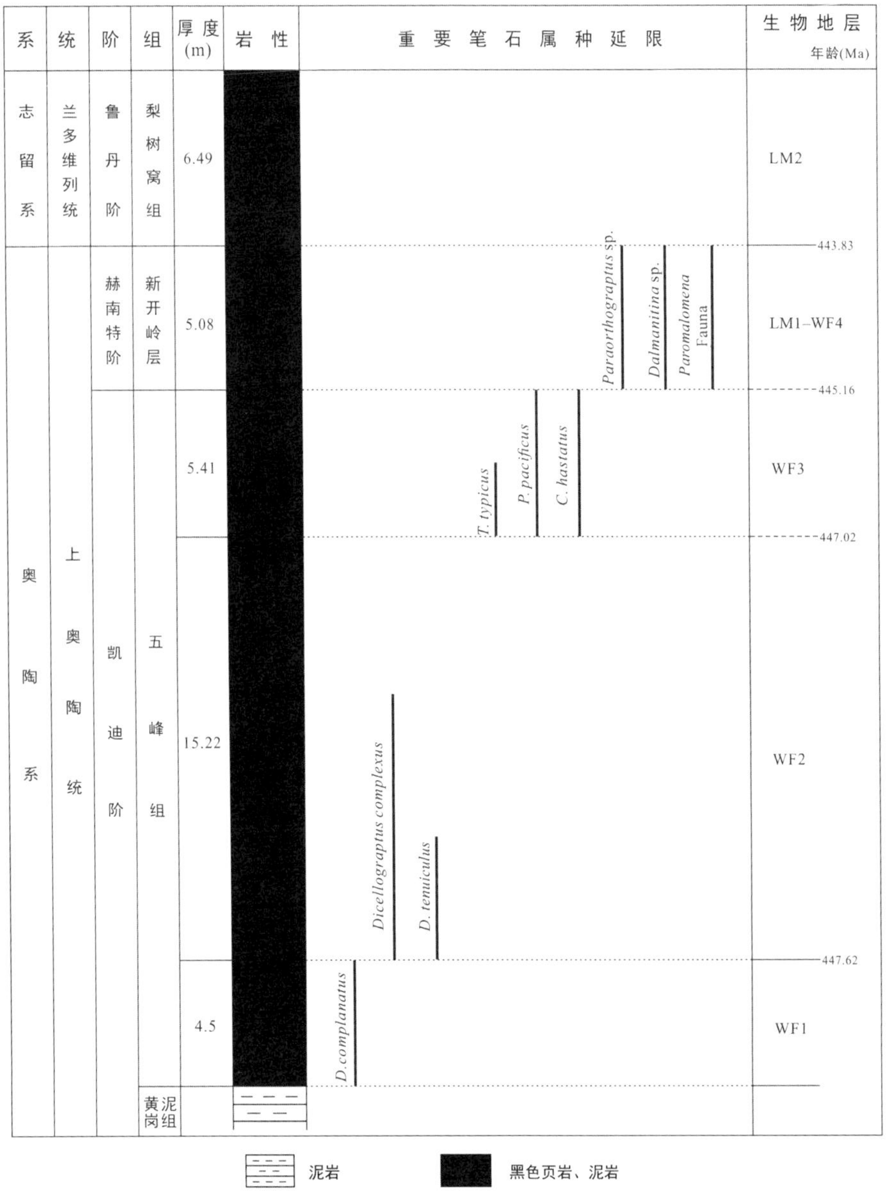

系	统	阶	组	厚度(m)	岩性	重要笔石属种延限	生物地层 年龄(Ma)
志留系	兰多维列统	鲁丹阶	梨树窝组	6.49			LM2
奥陶系	上奥陶统	赫南特阶	新开岭层	5.08		*Paraorthograptus* sp. / *Dalmanitina* sp. / *Paromalomena* Fauna	LM1–WF4 — 443.83
		凯迪阶	五峰组	5.41		*T. typicus* / *P. pacificus* / *C. hastatus*	WF3 — 445.16
				15.22		*Dicellograptus complexus* / *D. tenuiculus*	WF2 — 447.02
				4.5		*D. complanatus*	WF1 — 447.62
			黄泥岗组				

泥岩 　　　　黑色页岩、泥岩

图3-47 江西武宁新开岭五峰组至梨树窝组地层柱状图（据俞剑华等，1976；方一亭等，1990）

38. 安徽和县四碾盘剖面

安徽和县四碾盘剖面五峰组的厚度较大，但缺失WF4至LM2的层位，即缺失整个赫南特阶和LM2（*Akidograptus ascensus* 带）的地层（图3-48）。奥陶系与志留系之间在和县有短暂的沉积间断，但是在其西部的武宁以及其东部的南京附近，奥陶系与志留系间却都是连续沉积的；在野外地质调查中，也未发现和县遭受风化剥蚀的记录，因此，这里也有可能只是一个小范围海底高地，未留下沉积物的记录。

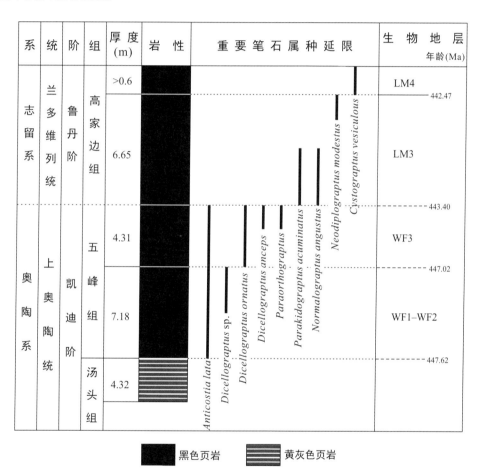

图3-48 安徽和县四碾盘五峰组及高家边组底部地层柱状图（据齐敦伦，1989，以及陈旭等1994野外调查）

39. 江苏南京汤山剖面

南京汤山出露五峰组、新开岭层至高家边组下部的地层剖面（张全忠和焦世鼎，1985）。五峰组在汤山外杆沟出露9.17 m，产有少量笔石。新开岭层至高家边组剖面如下（图3-49）。

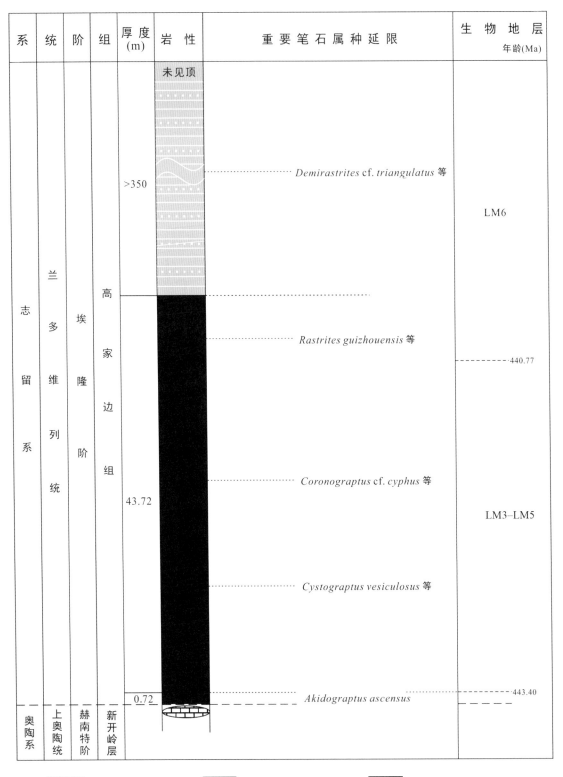

图3-49 南京汤山新开岭层至高家边组地层柱状图（据张全忠和焦世鼎，1985）

40. 江苏句容岗岗山五峰组至高家边组地层剖面

Wang et al.（2017）报导在岗岗山可能有LM1的笔石，但岗岗山的五峰组未见良好的地层剖面。经过Wang et al.（2017）的研究，句容岗岗山高家边组的地层剖面得以划分到笔石带。高家

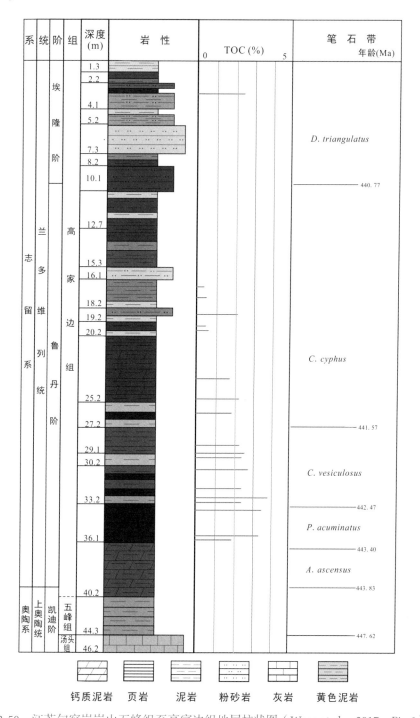

图3-50　江苏句容岗岗山五峰组至高家边组地层柱状图（Wang et al.，2017，Fig.6）

67

边组自LM2至LM6连续出露，厚度近40 m。该剖面是迄今宁镇山脉志留纪早期地层中研究最为详细的地层剖面（图3-50和3-51）。

图3-51　江苏句容岗岗山五峰组至高家边组底部地层

41.　安徽宁国荆山新岭组至安吉组剖面

新岭组系李积金（1984）所建立，其创名剖面为安徽泾县新岭，为一套以页岩、粉砂岩为主的细粒碎屑岩地层，产笔石，其层位与扬子台地的五峰组相当，但厚度较大，代表了扬子台地边缘相或台地斜坡相的地层。

宁国荆山剖面的新岭组厚达369.3 m，其底部产出WF2带的笔石，顶部产出WF3的带化石 *Paraorthograptus pacificus* 和WF3上部亚带的带化石 *Diceratograptus mirus*，因此，新岭组的地层是完整连续的。志留纪底部的地层虽被命名为霞乡组（齐敦伦，1989），但是和安吉杭垓的安吉组命名剖面仅隔40 km，岩相、生物相完全一样。由于安吉组的创名剖面已被全国地层委员会批准为下扬子地区奥陶系赫南特阶典型剖面（汪隆武等，2016），而且安吉组的底界又可以准确划定，研究程度也高，因此，在浙皖交界地区都统一使用安吉组较为合适（图3-52）。

42.　浙江安吉杭垓剖面

安吉杭垓长坞组、文昌组及安吉组（原霞乡组）为一套以粉砂岩、细粒砂岩夹页岩的地层，沉积连续，化石带划分详细，易于区域间对比（汪隆武等，2016）。杭垓剖面是斜坡相的地层，代表了奥陶纪末江南过渡带被打断后，扬子台地东南边缘地带的地层（图3-53和3-54）。

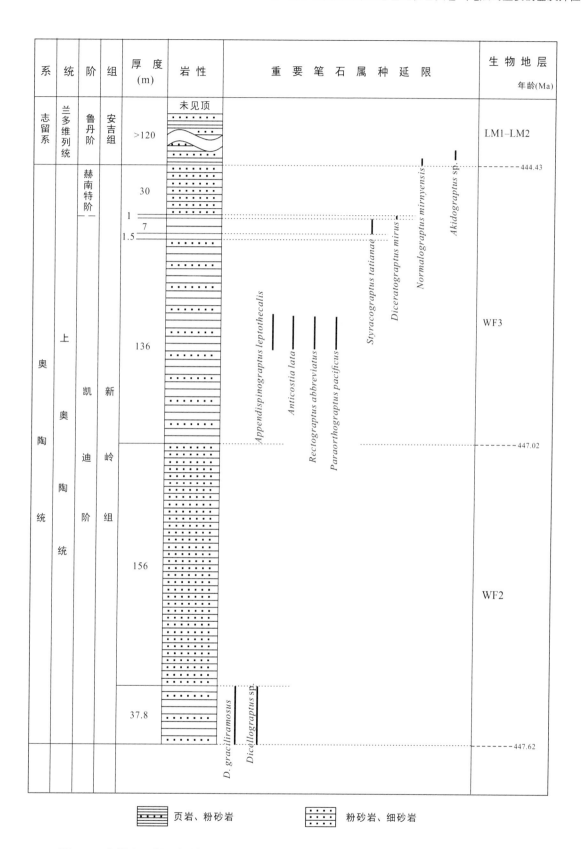

图3-52　安徽宁国荆山新岭组至安吉组地层剖面（据穆恩之等，1980；齐敦伦，1989）

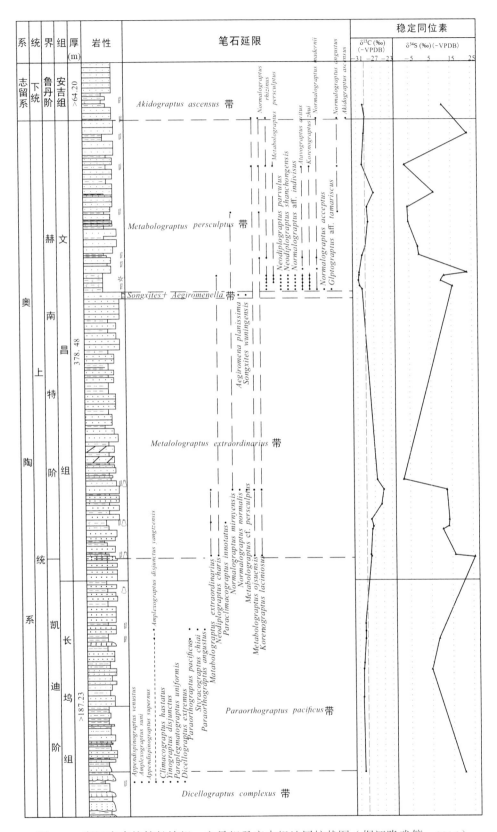

图3-53 浙江安吉杭垓长坞组、文昌组及安吉组地层柱状图（据汪隆武等，2016）

图3-54　浙江安吉杭垓长坞组、文昌组及安吉组

43．浙江常山蒲塘口剖面

常山蒲塘口剖面的三衢山组相当于扬子台地上五峰组WF1-WF2的层位，蒲塘口的三衢山组是一种典型的滑塌构造（图3-55和3-56），代表了江南过渡带在五峰组沉积时有间断过程（陈清等，2018）；浙西保留了斜坡相的沉积，代表了扬子台地的东南边缘相带中的滑塌构造（李文杰等，2018）。

图3-55　浙江常山蒲塘口三衢山组滑塌构造

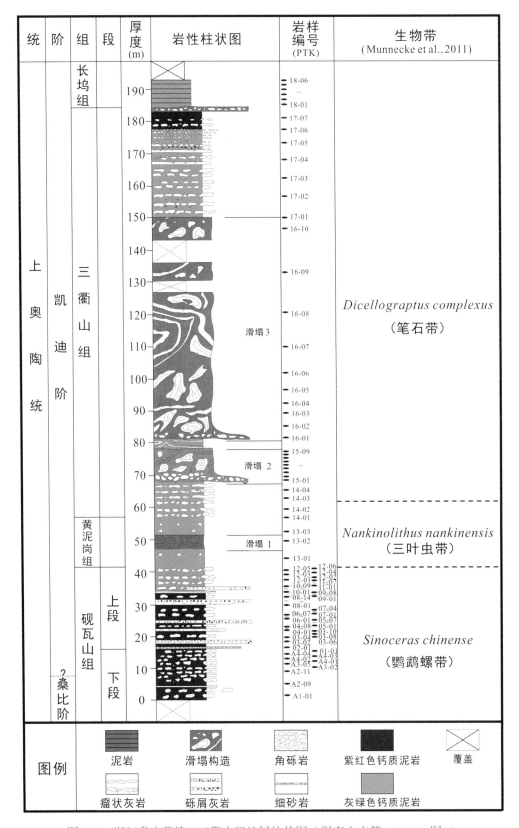

图3-56　浙江常山蒲塘口三衢山组地层柱状图（据李文杰等，2018，图3）

参考文献

陈清, 樊隽轩, 张琳娜, 陈旭. 下扬子区奥陶纪晚期古地理演变及华南"台–坡–盆"格局的打破. 中国科学:地球科学, 2018, 48(6):767-777.

陈旭, 陈清, 甄勇毅, 王红岩, 张琳娜, 张俊鹏, 王文卉, 肖朝晖. 志留纪初宜昌上升及其周缘龙马溪组黑色笔石页岩的圈层展布模式. 中国科学:地球科学, 2018, 48(9):1198-1206.

陈旭, 樊隽轩, Melchin, M.J., Mitchell, C.E. 华南奥陶纪末笔石灭绝及幸存的过程与机制//戎嘉余, 方宗杰. 生物大灭绝与复苏——来自华南古生代和三叠纪的证据. 合肥:中国科学技术大学出版社, 2005:9-54, 1037-1038.

陈旭, 樊隽轩, 王文卉, 王红岩, 聂海宽, 石学文, 文治东, 陈东阳, 李文杰. 黔渝地区志留系龙马溪组黑色页岩阶段性渐进展布模式. 中国科学:地球科学, 2017, 47(6):720-732.

陈旭, 樊隽轩, 张元动, 等. 五峰组及龙马溪组黑色页岩在扬子覆盖区内的划分与圈定. 地层学杂志, 2015, 39(4):351-358.

陈旭, 林尧坤. 黔北桐梓下志留统的笔石. 中国科学院南京地质古生物研究所集刊, 第12号, 1978:1-106.

陈旭. 陕南及川北志留纪笔石并论单笔石科的分类. 中国古生物志, 新乙种第20号, 1984:1-102.

方一亭, 梁诗经, 张大良, 余金龙. 江西省武宁县梨树窝组及其笔石. 南京:南京大学出版社, 1990:153.

葛梅钰. 四川城口志留纪笔石. 中国古生物志, 新乙种第26号, 1990:157.

郭彤楼, 刘若冰. 复杂构造区高演化程度海相页岩气勘探突破的启示——以四川盆地东部盆缘JY1井为例. 天然气地球科学, 2013, 24(4):643-651.

金淳泰, 叶少华, 何原相, 万正权, 王树碑, 赵裕亭, 李善姬, 徐星琪, 张正贵. 四川綦江观音桥志留纪地层及古生物. 成都:四川人民出版社, 1982:84.

金淳泰, 叶少华, 江新胜, 李玉文, 喻洪津, 何原相, 易庸恩, 潘云唐. 四川二郎山地区志留纪地层及古生物. 中国地质科学院成都地质矿产研究所所刊, 第11号, 北京:地质出版社, 1989:224.

李积金. 皖南上奥陶统新岭组的笔石. 中国科学院南京地质古生物研究所集刊, 第20号, 1984:145-194.

李文杰, 张元动, 陈吉涛, 袁文伟. 浙西常山蒲塘口剖面上奥陶统沉积相特征. 地层学杂志, 2018, 14(4):393-407.

梁峰, 拜文华, 邹才能, 王红岩, 武瑾, 马超, 张琴, 郭伟, 孙莎莎, 朱炎铭, 崔会英, 刘德勋. 渝东北地区巫溪 2 井页岩气富集模式及勘探意义. 石油勘探与开发, 2016, 43(3):1-9.

梁峰, 王红岩, 拜文华, 郭伟, 赵群, 孙莎莎, 张琴, 武瑾, 马超, 雷治安. 川南地区五峰组–龙马溪组页岩笔石带对比及沉积特征. 天然气工业, 2017, 7:20-26.

卢衍豪. 陕西南郑之奥陶纪及志留纪地层. 地质论评, 1943, 8.

罗超, 王兰生, 石学文, 张鉴, 吴伟, 赵圣贤, 张成林, 杨亚茜. 长宁页岩气田宁211井五峰组–龙马溪组生物地层. 地层学杂志, 2017, 41(2):142-152.

穆恩之. 论五峰页岩. 古生物学报, 1954, 2(2): 153-168.

穆恩之, 葛梅钰, 陈旭, 倪寯南, 林尧坤. 安徽南部奥陶纪地层新观察. 地层学杂志, 1980, 4(2):81-86.

齐敦伦. 安徽地层志, 奥陶系分册. 合肥:安徽科学技术出版社, 1989:234.

戎嘉余, 陈旭. 华南晚奥陶世的动物群分异及生物相、岩相分布模式. 古生物学报, 1987, 26(5):507-535.

戎嘉余, 陈旭, 王怿, 等. 奥陶–志留纪之交黔中古陆的变迁:证据与启示. 中国科学:地球科学, 2011, 41(10):1407-1415.

宋腾, 陈科, 包书景, 郭天旭, 雷玉雪, 王亿, 孟凡洋, 王鹏. 鄂西北神农架背斜北翼(鄂红地1井)五峰–龙马溪组钻获页岩气显示. 中国地质, 2018, 45(1):195-196.

唐鹏, 黄冰, 吴荣昌, 樊隽轩, 燕夔, 王光旭, 刘建波, 王怿, 詹仁斌, 戎嘉余. 论上扬子区上奥陶统大渡河组. 地层学杂志, 2017, 41(2):120-133.

汪隆武, 张元动, 朱朝晖, 张建芳, 刘风龙, 陈津华, 徐双辉. 上奥陶统赫南特阶下扬子地区标准剖面(浙江省安吉县杭垓剖面)的地质特征及其意义. 地层学杂志, 2016, 40(4):370-381.

汪啸风, 倪世钊, 曾庆銮, 徐光洪, 周天梅, 李志宏, 项礼文, 赖才根. 长江三峡地区生物地层学, 2, 早古生代分册, 北京: 地质出版社, 1987:641.

王红岩, 郭伟, 梁峰, 赵群. 四川盆地威远页岩气田五峰组和龙马溪组黑色页岩生物地层特征与意义. 地层学杂志, 2015, 39(3):289-293.

王玉忠. 陕西南郑福成志留系的研究. 硕士研究生学位论文, 西安地质学院, 1988.

俞剑华, 夏树芳, 方一亭. 江西修水流域的奥陶系. 南京大学学报(自然科学版), 1976, 2:57-77.

张全忠, 焦世鼎. 南京汤山地区志留系的新进展. 中国地质科学院南京地质矿产研究所所刊, 1985, 6(2):97-111.

张文堂, 陈旭, 许汉奎, 王俊庚, 林尧坤, 陈均远. 贵州北部的志留系. 中国科学院地质古生物研究所, 1964:79-110.

Chen, X., Rong, J.Y, Fan, J.X., Zhan, R.B., Mitchell, C.E., Harper, D.A.T., Melchin, M.J., Peng, P.A., Finney, S.C., Wang, Xiaofeng. The Global Boundary Stratotype Section and Point (GSSP) for the base of the Hirnantian Stage (the uppermost of the Ordovician System). Episodes, 2006, 29(3):183-196.

Chen, X., Rong, J.Y., Mitchell, C.E., Harper, D.A.T., Fan, J.X., Zhan, R.B., Zhang, Y.D., Li, R.Y., Wang, Y. Late Ordovician to earliest Silurian graptolite and brachiopod biozonation from the Yangtze region, South Chian with a global correlation. Geological Magazine, 2000, 137(6):623-650.

Loydell, D.K. Upper Aeronian and lower Telychian (Llandovery) graptolites from western mid-Wales. Part 1. Monograph of the Palaeontographical Society, 1992, 146(589):1-55, pl. 1.

Lüning, S., Shahin, Y.M., Loydell, D.K. et al. Abtomy of a world-class source rock:Distribution and depositional model of Silurian organic-rich shales in Jordan and implications for hydrocarbon potential. AAPG Bulletin, 2005, 89(10):1397-1427.

Wang, W.H., Hu, W.X., Chen, Q., Jia, D., Chen, X. Temporal and spatial distribution of Ordovician-Silurian boundary black graptolitic shales on the Lower Yangtze Platform. Palaeoworld, 2017, 26:444-455.

4 扬子区奥陶系-志留系页岩气富集地层的分布模式

陈　旭　　王红岩　　聂海宽　　武　瑾

经历了十余年的探索和勘探，从2010年起，中石油和中石化先后在威远-长宁、富顺-永川、昭通和涪陵等区块的奥陶系顶部至志留系底部的黑色页岩中发现了页岩气流，特别是在涪陵焦石坝地区的焦页1井、宜宾长宁地区的宁201-H1井钻获高产页岩气流，标志着中国页岩气开发的重大突破。

焦页1井高产页岩气突破的同时，带来了勘探方面的新问题，因为页岩气在井下的产出层位都是用这些井下的钻深厚度值来标定的，而这些钻深厚度值不能简单地用作其他井位相同产出层位的对比标准。五峰组和龙马溪组的黑色页岩层段内岩性均一，难以获得特定岩性的对比标准层。此外，测井曲线的峰值同样也难以以某个井下的曲线峰值作为其他邻近地区井下的对比标准。因此，五峰组和龙马溪组黑色页岩含页岩气地层内的精确划分和对比标准，就成了页岩气勘探和开发急需要解决的关键难题。为此，笔者之一（陈旭）在2014年秋的涪陵会议上，提出了把奥陶系顶部五峰组至志留系底部龙马溪组黑色含页岩气地层中笔石带的划分和对比，用于解决页岩气地层勘探开发的划分和对比标准，并在现场就焦页1井的岩芯做了示范，说明笔石带的划分和对比精度，完全达到页岩气勘探的要求。这一提议获得了与会各方的肯定。中石化、中石油两家油气龙头企业即通令以笔石带的划分和对比，作为页岩气勘探的标尺（图1-1）。

为了及时解决中石油和中石化页岩气勘探、开发的急需，从2015年开始，我们举办了三期含页岩气地层的培训班，并组建了页岩气生物地层小组。我们首先从焦页1井开始，在涪陵焦石坝邻近地区，将黔北、川南五峰组和龙马溪组的笔石带（陈旭和林尧坤，1978）与郭彤楼和刘若冰（2013）发表的焦页1井地层岩性柱进行对比，并插入笔石带的划分（图3-33），随后根据我们在现场重新鉴定和划分焦页1井地层岩性柱的笔石带加以验证（图3-34），发现焦页1井的高产页岩气产自WF2至LM6带下部的层位。此后页岩气生物地层小组不断扩大队伍和工作量，多年来坚持到各岩芯库现场调研，对64口钻井的岩芯柱进行笔石鉴定、笔石带的划分和对比，并随即向所在单位提供咨询报告图。调研的主要井位和剖面如图4-1所示。

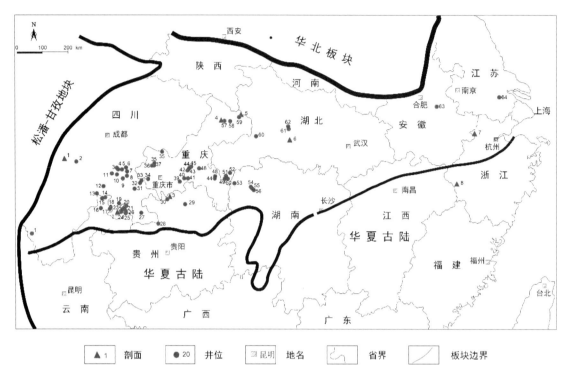

图4-1　扬子区由笔者等鉴定和划分对比的五峰组至龙马溪组主要钻井分布及现场考察的重要剖面

剖面名称：1.二郎山鸳鸯岩；2.长宁双河；3.綦江观音桥；4.巫溪田坝；5.巫溪白鹿；6.宜昌王家湾；7.安吉杭垓；8.常山黄泥塘。

井位名称：1.盐地2；2.荣地2；3.威201；4.威202；5.威204；6.威203；7.威203；8.自205；9.自202；10.自201；11.自204；12.宜202；13.民页1；14.新地1；15.绥页1；16.新地2；17.盐津1；18.盐津2；19.宁211；20.宁206；21.宁203；22.宁201；23.YS108；24.YS111；25.YS113；26.宁209；27.YS118；28.仁页1；29.安页1；30.丁页1；31.泸201；32.阳101H3-8；33.阳101H2-7；34.黄202；35.足203；36.足201；37.足202；38.华地1；39.南页1；40.焦页8；41.焦页7；42.焦页4；43.焦页2；44.焦页1；45.包201；46.天页1；47.黔江1；48.黔江2；49.来页3；50.来页2；51.来页1；52.来地1；53.龙1；54.永页3；55.永页1；56.永页2；57.巫溪2；58.溪202；59.巫溪1；60.建地1；61.荆102；62.荆101；63.鼓地1；64.东深1

本章中的第4.1节和4.2节由陈旭执笔，第4.3和4.4节由王红岩执笔，第4.5节由聂海宽执笔。

4.1　扬子区奥陶系–志留系间页岩气层甜点层段的确定及分布规律

2014年以来，我们对扬子区主要钻井进行了笔石鉴定，对主要剖面进行了野外考察，对所有钻井做了咨询报告，并及时提供给各井位所属单位。我们对考察剖面的笔石做了鉴定并划分了笔石带，从而对扬子区，特别是对中、上扬子区奥陶系五峰组至志留系龙马溪组主要页岩气层的甜点层段，获得了可靠的结果（表4-1和4-2）。

表4-1　扬子区页岩气勘探井（含地质资料井）岩芯观测统计表

日期	井位	地点	含页岩气优势层位	咨询报告完成人
2014.11	焦页1井	涪陵焦石坝	WF2-LM6	陈旭、樊隽轩、陈清
2014.11	丁页1井	綦江打通镇	WF2-LM6	陈旭、樊隽轩、陈清
2014.12	焦页4井	涪陵焦石坝天星村	WF3，LM4-LM5之间不连续	陈旭、张琳娜
2014.12	威远W-201井	威远新场镇老场村	LM1-LM2，LM6之间不连续	陈旭、张琳娜
2014.12	威远W-204井	威远龙会镇	LM8以下地层未见及	陈旭、张琳娜
2015.3	巫溪2井	巫溪文峰镇	WF2-LM6	陈旭、樊隽轩等
2015.3	巫溪1井	巫溪白鹿镇	WF2-LM6	陈旭、樊隽轩等
2015.4	威202井	威远新场镇	LM2-LM5只有10.19 m	陈旭、王红岩等
2015.4	威204井	威远龙会镇	岩芯不完整，LM4-LM9只有26 m，不能作为优质层位	陈旭、王红岩等
2015.5	焦页7井	涪陵焦石坝东泉村	WF2-LM6下部	陈旭、陈清等
2015.5	焦页8井	南川水江镇	WF2-LM6	陈旭、陈清等
2015.7	来地1井	来凤两河口	WF3与LM2之间有间断，LM2-LM5只有12 m	陈旭、王红岩、肖朝辉等
2015.7	荆101井	远安河口乡	WF2-LM6下部厚度小	陈旭、王红岩等
2015.7	荆102井	远安茅坪场镇	WF2-LM6下部厚度小	陈旭、王红岩等
2015.7	盐津1井	盐津县城	WF3-LM5	陈旭、王红岩、梁峰等
2015.10	自201井	荣县双石镇	龙马溪组笔石带全，有利层段在LM6以下	陈旭、王红岩等
2015.10	威203井	内江市西北	龙马溪组笔石带全，有利层段在LM6以下	陈旭、王红岩等
2016.3	宁211井	高县仁艾乡	WF2-LM4 (LM5)	陈旭、樊隽轩、石学文、罗超等
2016.4	东深1井	无锡东港镇山联村	WF3非黑色页岩，扬子台地东界LM1-LM2薄	陈旭、李飞
2016.5	民页1井	屏山县夏溪乡	WF2-LM7-8笔石带连续，但TOC含量低	陈旭、陈清、文治东等
2016.5	南页1井	南川石墙镇	WF2-LM7，主要在WF2-LM2	陈旭、陈清、何贵松等
2016.5	仁页1井	古蔺县古蔺镇	LM1-LM5	陈旭、陈清、何贵松等

续　表

日期	井位	地点	含页岩气优势层位	咨询报告完成人
2016.5	天页1井	丰都南天镇	WF2-LM6下部	陈旭、魏祥峰、文治东等
2016.5	重庆永页1井	重庆永川区来苏镇	LM1-LM5	陈旭、陈清、魏祥峰等
2016.8	安页1井	正安安场镇	WF2-LM4黑色页岩薄	陈旭、王红岩等
2016.6	建地1井	建始龙坪乡	WF2-WF4，LM4，LM1-LM3缺失	陈旭、周志、童川川
2016.11	宁209	长宁上罗镇	WF2-LM4-5	陈旭、王红岩等
2017.2	永页3井	永顺县石坪镇	LM1-LM4，薄	陈旭、陈清、王红岩等
2017.2	永页1井	永顺县颗砂乡	WF3-LM4，薄	陈旭、陈清、王红岩等
2017.2	永页2井	永顺县石堤镇	LM1-LM3，薄	陈旭、陈清、王红岩等
2017.5	YS113井	昭通威远县旧城镇	WF2-LM6部分	陈旭、王红岩等
2017.5	YS118井	古蔺	WF2-LM4-5	陈旭、王红岩等
2018.9	黄202井	重庆合江区黄瓜山	WF2-LM5	陈旭、王红岩等
2018.9	足201井	重庆大足雍熙镇	WF2-LM5	陈旭、王红岩等
2019.3	威远Z204井	荣县过水镇	LM6以下地层不全	陈旭、王红岩等
2019.3	威远Z205井	自贡大安区牛佛镇	WF3-LM9，但WF3与LM3记录不全	陈旭、王红岩等
2019.4	绥页1井	绥江县南绥	LM1-LM4	陈旭、刘国恒、周志等
2019.12	阳101H3-8	泸县奇峰镇	WF2-LM5	陈旭、王红岩、林长木等
2019.12	阳101H2-7	泸县玄滩镇	WF2-LM5	陈旭、王红岩、林长木等
2019.12	足203井	重庆铜梁区华兴镇	笔石带全，LM1-LM3	陈旭、王红岩、林长木等

表4-2　陈旭等鉴定外送剖面及井下的笔石分带意见

时间	剖面或井位	含页岩气优势层位	提供人
2016.3	云南永善万和剖面	LM2-LM4，其下与WF4观音桥层之间可能有间断	陈清
2018.3—4	句容仑山苏页1井	LM6-LM5；LM3-WF3主要是下部的一段	胡文瑄、杨生超
2018.4	句容仑山剖面	WF4-LM2	胡文瑄、杨生超
2018.7	陕西镇巴小洋镇五星村	LM1-LM6底共11 m，LM3中有3层斑脱岩，LM5中有4层斑脱岩	葛祥英
2018	含山清溪镇含地1井	WF2-LM6下部	王中鹏等
2018	长宁双河狮子山剖面	WF2-LM8，以LM2-LM6为主	陈旭、樊隽轩、陈清

时间	剖面或井位	含页岩气优势层位	提供人
2018	神农架八角庙剖面	LM2–LM9	陈旭、樊隽轩、陈清
2018.4	巢湖旗鼓村鼓地1井	WF2–WF3，LM5–LM6之间有断层	陈旭、王文娟
2019.5	汉源轿顶山剖面	WF3–LM6底，龙马溪组25 m，OS间不是连续的黑色页岩	张娣
2019.5	盐边格萨拉乡盐地2井	LM2–LM9	张娣
2019.5	永善永地2井之南	WF2–WF3；LM3–LM7，OS之间有缺失	张娣
2019.5	句容高仑村	WF3–LM1	王文娟
2019.6	秭归杨林桥镇秭页1井	WF3–LM7	周志

在上述基础资料的基础上，我们认为扬子区奥陶系-志留系黑色页岩中，主要的含页岩气层段在 WF2-LM6，特别是LM1-LM5，此即含页岩气的甜点层段。在确立含页岩气甜点层段的过程中，我们也在不断探寻它们的空间分布规律并作出总结（陈旭等，2017，2018）。

奥陶系-志留系含笔石黑色页岩中产出的页岩气主要分布在四川盆地，因此，我们把上扬子区作为研究其时空分布模式的首选，而黔北遵义至重庆的川黔公路和铁路沿线向来就是研究程度最高的经典剖面（图4-2）。

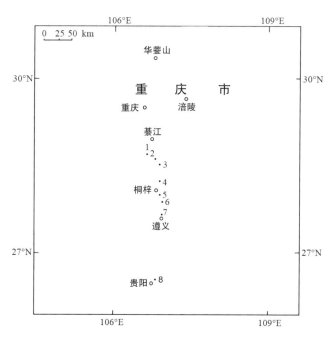

图4-2 川黔一线龙马溪组分布的关键剖面点位（据陈旭等，2017，图2）

1.綦江丁山；2.綦江观音桥；3.桐梓韩家店；4.桐梓红花园、戴家沟；5.遵义板桥；
7.遵义董公寺家当湾；8.贵阳乌当黄花冲、野狗冲2号剖面

　　奥陶-志留纪之交，随着全球海平面的上升，从LM1至LM3，龙马溪组底部的黑色页岩从上扬子海盆中心的第4廊带向黔中古陆方向扩展，到达第3廊带的桐梓凉风垭，此时第2廊带位于桐梓红花园-戴家沟等地，LM1-LM3地层缺失，到LM4时期黑色页岩才扩展至此。随着海平面进一步上升，到LM5时期，海水才漫及第1廊带的遵义董公寺-板桥等地。这一随全球海平面上升、黑色页岩向黔中古陆不断扩展的分布模式（图4-3），我们称之为阶段性渐进展布模式（陈旭等，2017，图5）。

　　LM6之后，由于黔中古陆抬升而向古陆北侧不断供给碎屑物质，致使第1廊带被填满而地层缺失，第2廊带至第3廊带也不断接受陆源碎屑物而成为非黑色页岩相地层，只有扬子盆地中心的

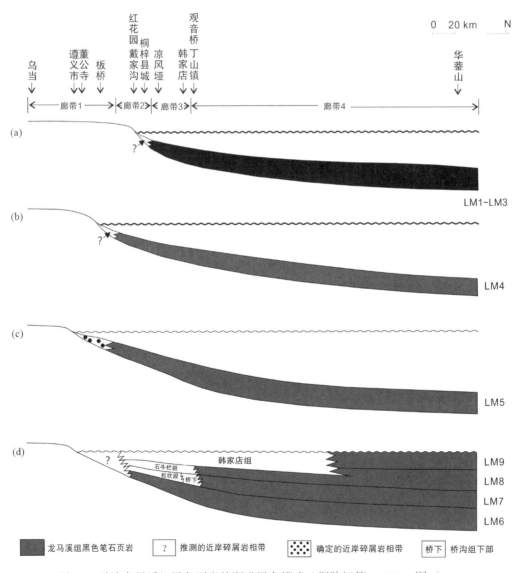

图4-3　黔渝龙马溪组黑色页岩的渐进展布模式（据陈旭等，2017，图5）

第4廊带保存了龙马溪组黑色页岩较完整的序列。这也就很好地解释了重庆涪陵和威远–长宁及泸州等主力页岩气田的主要场所都出现在第4廊带中的原因。

位于鄂西南、湘西北的湘鄂西地区，因奥陶纪末至志留纪初遭受宜昌上升的影响而地层缺失。以宜昌附近的小河村为中心，奥陶系-志留系之交地层的缺失向四周扩展，呈圈层式分布（图5-6；陈旭等，2018，图2）。由圈层中心向四周，奥陶系-志留系之交黑色页岩的缺失愈来愈少，圈层之外的黑色页岩正是含页岩气地层发育完整的产出地区，因此，这一圈层分布模式显示了奥陶系-志留系之交地层的页岩气勘探和开发要特别注意回避和限定的层位和地区。把这一圈层分布模式和阶段性渐进展布模式复合在一起，可以明显看出，从四川盆地的威远–长宁、泸州至重庆涪陵，再到三峡地区，或者说是从第4廊带向三峡的延展地带，正是奥陶系-志留系之交含页岩气地层的甜点层段的分布区（图4-4）。

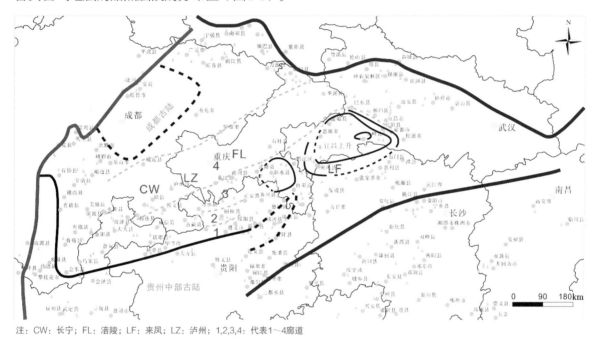

注：CW：长宁；FL：涪陵；LF：来凤；LZ：泸州；1，2，3，4：代表1～4廊道

图4-4 四川盆地至三峡地区奥陶系–志留系之交含页岩气地层的主要分布地带

上述五年间的岩芯柱划分和对比以及剖面现场的考察结果，证明了迄今在扬子区所有奥陶系顶部（五峰组）到志留系底部（龙马溪组）黑色页岩中含页岩气有利层段的勘探与开发，都在我们预测的五峰组（WF2）至龙马溪组（LM6下部）的层段中。最近，在涪陵焦石坝焦页1HF高产井附近，焦页6-2井再次成为页岩气高产井，扩展了涪陵页岩气高产区块（聂海宽，2020），其高产页岩气流也在WF2-LM4层段中。除了涪陵页岩气田，在威远–长宁页岩气田以及最近我们对泸州勘探井的观测，可以发现页岩气产出的最佳层位也具有相似的分布规律（图3-19、3-21和3-22；表4-1）（罗超等，2017；梁峰等，2017）。

4.2 扬子区奥陶系–志留系间特殊笔石动物群的出现

扬子区龙马溪组底部，特别在LM1–LM3层位中，常在多层的黑色页岩层面上密集保存了大量的笔石个体，甚至重叠难以鉴定其属种名称，其中绝大多数只是正常笔石类的少数常见种，我们称之为劫后泛滥种（disaster species）（图4-5和4-6）。

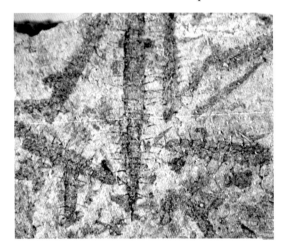 

图4-5 湖北宜昌王家湾剖面LM3带中的劫后泛滥种。层面上密集了*Hirsutograptus comanitis* (Chaletzkaya)一种

图4-6 湖北秭归鄂秭页1井，LM2带中的劫后泛滥种，以*Korenograptus laciniosus*（Churkin and Carter）为主（周处提供）

这些劫后泛滥种形成于奥陶纪末赫南特期大灭绝之后。在这次生物大灭绝事件的主幕后，80%以上的DDO笔石动物群的种灭绝，随即为N笔石动物群所替代（Chen et al.，2004）。DDO笔石动物群的灭绝，使得表层水中笔石生活的生态空间出现空缺，这就给新生的N笔石动物群带来巨大的，甚至是毫无节制的生存空间。某些特定笔石物种随机而爆发式地生长并繁衍，企图占满海水表层中的生态空间。这类劫后泛滥种有两种类型，一类是爆发式地发生在特定层位中的瞬间"短命"物种，如图4-5所示的*Hirsutograptus comanitis*（Chaletzkaya）。*Hirsutograptus*（蓬松笔石属）只包括两个种，都生存于LM3中部的短暂时间间隔内，正是适应这种生态空间空缺的机遇而生，并随机遇消失而灭。这种特定笔石物种的出现，又指示它的食物链底层出现了某些适合这些特定物种觅食的微体生物种群的突发。正是这些突发的特定微体生物种群提供了页岩气生成的生产力。劫后泛滥种的另一种类型，以图4-6所示的*Korenograptus laciniosus*（Churkin and Carter）为代表。该种是一个延限较长的物种，它在扬子区从LM2出现并可上延到LM5，也是页岩气产生的"甜点"层位，而且是一个全球广布种，但是它在LM2中的爆发并可延长至整个鲁丹期，说明整个鲁丹期也必有支持它们这些物种的、处于食物链底层的强大微体生物种群。换而言之，无论哪一类劫后泛滥种的发生，都说明了食物链底层特定微体生物种群的爆发，那正是我们

要寻找并标定的富含页岩气生产力的有效层位。

最近，樊隽轩、沈树忠等（Fan et al., 2020）虽然对奥陶纪末是否出现全球性大灭绝事件提出质疑，认为那是一次生物群落的更替（community-level turnover），但仍肯定了志留纪初从鲁丹期至特列奇期是一起随机发生的生物复苏和辐射（immediate recovery and radiation）。志留纪初的全球黑色页岩广布和这些劫后泛滥种发生在缺氧水体中，都是这一生物复苏和辐射过程中的产物。

4.3 扬子区页岩气的富集高产段对各项地质条件的满足

近年来，中石油的邹才能团队和中石化的金之钧团队，利用笔石生物地层开展了页岩气富集规律方面的研究，对四川盆地及其周缘重要钻井的岩芯进行观测和描述，也认为五峰组-龙马溪组底部WF2-LM4笔石页岩段是页岩气的富集高产段。

邹才能等（2015）提出，五峰组-龙马溪组页岩气甜点段主要分布于该套页岩层系底部，由黑色富硅质、钙质页岩等组成，厚度为10~40 m，该层段对应于典型笔石带WF2-LM4（图4-7）。

页岩气甜点段形成需具备四项基本地质条件：① 缺氧陆棚环境发育富有机质沉积，有利于页岩气大量生成；② 有机质发育纳米孔喉系统，有利于页岩气大量储集；③ 相对稳定陆棚环境发育封闭的顶板与底板，有利于页岩气有效保存；④ 低沉积速率控制纹层发育与富硅质沉积，易于形成微裂缝，有利于页岩气有效开采。四川盆地及周缘五峰组-龙马溪组笔石带WF2-LM4均满足上述这些条件，从而构成页岩气甜点段。该认识为我国南方海相页岩气甜点段的快速识别提供了重要指导，为页岩气区块勘探快速评价及资源潜力评估提供了新思路，较大程度上提高了页岩气的勘探开发效率。

金之钧等（2016）以四川盆地上奥陶统五峰组-下志留统龙马溪组为例，指出上奥陶统五峰组-下志留统龙马溪组一段下部页岩（WF2-LM4笔石页岩段）具有沉积速率慢、有机质类型好、有机碳含量高和生烃能力强等特点，具备良好的页岩气发育的生烃物质基础；浮游藻类来源的成烃生物有利于大量生烃，且高的有机碳含量保证了有机质孔的大量发育，并形成三维连通的有机孔孔隙网络，为天然气提供良好的赋存空间和渗流通道（图4-8）。四川盆地及其周缘上奥陶统五峰组-下志留统龙马溪组一段下部页岩（WF2-LM4笔石页岩段）发育厚度大，中下三叠统膏盐岩、泥岩盖层发育，主成藏期在 J_3-K_1 以新的地区，因此是页岩气富集的有利地区。他们同时指出，WF2-LM4段保存条件较好，有利于页岩气富集和保存。

邹才能等（2015）和金之钧等（2016）论证了凯迪阶到鲁丹阶（WF2-LM4）的层段，认为

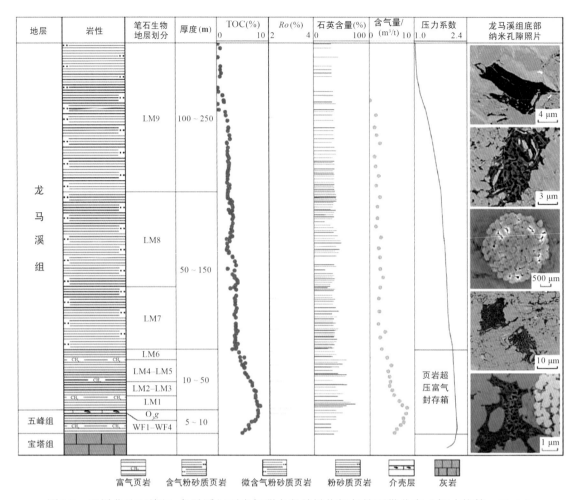

图4-7 四川盆地五峰组-龙马溪组页岩气甜点段关键指标与笔石带分布（邹才能等，2015）

这些层段由于处于深水陆棚相沉积，笔石生物繁盛，黑色页岩发育，具有TOC高、含气量高、脆性矿物含量高的"三高"特性。邹才能等（2015）提出黑色页岩的TOC值高、脆性好、孔隙发育，拥有良好的储盖组合，形成页岩气"超压封存箱"，是页岩气勘探开发的主要目的层。金之钧等（2016）认为LM5笔石页岩段及其以上页岩段对WF2-LM4（笔石页岩段）造成直接的封闭和保存作用。

两个团队研究结果都提出了有机纳米孔占主导地位。金之钧等（2016）提出浮游藻类来源的成烃生物有利于大量生烃并发育大量有机质孔，但对于黑色页岩有机纳米孔成因尚有争议。刘洪林等（2018）提出页岩中的沥青质纳米孔是页岩气主要赋存空间，其形成与原油裂解产气有关；原油裂解残余沥青有利于气泡保存，气孔内具有超低的含水饱和度；孔的圆球度指示孔内压力，较高的圆球度对页岩气超压富集区具有重要指示意义。刘洪林等（2018）通过模拟实验再现了页岩气生成和气泡变孔过程，并将纳米孔形成演化的过程概括为原油生成、气泡形成和气泡变孔三个阶段（图4-9）。相信这些有关黑色页岩中有机纳米孔的成因将会日趋明朗。

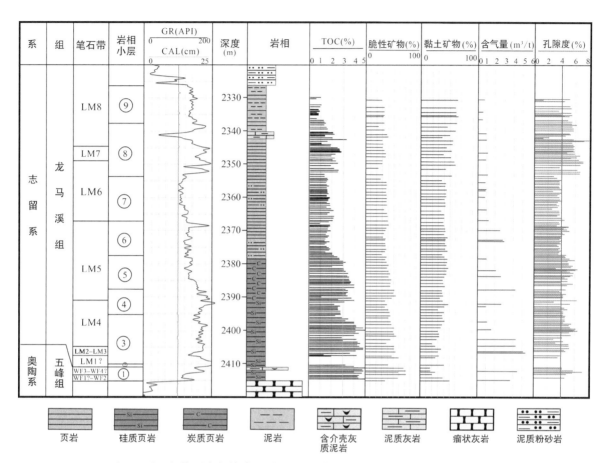

图4-8 焦页1井页岩气综合柱状图及有利勘探层段划分（Jin et al.，2018）

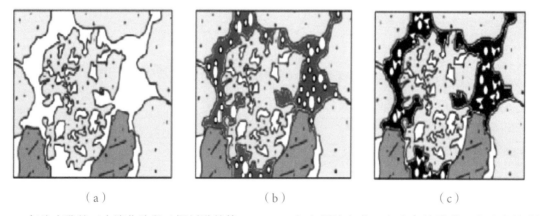

图4-9 气泡变孔的三个演化阶段（据刘洪林等，2018)。（a）原油生成；（b）气泡形成；（c）气泡变孔

4.4　威远-长宁页岩气田实例剖析

1. 有机质丰度（TOC）

有机质是页岩气成藏的关键因素之一，是生烃的物质基础。研究发现，有机质丰度（TOC）与页岩储层含气量成正比关系，且生烃后产生的有机质孔隙越多，越有利于页岩气的成藏。演化程度较低的有效页岩储层一般TOC>2%，而对于演化程度较高的地方，尤其是Ⅰ型有机质页岩，一般TOC>1%。北美商业开采的页岩通常TOC>2%，其中Antrim页岩与New Albany页岩TOC为0.3%~25%，Ohio页岩、Barnett页岩和Lewis页岩的TOC为0.45%~4.7%。我国四川盆地下志留统龙马溪组富有机质页岩TOC为0.51%~4.88%，下寒武统筇竹寺组富有机质页岩TOC为1.0%~11.07%。

四川盆地威远地区实测岩芯TOC分布为2.5%~3.5%，平均值为3.0%（图4-10）。单井五峰组-LM6优质页岩（TOC>2%），测井TOC分布为2.6%~3.6%，平均值为3.2%，同一层段有机质丰度分布较为稳定，优质页岩段有机碳含量变化幅度小，具有向东北方向增高、向两侧逐渐降低的趋势。

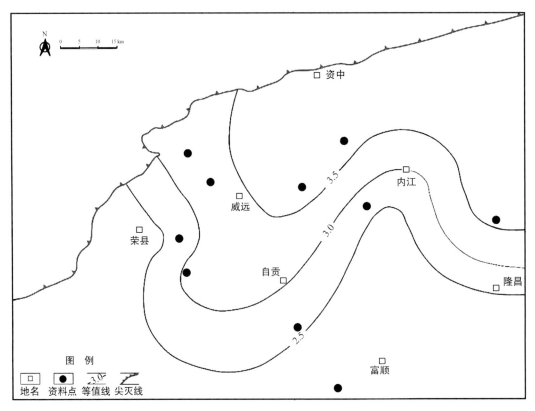

图4-10　四川威远地区五峰组-龙马溪组有机碳含量等值线图

　　威远地区五峰组–LM6以及LM1的TOC最高，其次为LM5、五峰组、LM2-LM4、LM6。五峰组实测岩芯TOC分布为1.0%～4.5%（平均值2.6%），测井TOC为2.6%～4.5%（平均值3.8%）；LM1实测TOC分布为2.8%～6.7%（平均值4.9%），测井TOC为3.3%～7.7%（平均值5.7%）；LM2-LM4实测TOC分布为2.1%～2.9%（平均值2.6%），测井TOC为2.1%～4.2%（平均值3.0%）；LM5实测TOC分布为2.3%～3.7%（平均值2.8%），测井TOC为2.0%～4.2%（平均值3.3%）；LM6实测TOC分布为1.1%～2.9%（平均值2.1%），测井TOC为2.0%～2.9%（平均值2.5%）。

　　长宁地区页岩岩芯样品分析表明，五峰组–LM6单井平均TOC分布为3%～4.2%，LM1的TOC分布为4.46%～6.6%，含量相对最高，其次为LM5，分布为4.1%～5.47%，再次是LM2–LM4和五峰组，分别为3.42%～3.98%和2.64%～4.1%，LM6的TOC分布为2.26%～3.12%，含量相对偏低（图4-11）。

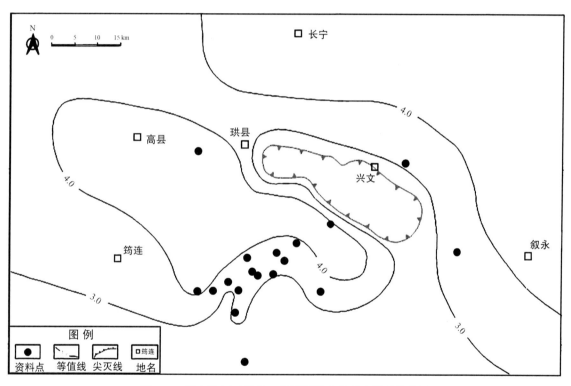

图4-11　长宁地区五峰组–龙马溪组有机碳含量等值线图

2. 有机质类型

　　不同类型的有机质都可以生成天然气，但有机质的类型不仅可以影响烃源岩的产气量，而且还会影响有机质的吸附能力。有机质类型可以用干酪根类型及干酪根碳同位素进行表征。四川盆地长宁地区主力评价井五峰组–LM6实测干酪根碳同位素一般为–27.92‰～–30.78‰，按照黄第藩等（1989）的划分标准，Ⅰ型干酪根碳同位素＜−27.5‰，可以判断龙马溪组干酪根类型为Ⅰ型，与干酪根镜检的结果一致。

四川盆地长宁地区主力评价井五峰组–LM6岩芯样品干酪根镜检结果表明，腐泥组含量平均大于80%，为Ⅰ型干酪根。由于相同TOC条件下Ⅰ型干酪根生烃潜力最好，其次为Ⅱ型和Ⅲ型，因此，长宁地区的生烃潜力相对较好。威远地区主力评价井岩芯样品干酪根镜检结果表明，五峰组–LM6页岩腐泥组含量平均大于85%，为Ⅰ型干酪根，也具备较好的生烃能力。

3. 有机质成熟度（Ro）

当有机质丰度达到一定程度后，有机质成熟度（Ro）直接决定有机质的生烃能力，Ro越高，页岩生气量越大。北美商业开采页岩 Ro 为1.1%～2.5%。我国四川盆地下志留统龙马溪组页岩 Ro 高于3.0%，下寒武统筇竹寺组页岩有机质成熟度为1.83%～3.23%，华北–东北济阳坳陷页岩成熟度低于2%（张卫东等，2011）。研究发现，我国海相页岩气为热成因气，成藏生气窗为1.1%～3%，当 $Ro<1.1$%时以生油为主，而 $Ro>4$%时生烃作用终止。

根据分析化验资料并参考四川盆地三次资评结果，四川盆地威远地区靠近川中古隆起部位五峰组–龙马溪组一段成熟度分布为1.78%～2.26%，达到高–过成熟阶段，以产干气为主。从纵向上，自上而下 Ro 值略有增加；在平面上，区块 Ro 值为2.1%～2.5%，由西向东随埋深增加而逐渐增大。四川盆地长宁地区有机质演化程度高，Ro 大部分为2.6%～3.2%，有机质成熟度均达到过成熟阶段，以产干气为主。在平面上，长宁背斜核部有机质热演化程度最高，往西北方向逐渐变低。

4. 矿物组成

页岩气储层通常富含黏土矿物（高岭石、伊利石、蒙脱石）以及长石、石英、方解石、黄铁矿等矿物，矿物组成特征对页岩气储层渗流能力影响较大。页岩气储层相对致密，开采过程中通常需要人工压裂技术改善储层的渗流能力，因此，脆性矿物含量越高，越容易产生裂缝。北美地区富有机质页岩中石英含量通常＞40%，且为生物硅质成因；我国四川盆地龙马溪组和筇竹寺组页岩中石英和方解石等脆性矿物含量＞40%，伊利石等黏土矿物含量为31%～51%。

四川盆地威远地区五峰组–LM6岩性以黑色炭质、硅质页岩以及黑色页岩、灰黑色页岩、黑色粉砂质页岩为主，页理发育，富含生物化石，包括笔石、腹足类、腕足类、三叶虫、硅质放射虫、海绵骨针等。五峰组–LM6主要矿物成分为石英、长石、方解石、白云石、黏土矿物和黄铁矿等。威远地区五峰组–龙马溪组实测脆性矿物含量特征表现为：纵向上整体较好，且具有从下至上逐渐减少特点，其含量多少顺序为LM1 > 五峰组 > LM2–LM4 > LM5 > LM6。五峰组实测脆性矿物含量为66.2% ~ 92.3%（平均79.4%），LM1实测脆性矿物含量为77.0% ~ 95.6%（平均83.3%），LM2–LM4实测脆性矿物含量为61.0% ~ 84.8%（平均74.1%），LM5实测脆性矿物含量为62.9% ~ 78.1%（平均70.6%），LM6实测脆性矿物含量为59.3% ~ 74.1%（平均65.7%）。脆性矿物含量平面上总体稳定，各井区平均值普遍大于60%，储层可压性普遍较好。

长宁地区五峰组–LM6地层中的岩石类型主要为黑色炭质页岩、黑色页岩、硅质页岩、黑色泥岩、黑色粉砂质泥岩和灰黑色粉砂质泥岩。全岩X射线衍射分析数据表明，矿物主要成分为石英、长石、方解石、白云石、黏土矿物和黄铁矿等，其中黏土矿物包括伊利石、伊蒙混层和绿泥石等。岩芯分析数据表明，五峰组–LM6纵向上Ⅰ+Ⅱ类储层岩石矿物组成特征基本一致，自下而上，脆性矿物含量逐渐增加，LM1和LM2–LM4层位中相对较高，其中LM1最高，达82.3%。长宁地区五峰组–LM6平均脆性矿物均高于55%，东北部为高值区，南部略低，各小层分布规律基本一致。

5.　储层物性特征

页岩气储层物性主要包括渗透率、孔隙度和含气量等。页岩气储层渗透率通常较低，与孔隙度具有一定的正相关关系。商业开采上，通常需要利用人工压裂技术产生裂缝，从而提高储层的渗透率。北美地区页岩气储层GRI基质渗透率为（50 ~ 1000）× 10^{-9} μm^2，而我国四川盆地龙马溪组和筇竹寺组GRI基质渗透率为（1000 ~ 110000）× 10^{-9} μm^2（王世谦等，2009）。孔隙是页岩气储层的主要储集空间，页岩孔隙度越大，储气能力就越强。美国实现商业开采的含气页岩孔隙度为2% ~ 10%，而我国海相富有机质页岩孔隙度为2% ~ 12%。

四川盆地威远地区五峰组–龙马溪组页岩气储集空间类型复杂多样，按照其成因主要可分为四种孔隙类型，即有机质孔、粒间孔、晶间孔及晶内溶孔。龙马溪组泥页岩的比表面积和孔体积均较大，有利于页岩气的吸附。其中，LM1–LM5比表面积较大，LM6最小，而有机碳含量高的LM6层位中微孔最为发育。威远地区五峰组–LM6层位中的孔隙度总体较高，单井实测平均值为4.7% ~ 7.4%，测井解释平均值5.0% ~ 8.2%。总体上，各小层实测孔隙度平均值均在4.0%以上，其中LM1和LM5层位中的孔隙度最高，其次为LM6、LM2–LM4和五峰组的孔隙度。

五峰组实测孔隙度分布为2.0% ~ 5.1%（平均值4.1%），测井孔隙度为3.5% ~ 7.4%（平均值5.1%）；LM1层位实测孔隙度分布为3.1% ~ 6.9%（平均值5.8%），测井孔隙度为4.9% ~ 9.1%（平均值6.5%）；LM2–LM4层位的实测孔隙度分布为3.9% ~ 6.8%（平均值5.5%），测井孔隙度为

4.9%～8.0%（平均值5.7%）；LM5层位的实测孔隙度分布为4.8%～7.4%（平均值5.8%），测井孔隙度为5.2%～7.5%（平均值6.2%）；LM6层位的实测孔隙度分布为4.5%～7.4%（平均值5.7%），测井孔隙度为5.4%～7.8%（平均值5.9%）。横向上，各井孔隙度分布相对稳定。

威远地区五峰组–LM6层位中的孔隙度变化幅度小，总体大于5.0%。页岩基质渗透率分布为1.06×10^{-5}～6.14×10^{-4} mD，平均为1.60×10^{-4} mD。通过水平与垂向渗透率测定，水平渗透率远大于垂向渗透率，这可能与页岩水平层理发育相关。主体建产区块实测基质渗透率分布为1.06×10^{-5}～5.25×10^{-4} mD，平均为1.50×10^{-4} mD。从地层的纵向分布上，LM1层位中的基质渗透率相对最高，其次为LM5、LM2–LM4和LM6层位中的，五峰组基质渗透率最低。孔隙度与基质渗透率存在较好的正相关关系，五峰组–LM6页岩储层含气饱和度整体较高，分布在53.7%～76.4%，平均达62.2%。五峰组–龙马溪组含气饱和度纵向上具有非均质性，总体表现为LM1层位中的含气饱和度最高，平均值可达73%，而LM2–LM4层位中的（平均值67.1%）、五峰组层位中的（平均值65.4%）、LM5层位中的（平均值61.5%）与LM6层位中的（平均值60.6%）相差不大。

四川盆地长宁地区五峰组–龙马溪组页岩以含有机孔为主，有机孔包括有机质孔和生物孔，而无机孔包括粒间孔、粒内溶孔、晶内溶孔、晶间孔、生物孔等。利用液氮吸附法测得LM1和LM5层位中的比表面积最大，五峰组次之，LM2–LM4、LM6、LM7及以上笔石带页岩比表面积均较差。纵向上，五峰组–龙马溪组孔隙度分布特征基本一致，五峰组–LM6层位实测孔隙度为2.0%～6.8%（平均值5.53%），高于上部的LM6及以上（平均值3.96%）。测井解释五峰组–LM6间隔中的Ⅰ+Ⅱ储层孔隙度为3.6%～7.3%，整体孔隙度较高，纵向上LM5和LM6两个笔石带中的孔隙度最大。孔隙度在主力建产区最大，四周略低，各小层孔隙度平面分布与总体孔隙度平面分布特征基本一致。五峰组–LM6层段实测平均单井基质渗透率为0.714×10^{-4}～1.48×10^{-4} mD，平均为1.02×10^{-4} mD。五峰组–LM6层段页岩储层含气饱和度较高，实测单井平均含气饱和度分布为50%～70%。纵向上，LM1层位的含气饱和度最大，其后依次为LM2–LM4、LM5、LM6，五峰组最差。平面上，西南部及东北部含气饱和度较高，各小层分布规律基本一致。

6. 岩石力学性质

页岩储层岩石力学参数主要包括杨氏模量、泊松比和脆性指数等。页岩气有利勘探区页岩储层的杨氏模量通常应大于2×10^4 MPa，静态泊松比应小于0.25 MPa。岩石力学性质评价将有助于确定页岩储层的造缝能力。

四川盆地威远地区龙马溪组岩石力学实验结果表明，三轴抗压强度分布范围为

97.7～281.6 MPa，平均值为213.90 MPa；杨氏模量分布范围为（1.1～3.3）×10⁴ MPa，平均值为2.1×10⁴ MPa；泊松比分布范围为0.17～0.29，平均值为0.20。通过测井解释成果分析，LM61、LM2–LM4层段中杨氏模量较大，泊松比最低，脆性指数最高，为最有利于工程改造的小层。长宁地区五峰组–龙马溪组页岩三轴抗压强度分布范围为181.73～321.74 MPa，平均值为238.648 MPa；杨氏模量分布范围为（1.548～5.599）×10⁴ MPa，平均值为2.982×10⁴ MPa；泊松比分布范围为0.158～0.331，平均值为0.211，总体显示较高的杨氏模量和较低的泊松比特征，具有较好的可压性。脆性指数总体较高，页岩储层具有较好的脆性特征。

7. 储层压力与含气性

研究发现，相同埋深的页岩储层，地层压力系数越大，页岩气藏保存条件越好，页岩储层含气量越高。北美地区Antrim、Ohio、New Albany 和Lewis页岩埋深较浅（＜1.5 km），地层压力系数约为1.0，含气量较小，而Haynesville、Barnett、Marcellus和Eagle Ford页岩埋深较深，地层压力异常高，含气量大。我国四川盆地五峰组–龙马溪组页岩埋深大于2 km时，压力系数最高可达2.2，含气量高。页岩气主要以游离气和吸附气的形式存在。页岩含气量是评价页岩品位的关键参数，页岩含气量越高，页岩气资源就越丰富。美国商业开采的页岩含气量为0.44～9.91 m³/t，而我国四川盆地海相页岩含气量通常高于1 m³/t。

四川盆地威远地区大部分区域五峰组–龙马溪组页岩气藏保存条件较好，压力系数一般大于1.2。根据实测数据推算到产层中部深度，实测地层温度分布为71.8～133.92℃，地层压力分布为13.79～73.31 MPa，压力系数为0.92～1.99。压力系数与埋深、剥蚀线距离均有较好的相关关系，埋深越深，距离剥蚀线越远，压力系数越大，平面上工区内压力系数为1.0～2.0。威远地区单井实测含气量为1.8～7.6 m³/t。纵向上，LM1层位含气量最高（实测平均值为5.6 m³/t），其次为LM2–LM4层位（实测平均值为4.3 m³/t）和LM5层位（实测平均值为4.2 m³/t），而LM6层位和五峰组含气量相对较低，实测平均值分别为3.8 m³/t和3.7 m³/t。长宁地区实钻井测试原始地层压力为6.7～61 MPa，三维地震资料内地层压力较高，为31.5～61 MPa。在剥蚀线附近原始地层压力较低，压力随距离剥蚀线的距离增大而增加。压力系数由南向北（近剥蚀区）逐渐降低，三维地震资料区内压力系数普遍大于1.2，在建产核心区压力系数最大达2.0，地层温度为87～110.6℃。长宁地区主力评价井五峰组–LM6层段现场解吸气量较高，往上至龙二段含气量有降低的趋势；五峰组–LM6层段页岩含气量为2.46～4.06 m³/t，平均为2.96 m³/t；LM7–LM8层段页岩含气量为1.11～1.90 m³/t，平均为1.56 m³/t；LM9层段页岩含气量为0.95～1.33 m³/t，平均为1.11 m³/t。

8．有利储层分布

龙马溪组顶界面在地震剖面上表现为强振幅、高连续波峰反射特征，可以进行全区追踪对比。在露头和岩芯上，该界面为不整合面，界面之下为深灰、灰绿色泥岩以及粉砂质泥岩，界面之上为石牛栏组或相当地层的深灰色泥灰岩、生物灰岩夹钙质页岩。测井上，界面之上的GR（gamma ray）值、AC（声波时差，acoustic）值和CNL（补偿中子测井，compensated neutron log）值都突然变小，而RT（地层真电阻率，true formation resistivity）值突然增大。

LM1–LM8层段为灰黑色、黑色泥岩，有机碳含量普遍大于2%，GR、AC、DEN（补偿密度，density）和CAL（井径，borehole diameter）曲线均为漏斗形。LM9层段为深灰色、绿灰色泥岩，有机碳含量一般小于2%，GR、AC、DEN和CAL曲线均为钟形。LM6层段以灰黑色泥岩为主，TOC含量、GR值和AC值较高；LM7–LM8层段以深灰色泥岩为主，TOC含量、GR值和AC值相对较低。

LM1层段为区域性的标志层，岩性由黑色炭质、硅质页岩组成，GR值在底部出现龙马溪组内部最高值，为170～500 API，TOC为4%～12%，GR最高值下半幅点为LM1底界。

LM2–LM4层段厚度较大，由黑色块状页岩、炭质页岩组成，GR值相对于LM1和LM5层段的略低，为140～180 API，呈低平（类）箱型特征；TOC分布稳定，低于LM1和LM5层段。

LM5层段也为区域标志层，主要由黑色炭质、硅质页岩组成，GR较LM2–LM4层段的高，为160～270 API。LM5层段的AC值高，DEN值低，TOC与GR曲线形态相似。

LM6层段厚度大，GR为相对LM5低平的箱型，为140～180 API，AC、CAL低于LM5，DEN值高于LM5层段，TOC低于LM5层段。

由此断定四川盆地LM1–LM4层段为区域稳定的优质层段，也是目前页岩气水平井开发的水平靶体位置。四川盆地及周缘五峰组–龙马溪组纵向上各小层厚度不均一，五峰组厚度薄，龙马溪组厚度大。靠近盆地中心，随着五峰组厚度增大，WF2–LM4层段为相对连续分布的优质页岩段，是页岩气开发的有利层段。

4.5 涪陵页岩气田实例剖析

涪陵页岩气田是中国最大的页岩气田，也是全球发现的下古生界最大页岩气田。涪陵页岩气田位于中国西南部重庆市涪陵区，构造上位于四川盆地东部及其边缘，石柱复向斜、万县复向斜南部与方斗山背斜等多个构造单元的结合部，齐岳山断裂以东表现为"隔槽式"褶皱，以西表现为"隔挡式"褶皱，二者之间的过渡带局部发育城垛式褶皱。北东向和北西向两组断层将涪陵页岩气田分割成东西分带、南北分块的构造格局，主要包括焦石坝背斜、平桥背斜、江东向斜、凤来向斜和白马向斜等。

1. 有机质丰度（TOC）

焦页1井岩芯样品测试结果表明，五峰组-龙马溪组下段页岩TOC含量为0.55%～4.96%，平均2.53%。针对五峰组-龙马溪组下段页岩的不同岩石类型，分别统计了其TOC含量，其中WF2–LM4层段硅质页岩、含硅质页岩的TOC含量为2.01%～4.96%，平均为3.37%；LM5–LM8层段粉砂质页岩、黏土质页岩的TOC含量为0.552%～2.68%，平均为1.57%（图4-12）。硅质页岩TOC含量最高，主要分布在五峰组和龙马溪组底部（即WF2–LM4层段页岩），与产气层段具有良好的对应性。焦页2、焦页3、焦页4井页岩有机碳特征和富有机质页岩厚度与焦页1井类似，纵向上以WF2–LM4层段页岩最优，分布稳定，厚20～30 m。LM5–LM8层段页岩沉积速率较快（Jin et al.，2018），与沉积时期陆源碎屑供给逐渐增加、古水动力增强有关。Jin et al.（2018）分析认为WF2–LM4层段页岩的沉积速率为LM5–LM8层段页岩的0.16%，相应的有机质丰度是LM5–LM8层段页岩的6.3倍（假设有机质产率和堆积速率变化不大）（Li et al.，2017）。

TOC含量作为页岩气富集的主要因素，与含气量（包括吸附气含量和游离气含量）有良好的正相关关系（Curtis，2002；聂海宽和张金川，2012）。在焦石坝背斜TOC含量和含气量也成正比例关系（金之钧等，2016）。这主要是有机质孔及比表面积起了重要作用，它们提供了吸附气和游离气赋存的孔隙空间。

2. 有机质类型

涪陵周边重庆綦江安稳剖面上奥陶统五峰组–下志留统龙马溪组剖面的碳同位素分布为−30.6‰～−27.8‰。按照黄第藩等（1989）的划分标准，Ⅰ型干酪根碳同位素＜−27.5‰，可以判断龙马溪组干酪根以Ⅰ型和Ⅱ型干酪根混合为主，与干酪根镜检的结果一致。干酪根镜检表明，显微组分以腐泥组为主，平均含量大于90%，其中腐泥无定形体占比约70%，藻类体约占20%，说明焦石坝地区五峰组-龙马溪组具备较好的生烃能力。

3. 有机质成熟度（Ro）

涪陵地区五峰组-龙马溪组一段成熟度分布为2.22%～3.15%，平均2.79%，说明页岩母质演化

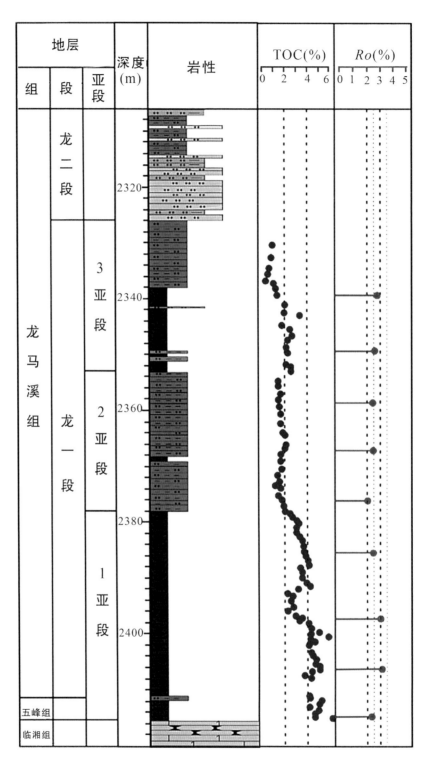

图4-12 涪陵焦石坝地区焦页1井有机碳和成熟度

程度已达高成熟一过成熟阶段，处于过成熟晚期生气状态。纵向上，该区域自上而下 *Ro* 值略有增加（图4-12）。

4. 岩性和矿物组成

焦石坝背斜开发层系为五峰组−龙马溪组底部页岩，下部气层①～⑤小层（图4-12，下同）以黑色硅质页岩相为主，上部气层⑥～⑨（图4-12，下同）小层为黏土质粉砂页岩或粉砂质黏土页岩相，局部夹粉砂岩。下部气层①～⑤小层的硅质页岩主体为块状结构、欠清晰层理构造，纹层发育较差（主要为有机质纹层），表现为粉砂石英、泥粉晶白云石和炭质黏土三者均匀相混，多被硅质胶结物胶结。上部气层⑥～⑨小层的黏土质粉砂页岩或粉砂质黏土页岩，在薄片下水平纹层发育，局部有波状不平行纹层；纹层厚0.09～1.1 mm，为泥粉晶炭质黏土质云岩与云质炭质黏土岩不等厚互层。在川东北巫溪2井的五峰组−龙马溪组页岩研究中，施振生等（2018）得出类似结论，龙马溪组一段1～3小层（近似本书所指①～⑤小层，下部气层）以富有机质纹层、含有机质纹层和富有机质+含有机质纹层组合为主，4小层及以上小层以含有机质+粉砂质纹层组合、粉砂质纹层为主。此种结构和构造特征，导致龙马溪组①～⑤小层页岩的横向渗透率和垂向渗透率比⑥～⑨小层小。

沉积环境的不同导致不同层段页岩的矿物成分有很大差异。以焦页1井为例，WF2−LM4层段页岩的石英、黏土、长石、方解石、白云石、黄铁矿和赤铁矿分别为31.0%～70.6%、16.6%～49.1%、3.2%～11.3%、0～7.5%、0～31.5%、0～4.8%和0～7.5%，对应的平均值为46.6%、31.6%、7.9%、4.1%、6.9%、0.79%和2.2%。LM5−LM8层段页岩石英、黏土、长石、方解石、白云石、黄铁矿和赤铁矿分别为18.4%～51.4%、33.3%～62.8%、4.6%～15.0%、0～11.8%、0～30.9%、0～1.9%和0～4.9%，对应的平均值为33.1%、45.1%、10.0%、3.6%、5.9%、0.03%和2.4%（Jin et al.，2021）。WF2−LM4层段页岩矿物含量与福特沃斯盆地Barnett页岩（Loucks and Ruppel，2007）和马弗里克盆地Eagle Ford页岩（Milliken et al.，2016）产气层矿物相似，具有石英含量高、黏土矿物含量低的特点，有利于页岩气的富集和压裂改造。

由于各矿物抗压实能力和演化时序不同，矿物是控制页岩储层的孔隙类型和孔隙度的重要因素，硅质矿物含量是评价页岩储层品质和潜力的重要地质参数（Milliken et al.，2016），因此，石英的含量和来源是重点评价的地质参数。通过显微镜下观察、阴极发光（CL）和SEM分析，确定了两种不同类型的石英类型，即陆源碎屑石英和生物成因石英（Jin et al.，2018）。分析表明，WF2−LM4层段硅质页岩中高达60%的石英具有生物成因，与美国德克萨斯州的Eagle Ford页岩类似，后者的生物成因石英质量分数占85%，体积约占12.6%（Milliken et al.，2016）。WF2–LM4层段页岩中生物成因石英的含量大于LM5–LM8层段页岩（以陆缘碎屑石英为主），生物成因石英作为基质分散的微晶石英在页岩的成岩演化中起着重要作用。这些基质分散的微晶石英作为胶结物和陆源碎屑石英一起构成石英格架，具有较强的抗压实能力，保存了大量原始粒间孔隙，同时有利于干酪根的保存和原油的残留，这一特征与Barnett页岩储层类似（Milliken et al.，2012）。此外，这种石英格架还有利于页岩气开发中的压裂改造等工程措施。

5. 储层物性特征

依据孔隙发育的主要载体（有机质、无机矿物）的不同，五峰组-龙马溪组下段页岩储集空间类型可以分为：有机孔隙、无机孔隙（颗粒相关孔隙、黄铁矿孔隙、黏土矿物孔隙）和微裂缝。有机质孔存在于有机质内部，在平面上通常呈孤立的、不规则的气泡状的轮廓，但是在三维空间可以相互连通形成有效的孔隙网络。有机质孔的孔隙度可达40%，其中多细胞藻类中有机质孔最为发育。有机质孔是WF2–LM4笔石页岩层段分布范围最广泛、数量最多、总体积最大、含气性最好的孔隙类型，占页岩总孔隙度的80%～90%，是页岩气主要的储集空间。页岩孔隙度与有机质含量呈正相关关系；在LM5–LM8笔石页岩层段，随着有机质含量的降低，有机质孔所占的比例也相应降低，总含气量、游离气与吸附气的比例均明显降低。

焦页1井中，五峰组和龙马溪组一段底部页岩（WF2–LM4层段页岩）的孔隙度分布为4.05%～7.08%，平均为4.91%；LM5层段页岩下部孔隙度为3.07%～5.89%，平均为4.76%，而LM5层段页岩上部孔隙度为3.19%～5.09%，平均为3.9%；LM6层段页岩孔隙度为2.49%～3.97%，平均为3.4%。由此可见，LM5段上部页岩和LM6段页岩对其下的WF2–LM4层段页岩构成良好的直接盖层封闭（Jin et al.，2018）。从页岩矿物组成角度分析，五峰组–龙马溪组一段页岩随剖面向上石英含量减少，黏土矿物含量增加，致使龙马溪组一段中上部页岩（LM5–LM8层段页岩）层段的塑性增加了，在同样受力的情况下，压实强烈、孔隙度较小、排驱压力较大，对WF2–LM4层段页岩气的保存较为有利。

6. 岩石力学性质

涪陵页岩气田焦石坝背斜五峰组–龙马溪组页岩杨氏模量分布范围为34～44.1 GPa，其中①～⑤小层（WF2–LM4层段）为35～38 GPa，⑥～⑨小层（LM5–LM8层段页岩）为40.3～44.1 GPa。泊松比分布范围0.18～0.23，各小层（笔石带）相差不大。总体来说，WF2–LM4层段页岩具有较高的杨氏模量（＞30 GPa）和较低的泊松比（＜0.25），脆性指数总体较高，页岩储层具有较好的脆性特征，说明该段页岩具有较好的可压性。

7. 储层压力与含气性

从焦页1井现场含气量解吸结果来看，WF2–LM4层段页岩的解吸气含量为0.44～5.19 m^3/t，平均值为1.97 m^3/t。采用USBM法、Smith-Williams法、下降曲线法、Amoco法、改进的直接法等方法计算的损失气含量为0.11～3.9 m^3/t，平均值为1.14 m^3/t，这远远低于地层的真实含气量。李东晖和聂海宽（2019）综合考虑页岩气藏特征、储层类型及孔隙结构、气藏压力、取芯时间、解吸气含量和解吸时间等因素，基于储层孔隙结构重点考虑了钻遇岩芯时瞬间散失气量和解吸速率，提出了一种计算损失气含量的新方法，采用该方法计算焦页1井WF2–LM4层段页岩层段的总含气量为6.87～9.02 m^3/t，平均7.47 m^3/t；LM5–LM8层段页岩层段的总含气量为3.25～3.82 m^3/t，平均3.64 m^3/t。从上向下，页岩的游离气含量逐渐增加，而吸附气变化不大，但绝对含气量是增加的。

上部气层（LM5–LM8层段）评价井开发效果与下部气层（WF2–LM4层段）存在明显差异。平面上，下部气层井普遍高产，上部气层评价井目前仅在焦石坝背斜高部位具有一定的经济效益，稳产能力和可采储量明显低于下部气层页岩气井。分析认为，上部气层可能存在烃源岩内的一次运移，导致上部气层构造高部位天然气富集程度高，这是造成上部气层评价井开发效果差异以及上部气层、下部气层页岩气井差异的主要原因（李东晖等，2019）。焦石坝背斜高部位为上部气层开发有利区，但受技术工艺水平和气价影响，其有效开发范围需要根据页岩气井的可采储量、经济性来圈定。

参考文献

陈旭, 林尧坤.黔北桐梓下志留统的笔石.中国科学院南京地质古生物研究所集刊, 1978, 第12号:1-106.

陈旭, 樊隽轩, 王文卉, 王红岩, 聂海宽, 石学文, 文治东, 陈东阳, 李文杰.黔渝地区志留系龙马溪组黑色页岩阶段性渐进展布模式.中国科学:地球科学, 2017, 47(6):720-732.

陈旭, 陈清, 甄勇毅, 王红岩, 张琳娜, 张俊鹏, 王文卉, 肖朝晖.志留纪初宜昌上升及周缘龙马溪组黑色笔石页岩的圈层展布模式.中国科学, 2018, 48:1198-1206.

郭彤楼, 刘若冰.复杂构造区高演化程度海相页岩气勘探突破的启示——以四川盆地东部盆缘JY1井为例.天然气地球科学, 2013, 24(4):943-951.

黄第藩, 张大江, 李晋超, 等.柴达木盆地第三系油源对比.沉积学报, 1989, 7(2):1-13.

金之钧, 胡宗全, 高波, 赵建华.川东南地区五峰组—龙马溪组页岩气富集与高产控制因素.地学前缘, 2016, 23:1-10.

李东晖, 聂海宽. 一种考虑气藏特征的页岩含气量计算方法——以四川盆地及其周缘焦页1井和彭页1井为例. 石油与天然气地质, 2019, 40:1324-1332.

李东晖, 刘光祥, 聂海宽, 胡建国, 陈刚, 李倩文. 焦石坝背斜上部气层开发特征及影响因素分析. 地球科学, 2019, 44(11):3653-3661.

梁峰, 王红岩, 拜义华, 等. 川南地区五峰组-龙马溪组页岩笔石带对比及沉积特征. 天然气工业, 2017, 7:20-26.

刘洪林, 李晓波, 周尚文. 黑色页岩中发生的气泡变孔作用及地质意义, 天然气与石油, 2018(6):60-64.

罗超, 王兰生, 石学文, 等. 长宁页岩气田宁211井五峰组-龙马溪组生物地层. 地层学杂志, 2017, 41(2):141-152.

聂海宽, 张金川. 页岩气聚集条件及含气量计算——以四川盆地及其周缘下古生界为例. 地质学报, 2012, 86:349-361.

聂海宽, 张柏桥, 刘光祥, 颜彩娜, 李东晖, 卢志远, 张光荣. 四川盆地五峰组-龙马溪组页岩气高产地质原因及启示——以涪陵页岩气田JY6-2HF为例. 石油与天然气地质, 2020, 41(3): 463-473.

施振生, 邱振, 董大忠, 卢斌, 梁萍萍, 张梦琪. 四川盆地巫溪2井龙马溪组含气页岩细粒沉积纹层特征. 石油勘探与开发, 2018, 45:339-348.

王世谦, 陈更生, 董大忠, 等. 四川盆地下古生界页岩气藏形成条件与勘探前景. 天然气工业, 2009, 29(5):51-58.

张卫东, 郭敏, 姜在兴. 页岩气评价指标与方法. 天然气地球科学, 2011, 22:1093-1098.

邹才能, 董大忠, 王玉满, 等. 中国页岩气特征、挑战及前景(一). 石油勘探与开发, 2015, 42(6):689-701.

Chen, X., Rong, J.Y., Li, Y., Boucot, A.J. Facies patterns and geography of the Yangtze region, South China, through the Ordov; cian and Silurian transition. Palaeogeography, Palaeoclimatology, Palaeoecology, 2004, 204:353-372.

Curtis, J.B. Fractured shale-gas systems. AAPG Bulletin, 2002, 86:1921-1938.

Fan, J.X., Shen, S.Z., Erwin, D.H., et al. A high-resolution summary of Cambrian to Early Triassic marine invertebrate biodiversity. Science, 2020, 367:27-277.

Jin, Z.J., Nie, H.K., Liu, Q.Y., Zhao, J.H., Jiang, T. Source and seal coupling mechanism for shale gas enrichment in upper Ordovician Wufeng Formation–Lower Silurian Longmaxi Formation in Sichuan Basin and its periphery. Marine and Petroleum Geology, 2018, 97:78-93.

Jin, Z.J., Nie, H.K., Liu, Q.Y., Zhao, J.H., Wang, R.Y., Sun, C.X., Wang, G.P. Coevolutionary dynamics of organic-inorganic interactions, hydrocarbon generation, and shale gas reservoir preservation: A case study from the Upper Ordovician Wufeng and Lower Silurian Longmaxi Formations, Fuling Shale Gas Field, Eastern Sichuan Basin. Geofluids, 2021, p. 6672386.

Li, Y., Zhang, T., Ellis, G.S., Shao, D. Depositional environment and organic matter accumulation of Upper Ordovician–Lower Silurian marine shale in the Upper Yangtze Platform, South China. Palaeogeography Palaeoclimatology Palaeoecology, 2017, 466:252-264.

Loucks, R.G., Ruppel, S.C. Mississippian Barnett Shale: Lithofacies and depositional setting of a deep-water shale-gas succession in the Fort Worth Basin, Texas. AAPG Bulletin, 2007, 91:579-601.

Milliken, K.L., Esch, W.L., Reed, R.M., Zhang, T. Grain assemblages and strong diagenetic overprinting in siliceous mudrocks, Barnett Shale (Mississippian), Fort Worth Basin, Texas. AAPG Bulletin, 2012, 96:1553-1578.

Milliken, K.L., Ergene, S.M., Ozkan, A. Quartz types, authigenic and detrital, in the Upper Cretaceous Eagle Ford Formation, South Texas, USA. Sedimentary Geology, 2016, 339:273-288.

5 奥陶纪末至志留纪初含页岩气地层的区域及全球对比

陈　旭　陈　清　王红岩　张　娣　梁　峰　李　佳　孙莎莎

扬子区奥陶纪凯迪期晚期至志留纪兰多维列世发育两套黑色页岩，即五峰组和龙马溪组下部，是扬子区赋存页岩气的主要层位。除此之外，只有哈萨克斯坦、西伯利亚和加拿大极区具有与之相似的两套黑色页岩。从全球范围来看，相当于五峰组沉积的凯迪阶上部地层，在扬子区以外的地区虽然仍有含笔石的地层，但并非连续的黑色页岩沉积。到了志留纪兰多维列世，特别是鲁丹期和埃隆期早期，伴随着全球海平面上升，黑色页岩不仅发育于扬子区，同时在全球范围内广泛分布。我国扬子区具有以上两套黑色页岩发育的优先条件，并且均发育了连续层段，便于作为区域和全球的对比标准。

由于广西运动自晚奥陶世开始在华南地区发生东南向-西北向阶段性抬升，并于五峰组WF1-WF2（*Dicellograptus complanatus* 带–*Dicellograptus complexus* 带）时期导致华夏古陆扩展，扬子台地被围限成为半封闭海湾，致使其底域缺氧，沉积了五峰组黑色页岩及硅质页岩、硅质层。仅在扬子台地的西南缘保留了较为完整的边缘相非典型黑色页岩沉积，即大渡河组、大箐组和铁足菲克组的沉积（唐鹏等，2017）。

5.1　五峰组至龙马溪组在扬子区内的对比

在本书第3章中，我们展示了扬子区五峰组至龙马溪组43个重要的地层柱状剖面或井下岩芯柱，概括了扬子区两套黑色含笔石页岩特征及笔石带划分方案。这些笔石带划分方案目前已经被中石油、中石化和中国地调局系统的下属单位应用于页岩气勘探和开发的实际工作中。本章以上述43个剖面和井位为基础，沿4条对比路线对扬子区五峰组至龙马溪组进行区域性对比，以展示地层空间分布的基本规律。4条对比路线具体情况如下所示（图5-1）：

N-A线：南郑中梁寺-南郑福成-城口田坝-城口文峰-巫溪WX2井-神农架八角庙-五峰王家湾-京山道子庙-武宁新开岭-和县四碾盘-句容岗岗山-安吉杭垓。

E-F线：二郎山鸳鸯岩-威远1井-威远WD6井-涪陵焦石坝JY1井-来凤两河口LD1井-五峰小河村-宜昌分乡。

Y-S线：永善万和-盐津YJ1井-长宁N203井-长宁双河狮子山。

D-J线：遵义董公寺-桐梓红花园-桐梓韩家店-綦江观音桥-涪陵焦石坝YJ1井。

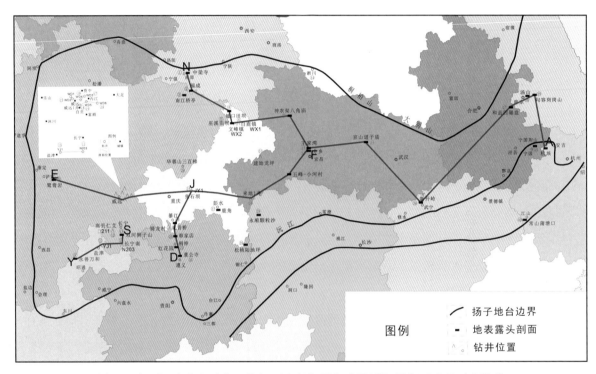

图5-1　扬子区奥陶纪晚期五峰组至志留纪早期龙马溪组黑色页岩的对比路线

1. 横跨扬子区东西向对比（N-A线，图5-2）

该路线自西向东横跨扬子台地，其西端始于南郑中梁寺，南郑组覆盖于宝塔组之上。南郑组岩性以泥岩为主，上部龙马溪组并非发育典型的黑色页岩。陈旭等（1990）提出大巴山地区发生过两次上升，第一次上升发生于宝塔组沉积之前，为南郑上升，即奥陶系桐梓组至宝塔组假整合于寒武系陡坡寺组至三游洞组之上；第二次上升发生于志留系兰多维列统之内，即崔家沟组或南江组（相当于本书特列奇阶N2带）假整合于宝塔组至龙马溪组鲁丹阶的不同层位之上，该上升称为西乡上升。因此，南郑中梁寺剖面宝塔组与南郑组（赫南特阶）之间短暂的间断应属于西乡上升范围之内，致使南郑组和"龙马溪组"中含有陆源碎屑，非典型的黑色页岩发育。

由南郑中梁寺向东南至南郑福成，五峰组至龙马溪组则完全相变为含笔石黑色页岩相地层（王玉忠，1988），代表了由盆地边缘近岸浅水向盆地内部较深水的沉积相变过程。扬子台盆中心部位五峰组至龙马溪组两套黑色页岩稳定分布。从修水流域武宁新开岭开始向东至苏南句容，相当于中上扬子区五峰组至龙马溪组两套黑色页岩之间的观音桥层相变为新开岭层，不但地层厚度不稳定，而且地层中壳相动物群由 *Hirnantia sagittifera* 及 *Kinnella kilanae* 为代表的赫南特动物群转变为以 *Aegiromenella planissime* 为代表的较深水的动物群（戎嘉余等，2018）。浙北安吉杭垓发育了斜坡相的文昌组（WF2-LM1），夹含新开岭层的 *Songxites-Aegiromenella* 动物群以及安吉组（LM2及以上地层）。文昌组厚达378 m，安吉组厚度大于64 m，二者均发育粉-细砂岩夹含黑色含笔石页岩（汪隆武等，2016）。

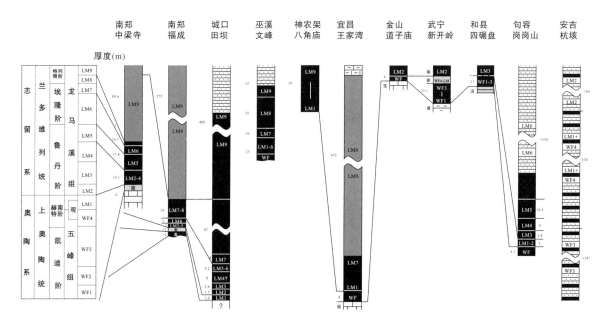

图5-2　扬子台地西北至东南（N-A线）五峰组至龙马溪组地层对比

2. 中上扬子区东西向的对比（E-F线，图5-3）

在中上扬子区五峰组至龙马溪组东西向对比中，除了展示两组笔石带一级的对比之外，二郎山鸳鸯岩组至五峰小河村为中心的宜昌上升的地层展布也是重要的探讨环节，它们是直接关联上述两套含页岩气地层分布潜力以及限定区域的重要地段（图5-3）。

长期以来，地质界习惯把龙门山作为扬子台地的西部边界。龙门山发育了一套巨厚的泥盆纪碳酸盐岩地层，它与上覆石炭系均由扬子台地以西的地区推覆而来，与上扬子区中、上泥盆统

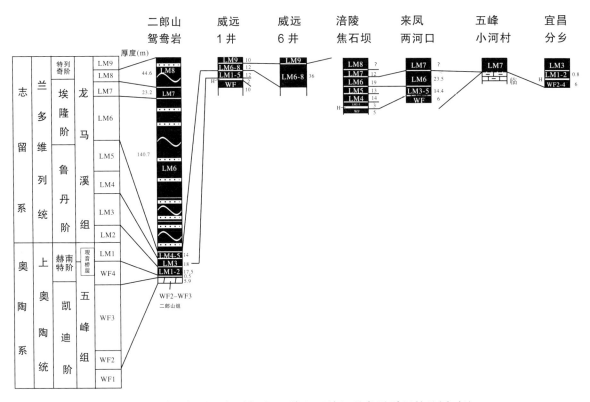

图5-3　中上扬子区东西向（E-F线）五峰组及龙马溪组的地层对比

浅水碎屑岩相假整合于志留系兰多维列统之上，是完全不同的地层序列。龙门山以西泥盆系之下发育巨厚的茂县群浅变质岩系。2007年春，笔者在龙门山区北川县桂溪镇西头发现龙门山泥盆系角度不整合于茂县群浅变质岩系之上，下伏茂县群中发育少量志留纪珊瑚等礁相地层（见第3章）。这一角度不整合即为上述推覆构造存在的有力证据。Guo et al.（2018）展示了龙门山地块的基底仍属扬子地块，说明扬子地块的边界远在龙门山以西。本书展示二郎山鸳鸯岩组（相当于龙马溪组）包含了兰多维列统LM1-LM8厚达260 m的黑色笔石页岩（金淳泰等，1989），同时说明了二郎山远没有到达扬子台地的边缘，大渡河后期断裂带把扬子台地的西部切去，损失了扬子台地西部五峰组及龙马溪组含页岩气地层。

二郎山以东为威远页岩气田的分布范围，威远气田内龙马溪组笔石带发育齐全，包括LM1-LM9的各带地层，但是厚度普遍都薄。威远与长宁-盐津之间存在古隆起，梁峰等（2017）称之为内江-自贡古隆起（图5-4）。

梁峰等（2017）提出的这一古隆起，主要依据是威远区块和长宁-盐津区块五峰组和龙马溪组（LM1-LM5）发育不对称，以及两区块间（如WD5井）相当于观音桥层的地层缺失；同时，威远区块埃隆期（LM6及其上层位）黔中古陆所供给的碎屑物质打断了龙马溪组黑色页岩沉积。虽然威远区块五峰组和龙马溪组黑色页岩厚度较薄，但是有机质含量以及其他地质条件较好，是

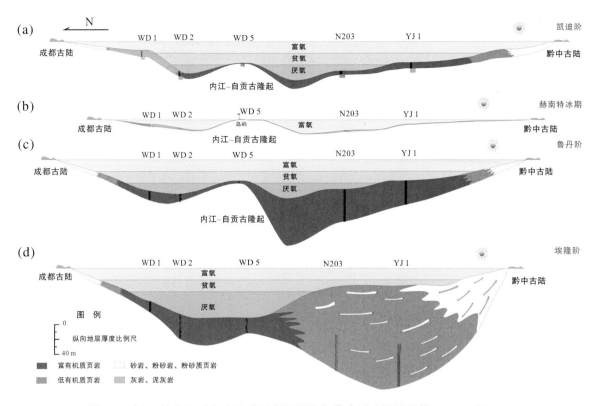

图5-4　威远-长宁地区富有机质页岩沉积演化模式图（据梁峰等，2017，图6）

我国页岩气田最早开发的地区（邹才能等，2015）。最近，施振生等（2020）根据威远至自贡地区井下五峰组和龙马溪组黑色页岩的时空分布，认为五峰组在局部地区存在井下减薄或缺失，很可能是川西隆起以东斜坡之上古地形起伏所致，因此可能是水下的古隆起（图5-5）。

从我国页岩气高产气田即涪陵焦石坝，向东进入湘鄂西交界地区，宜昌上升分布于黔江来凤至宜昌之间。陈旭等（2018）提出了宜昌上升范围内龙马溪组下部黑色页岩缺失的圈层分布模式。图5-6显示了龙马溪组底部的平面展布，受到宜昌上升的影响，龙马溪组下部不同层位的黑色页岩作圈层式依次逐层缺失。如果将黔江沙坝-来凤两河口-宣恩高罗-鹤峰太平乡-五峰小河村-长阳大堰镇-长阳花桥-宜昌王家湾路线中五峰组至龙马溪组底部笔石带进行对比（图5-7），并从宜昌上升平面展布（图5-6）以及横向剖面对比来看（图5-7），就可看出宜昌上升造成龙马溪组底部黑色页岩缺失的圈层分布模式。

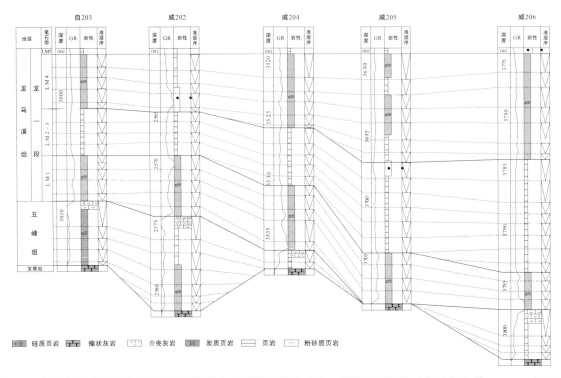

图5-5 威远地区五峰组及龙马溪组沉积受古地形影响所造成的五峰组地层缺失（据施振生等，2020，图5）

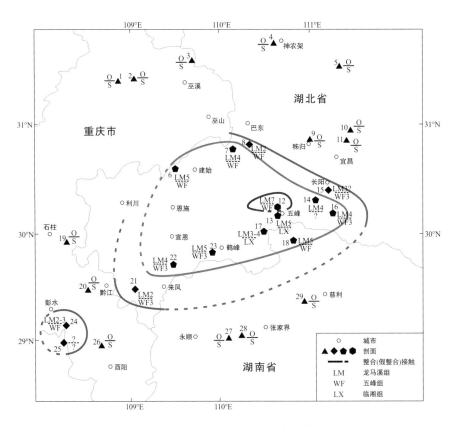

图5-6 宜昌上升的范围及演变过程（据陈旭等，2018，图2）

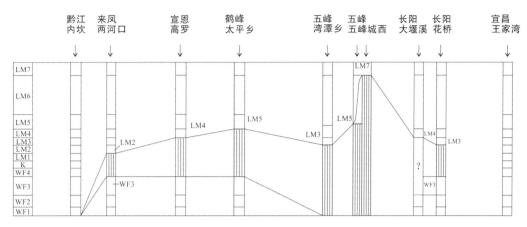

图5-7　黔江–宜昌间宜昌上升各圈层五峰组顶部至龙马溪组底部笔石带的缺失

3．上扬子区南北向的对比（D–J线，图5-8）

黔北从遵义董公寺至桐梓韩家店龙马溪组地层对比，早已成为上扬子区志留系对比的典型例证（张文堂等，1964）。近年来，笔者再度研究遵义–桐梓–綦江–华蓥山一线的剖面和井下岩芯，发现龙马溪组下部黑色页岩笔石带的南北向分布和演变过程呈阶段性渐进模式分布（陈旭等，2017）。

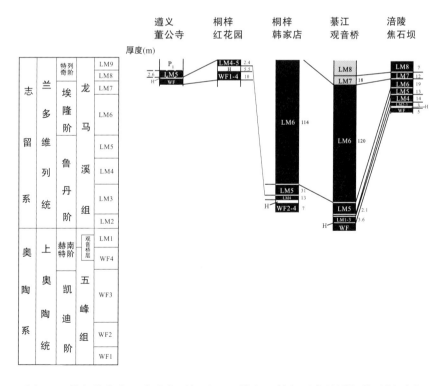

图5-8　遵义董公寺至涪陵焦石坝（D–J线）五峰组至龙马溪组的地层对比

陈旭等（2017）认为阶段渐进模式分为两个阶段。第一阶段在奥陶纪末南极冰盖迅速消融后，从志留纪开始，鲁丹期的LM2（*Akidograptus ascensus* 带）至LM5（*Coronograptus cyphus* 带）伴随着全球海平面上升，黔北自北而南各笔石带中黑色页岩层不断向黔中古陆方向超覆，至LM5达到高潮。这一阶段全球海平面上升幅度超过黔中古陆地区性的抬升速度。因此，自盆地中心向古陆方向，全球海平面上升是黑色页岩地层发生超覆的主要原因。从LM6（*Demirastrites triangulatus* 带）第二阶段开始，黔中古陆上升的区域性因素增强，不断向盆地中心供应陆源物质，致使贵州桐梓地区相当于LM6上部层位出现石牛栏组，此后出现韩家店组，黑色笔石页岩消失。然而在位于盆地中心的涪陵-华蓥山廊带，黑色笔石页岩却一直保持到LM9下部，其上部为小河坝组所代替（图5-8）。基于黔渝遵义董公寺至华蓥山系列剖面对比所获得的阶段性渐进分布模式研究（陈旭等，2017），綦江-华蓥山廊带是龙马溪组含页岩气黑色页岩地层发育最稳定的廊带。结合中扬子区宜昌上升圈层分布模式分析，将綦江-华蓥山廊带与宜昌上升龙马溪组底部缺失地层圈层外缘连接，五峰组-龙马溪组连续发育的地带自然连通。因而从威远-长宁-涪陵地区到三峡秭归-宜昌地区构成了五峰组-龙马溪组下部两套含页岩气黑色页岩的最佳廊带，该最佳廊带可能包括北部巫溪-神农架地区。

4. 滇东北-川南的对比（Y-S线，图5-9）

滇东北永善万和剖面LM2-LM3黑色笔石页岩仅发育于龙马溪组底部。永善-雷波地区是目前正在调查的新区，而川南长宁背斜周缘是长宁页岩气田的主要源区，含页岩气层位稳定分布于WF2-LM3和LM2-LM5层位（图3-16；梁峰等，2017，图3），图5-9充分显示了上述层位分布及对比的稳定性。从图4-11所示长宁地区五峰组-龙马溪组有机碳含量等值线图来看，TOC值3.0~4.0的资料点大量集中在筠连以东地带，目前这一地带已有一定产量的页岩气产出，十分值得注意。

5. 下扬子五峰组、高家边组底部黑色页岩并东延入南黄海

句容岗岗山地表剖面的五峰组和高家边组可作为下扬子地区同期地层代表性的剖面（Wang et al.，2017；图3-50）。最近安徽地勘局在含山地区成功完成一口参数井（图5-10）。

皖含地1井发育了较完整的五峰组-高家边组的笔石带序列，该井是巢湖地区五峰组-高家边组的黑色页岩的代表性井位。如果将滑脱构造损失的黑色页岩系复原，皖含地1井所含笔石带自上而下依次为：

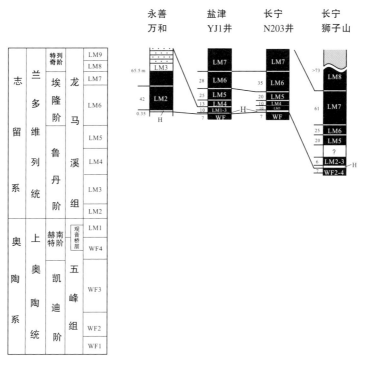

图5-9 滇东北-川南（Y-S线）五峰组-龙马溪组地层对比

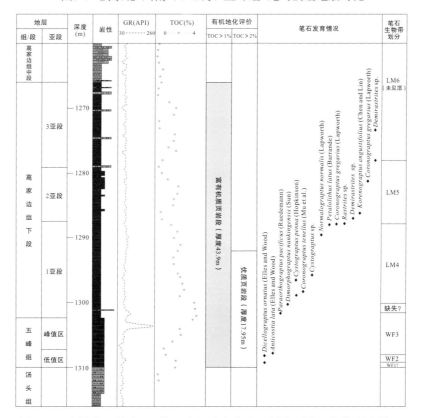

图5-10 安徽含山皖含地1井五峰组及高家边组黑色页岩（据熊强青等，2020；其中笔石鉴定及笔石带划分由陈旭等提供）

高家边组

LM6：*Demirastrites triangulatus* 带

LM5：*Coronograptus cyphus* 带

LM4：*Cystograptus vesiculosus* 带

LM3：*Parakidograptus acuminatus* 带（井下遭受滑脱构造破坏）

LM2：*Akidograptus ascensus* 带（井下遭受滑脱构造破坏）

LM1：*Metabolograptus persculptus* 带（井下遭受滑脱构造破坏）

（井下相当于观音桥地层未见）

五峰组

WF4：*Metabolograptus extraordinarius* 带（井下遭受滑脱构造破坏）

WF3：*Paraorthograptus pacificus* 带

WF2：*Dicellograptus complexus* 带

WF1：*Dicellograptus complanatus* 带（井下未见）

皖北含山井下的五峰组和高家边组黑色页岩笔石带序列，说明巢湖地区与南京句容地区相同地层单元的笔石带（图3-50）完全可以进行对比，只是在巢湖地区五峰组顶部至高家边组底部的层段往往受到区域性滑脱构造破坏，页岩气赋存和开发的条件受到影响。但总体来看，下扬子地区高家边组底部LM1-LM5赋存页岩气最佳层段的厚度薄于中上扬子区相同层段，这也是页岩气赋存潜力评价的另一个不利条件。

如前章所述，下扬子台地的北界因郯庐断裂带截切而损失了下扬子台地东北部分地域（图2-5），长期以来，下扬子台地的南缘均以扬子台地和江南斜坡带的分界为界。最近著者之一（陈旭）应中石化华东油气分公司邀请，对无锡地区的相关井下岩芯进行观察和笔石鉴定，发现无锡"五峰组"已相变为以细粒碎屑岩为主的新岭组，其中发育低分异度的WF3笔石动物群，但是带化石 *Paraorthograptus pacificus*（Ruedemaun）的出现，明确表明是WF3的层位，同时也说明了这里的新岭组代表了下扬子台地的边缘相。因此，无锡新岭组的发现标定了下扬子台地的东南边界，这条边界线与下扬子台地和江南过渡带边界连通，界定了下扬子台地在奥陶纪末的分布范围。该边界线向东北方向自然延伸并进入南黄海，这与下扬子北部郯庐断裂带分别围限了下扬子台地东延入南黄海的南北范围，从而证实了南黄海底部应属于下扬子台地的范围（图5-11）。我们推断南黄海域底部发育与下扬子台地相似的五峰组和高家边组，但是这两组黑色页岩是否具有页岩气赋存的条件，还需其他石油地质学方面的验证。

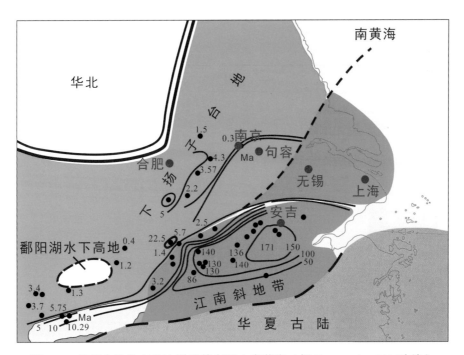

图5-11 扬子台地的南北边界及其东延入南黄海（据Chen et al.，2004改编）

6. 康滇古陆东侧的奥陶系及志留系黑色页岩

二郎山-西昌一线以东，包括马边、雷波、永善、布拖等地区，地处东西向黔中古陆和南北向康滇古陆相交的川西南。该区域的五峰组已相变为大渡河组、大箐组或铁足菲克组（唐鹏等，2017；图2-10）。相变说明奥陶纪末，川西南相当于五峰组的连续黑色笔石页岩已相变为更为近岸浅水的泥岩、泥质灰岩夹含黑色笔石页岩、薄层灰岩（大渡河组）、白云质灰岩和粉砂岩（铁足菲克组）或碳酸盐岩（大箐组），这与奥陶纪末全球海平面下降是一致的。川西南地处扬子西南边缘，现今被黔中古陆和康滇古陆围限，川西南海平面下降幅度应比扬子台地大部分地区更为明显。奥陶纪末川西南的海退并不影响从志留纪开始的全球海平面上升和黑色页岩广泛发育。在川西南，除上文中报导的永善万和龙马溪组之外（图3-15），最近在永善地区新地2井发现了五峰组直至龙马溪组LM8下部连续的黑色笔石页岩，而且测气效果良好（图5-12）。但是龙马溪组黑色页岩的产出层位和厚度横向变化快，五峰组至龙马溪组黑色页岩分布不稳定。尽管这样，上述两套黑色页岩在川西南地区仍有可能在小范围内为小面积页岩气田提供烃源岩。

伴随南极冰盖迅速消融，从LM1带晚期开始全球海平面上升，志留纪早期海侵很快淹没了川西南地区，龙马溪组的黑色页岩迅速覆盖了上述川西南海湾所分布的大渡河组、大箐组和铁足菲克组地层。从二郎山鸳鸯岩组LM1-LM8厚达264 m的黑色笔石页岩来看（图3-13），相当于龙马溪组的黑色页岩分布可能超出了晚奥陶世末期川西南上述分布范围。2018年10月，本书部分著者

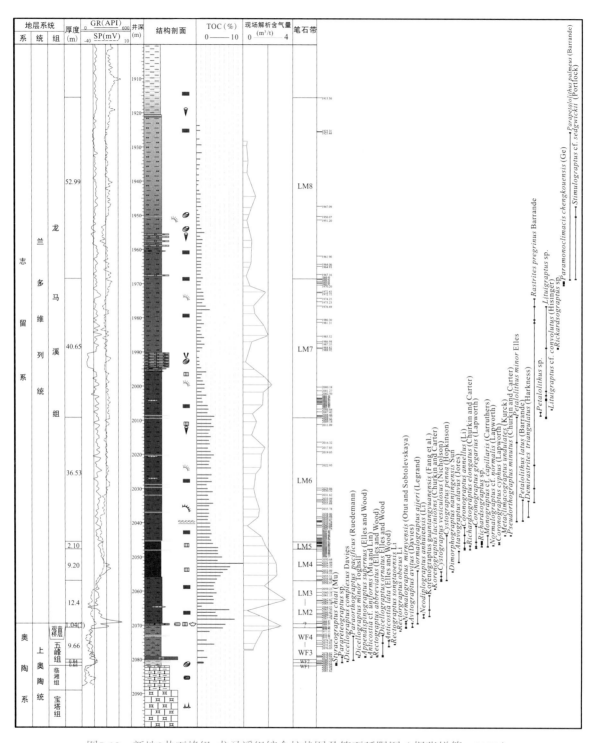

图5-12　新地2井五峰组-龙马溪组综合柱状图及笔石延限图（据张娣等，2020）

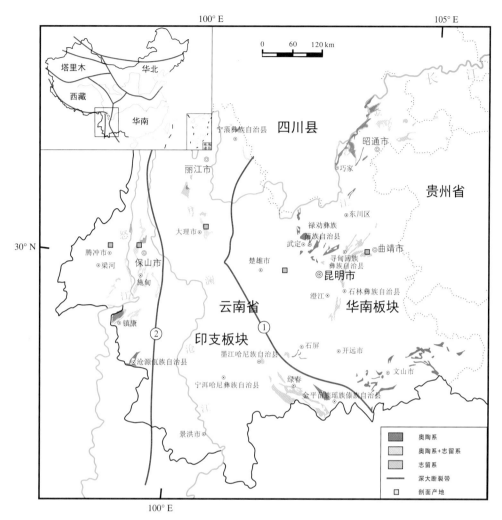

图5-13　康滇两侧奥陶系和志留系在华南、印支和西布马苏三个板块内的分布

（据Zhang et al.，2014，Fig.2.2）

与张国伟等考察了二郎山地区的新沟组和鸳鸯岩组，认为扬子区广布的奥陶纪末和志留纪初两套黑色页岩应该越过二郎山向西展布，因此含页岩气地层可能具有更加广泛的宏观分布。

7. 滇西的仁和桥组黑色页岩

康滇古陆两侧奥陶系和志留系的主要分布地点如图5-13所示。据Zhang et al.（2014）的观点，除分布于康滇古陆以东的扬子区属于华南板块之外，康滇古陆以西大理-金屏-景洪地区属于印支板块，向南延入越南和老挝境内，印支板块与华南板块以哀牢山-红河缝合线为界。澜沧江以西包括保山、镇康等地，均属于西布马苏板块，该板块与缅甸为邻，以沧宁-孟连缝合线为界。

滇西地区与龙马溪组相当的地层为仁和桥组，该地层在保山地区发育厚为49~457 m的黑色笔石页岩；但是在标准地点，仁和桥组为断层所切，只残留了约75 m的地层。因此，目前保山老尖山剖面为仁和桥组的替代剖面（图5-14）。保山老尖山剖面仁和桥组的厚度约256 m，为连续沉积的含笔石黑色页岩，其笔石带从上奥陶统赫南特阶至志留系兰多维列统，自上而下为：

仁和桥组

顶部覆盖，但在施甸和保山其他地区发育LM7、LM8及特列奇阶的笔石带，但均不发育于连续出露的剖面上。老尖山剖面连续出露的笔石带如下：

（掩盖）

LM7 *Lituigraptus convolutus* 带

LM6 *Demirastrites triangulatus* 带

LM5 *Coronograptus cyphus* 带

LM4 *Cystograptus vesiculosus* 带

LM3 *Parakidograptus acuminatus* 带

LM2 *Akidograptus ascensus* 带

LM1 *Metabolograptus persculptus* 带

WF4 *Metabolograptus extraordinarius* 带

---假整合---

上奥陶统蒲缥组

如上所述，保山老尖山剖面的仁和桥组是穿越奥陶系–志留系界线的。

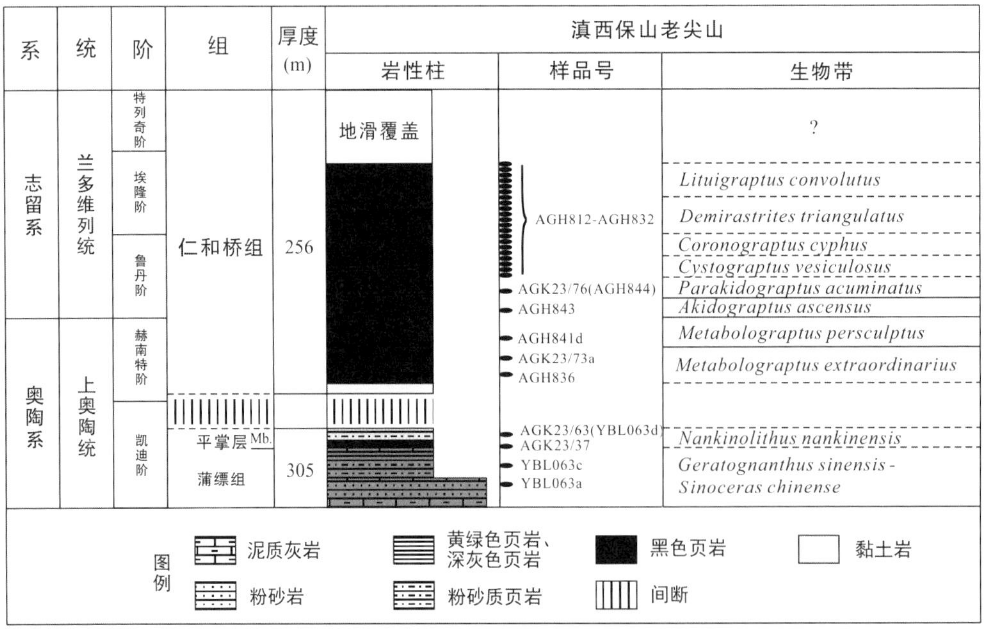

图5-14　滇西保山老尖山奥陶系至志留系地层综合柱状图（据Zhang et al.，2014，Figs. 5.3，4.3）

尽管滇西保山地区志留系从兰多维列统至文洛克统黑色页岩中具有几乎完整的笔石带系列，但是其分布面积有限，加之横断山脉南北向平行的断裂带，使得志留系黑色页岩在覆盖区内保存面积较小；同时滇西保山地区位于高山深谷之中，因此赋存页岩气的有利条件就十分有限。

5.2　奥陶系和志留系之交两套黑色页岩的全球对比

奥陶纪和志留纪初具有两套连续沉积的黑色笔石页岩，除我国扬子区的五峰组和龙马溪组之外，仅在加拿大极区、哈萨克斯坦和西伯利亚发育较为完好，而其他地点同时具备这两套连续沉积的黑色页岩者不多。在非洲北部和阿拉伯相当于龙马溪组的热页岩发育很好，但不存在相当于中国奥陶系顶部五峰组的黑色页岩，而欧洲的英国、波兰、捷克、德国则发育了志留系黑色笔石页岩的连续沉积，相当于五峰组的笔石页岩发育欠佳。为了便于全球对比，本书以扬子区五峰组至龙马溪组的笔石带为标准来进行对比，该对比不仅能达到生物地层学的准确性，同时有利于评估和探讨全球除扬子区之外，哪些地区已有或具有同期页岩气的开发价值。本书涉及全球发育奥陶纪末至志留纪初黑色笔石页岩的主要地区有22个，可概括如图5-15所示。

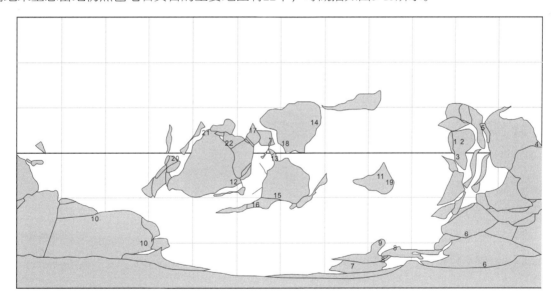

图5-15　全球奥陶纪末及志留纪初黑色笔石页岩的主要产出地区（据Goldmann et al., 2011，图5c改编）

插图说明：1.扬子区近岸地区；2.扬子盆地中心地区；3.江南斜坡带；4.澳大利亚维多利亚省；5.缅甸掸邦及曼德勒；6.非洲北部及阿拉伯地区；7.西班牙伊比利亚地区；8.卡尼克阿尔卑斯-撒丁岛；9.波希米亚-图林根-波兰；10.南美洲；11.哈萨克斯坦；12.加拿大安提克斯提岛；13.俄罗斯新地岛；14.俄罗斯高阿尔泰地区；15.波罗的海沿岸国家；16.阿弗隆（英国）；17.俄罗斯西伯利亚米尔尼河谷；18.俄罗斯泰梅尔半岛-诺里尔斯克；19.乌兹别克斯坦奥尔玛利克；20.美国内华达州；21.加拿大育空省批尔河谷；22.加拿大极区

1. 冈瓦纳大陆周缘

冈瓦纳大陆在早古生代是全球所占面积最大的超级大陆，在全球重建图上通常划分为低纬度冈瓦纳（东冈瓦纳）和高纬度冈瓦纳（西冈瓦纳），本书沿用这一通用划分，因此对冈瓦纳大陆及其周缘诸块体也就依此分述。

（1）低纬度冈瓦纳周缘

主要包括澳大利亚东南维多利亚省、新南威尔士省、塔斯马里亚岛和新西兰的北岛（图5-15的4），西布马苏板块的缅甸北郸邦和曼德勒（图5-15的5）。

奥陶系在澳大利亚主要分布于其东南的维多利亚省、新南威尔士省、昆士兰省和与维多利亚省隔海相望的塔斯马里亚岛，在新西兰则主要分布于西北端的Nelson地区。澳大利亚及新西兰的奥陶系一直采用下、中、上三统，与国际标准保持一致（Webby et al.，2014）。地区性的阶和笔石带划分的标准地区，都基于澳大利亚东南的维多利亚省内。下奥陶统Lancefieldian、Bendigonian和Chewtonian各阶以及中奥陶统的Castlemanian、Yapeeniam和Darriwilian各阶，均为连续沉积的黑色笔石页岩夹粉砂岩和细砂岩，但从上奥陶统开始，则转为以粉砂岩至细砂岩为主，夹含笔石页岩的地层（Vandenberg，in Webby et al.，1981）。相当于扬子区五峰组和赫南特阶的地层，在澳大利亚和新西兰称为Bolindian阶，其自上而下的笔石带（Webby et al.，2014）为：

Metabolograptus persculptus 带

Metabolograptus extraordinarius 带

Paraorthograptus pacificus 带

"Pre-*pacificus*" 层

Climacograptus uncinatus 带

虽然上述笔石带与五峰组至龙马溪组底部的笔石带可以对比，但均不发育于连续的黑色页岩中。在澳大利亚东南维多利亚省Maribyrnong河下游见有含小达尔曼虫（*Dalmanitina*）的地层，有可能相当于扬子区的观音桥层。其上为一套浊积岩层，称为Deep Creek粉砂岩，产有 *Parakidograptus* cf. *acuminatus* 等笔石（Talent et al.，1975）。其上为埃隆阶的地层，产有*Metaclimacograptus hughesi*、*Monograptus runcinatus* 等笔石（Harris and Thomas，1937），以及相当于LM6–LM9层位零星出露的含笔石地层（Thomas and Keble，1933）。上述的笔石层位均产于自复理石的沉积岩系中，而非产于自连续的黑色页岩之中，而且笔石的分异度和分度都较低。

在维多利亚省以北的新南威尔士省，志留系兰多维列统的含笔石层位与维多利亚省的大致相同。Packham（1967）首先报导Cottons山的Cotton层中的笔石层位，这些笔石地层大致相当扬子区LM8（*S. sedgwickii* 带）至特列奇阶N2（*S. turriculatus* 带）的层位（Sherwin，1974）。同样，新南威尔士省的上述含笔石地层均不是连续沉积的含笔石黑色页岩。新南威尔士省以北的昆士兰省有少量志留系粉砂岩和泥岩的露头，含有相当于LM7的 *Lituigraptus convolutus* 以及更高层位的 *Stimulograptus marri* 等笔石层位，但均不产于连续的黑色页岩中（Thomas，1960）。

新西兰北岛发育了很完整的中奥陶统的笔石页岩序列（Cooper，1979），但是相当于奥陶系–志留系界线附近的地层中不见黑色笔石页岩。Cooper and Wright（1970）仅在新西兰北岛的Mount Arthur大理石中发现了晚奥陶世的牙形刺。新西兰未见相当于扬子区的观音桥层和 *Hirnantia* 动物群。

西布马苏板块的缅甸北郸邦在奥陶纪和志留纪时期也地处低纬度冈瓦纳周缘，而且与中国的滇西保山地区连通在一起。北郸邦的志留系笔石最早由Reed（1915）研究，部分笔石经由Elles and Wood鉴定，包括了相当于扬子区LM3至LM6带不同层位的属种，其中被鉴定为 *Diplograptus*（*Glyptograptus*）cf. *persculptus* Salter的笔石，被注明产自Pinghsai的 *acuminatus* 带（相当于LM3），因此引起笔石研究同行们的质疑。

最近戎嘉余等在缅甸中部曼德勒（Mandalay）进行野外考察，在奥陶系顶部1~2 m的泥岩中采获了笔石，经笔者研究共有5属13种（图5-16；Chen et al.，2020，Fig.2）。

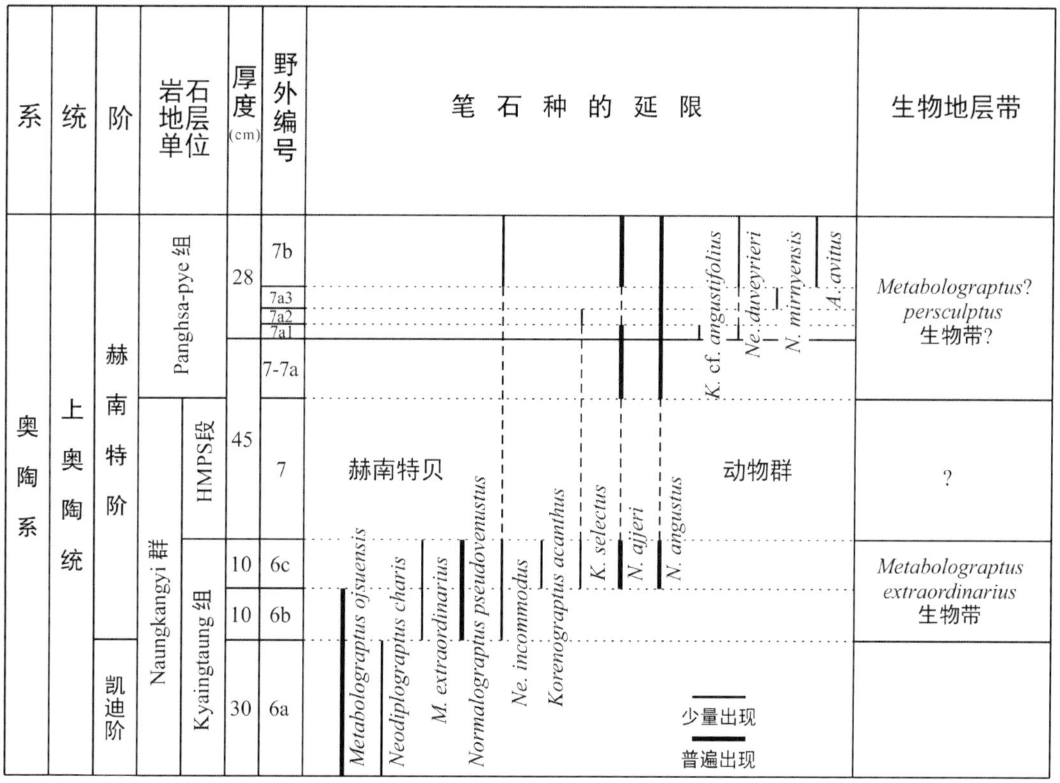

图5-16　缅甸曼德勒地区奥陶统地层及笔石动物群（据Chen et al.，2017，Fig.2）

曼德勒地区奥陶系顶部出露地层有限，却有幸出露了上奥陶统赫南特阶的关键层位，具有赫南特贝动物群及其上下层位的笔石，相当于扬子区WF4和LM1的层位均发育良好，应与滇西保山地区一致。

（2）高纬度冈瓦纳及其周缘

高纬度冈瓦纳及其周缘奥陶纪末的黑色页岩不发育，但志留纪早期的黑色笔石页岩在非洲北部及阿拉伯地区却发育良好，而且是重要的常规油气产出层位，和我国扬子区页岩气的产出层位一致。这一常规油气产出的黑色页岩被称为"热页岩"。热页岩中油气的赋存量极为丰富，占全球油气总产量的9%（Ulmishek and Klemine，1990）。

1）北非和阿拉伯地区的热页岩

主要分布在阿尔及利亚的Timiwoun、Sbaa、Ahnet、Oued Mya、Mouydir、Illizi诸盆地以及与摩洛哥交界的Tindouf盆地，摩洛哥的Doukkala、Tadia、Essaouira、Souss诸盆地，毛里塔尼亚与马里之间的Taoudenni盆地，马里和尼日尔之间的Iulle-maden盆地，阿尔及利亚和利比亚之间的Ghadames盆地，利比亚的Cyrenaica盆地，利比亚与尼日尔之间的Murznk盆地，利比亚与乍得之间的Kufra盆地以及阿联的Western Desert（图5-17）。

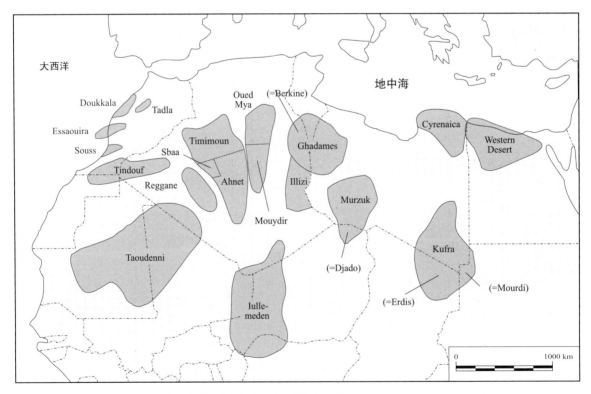

图5-17　非洲北部热页岩分布的主要盆地（据Lüning et al.，2000，Fig.6）

上述众多热页岩分布的盆地中，据Lüning et al.（2000）的统计材料，阿尔及利亚和利比亚的6个油气田产出最高（图5-18）。

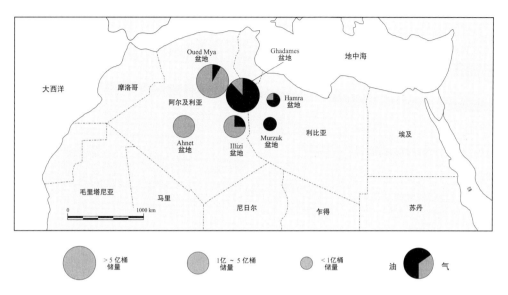

图5-18 非洲北部志留纪热页岩的主要油气田

（据MacGregor，1996；Lüning et al.，2000，图1；BBOE：原油亿桶的相当值）

非洲北部热页岩油气田的主要产出层位和我国扬子区龙马溪组底部页岩气的主要产出层位惊人的一致，都产自相当于扬子区LM1至LM5的层位。热页岩向上层位中的有机质含量逐渐减少，泥页岩逐渐被砂岩所替代，这一点与我国扬子区龙马溪组底部富含有机质的黑色页岩逐渐被非黑色页岩或其他岩相所取代也是十分一致的（图5-19）。

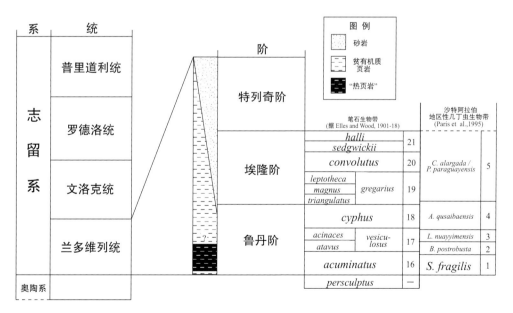

图5-19 北非及阿拉伯鲁丹阶富有机质热页岩向上被其他岩相取代（据Lüning et al.，2000）

最近笔者等把热页岩中代表性的NC174井（Lüning et al.，2000）和扬子台地上龙马溪组底部黑色页岩中3口代表性的井（焦页1井、宁211井和来地1井）的TOC和GR（API）测井曲线拟合后进行对比，发现扬子台地上的井（以宁211井为代表）与热页岩的井之间有可对比性。除此之外，在扬子台地上龙马溪组黑色页岩中还有另一种特殊类型，以焦页1井为代表（图5-20；陈旭等，2018，图4）。

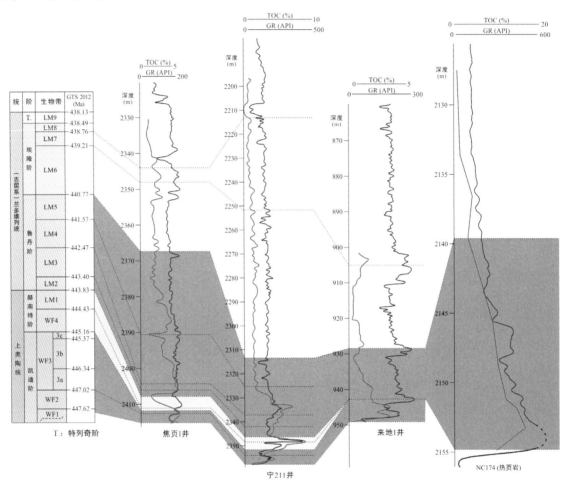

图5-20　北非热页岩与扬子区涪陵、长宁和来凤同期井下总有机碳和伽马测井曲线值的对比（陈旭等，2018，图4）

北非热页岩中产出的油气层，主要分布在相当于LM2（*A. ascensus* 带）至LM5（*C. cyphus*带）的地层内，TOC和API的峰值也都正在此间。如图5-20所示，扬子区三口井中却出现了两种曲线组合类型，一种是焦页1井代表的TOC和API持续稳定的纵向分布，而长宁（N211井）和来凤（LD1井）为代表的大多数井则与热页岩的TOC和API峰值一致。N211井LM4层位的两种曲线的峰值以及LD1井LM4和LM5层位两种曲线的峰值都在热页岩NC174井峰值范围之内。在扬子区的其他井位中，巫溪2井TOC的次峰值在LM5带，威201井TOC峰值在LM2带（梁峰等，2017）；

宁203井TOC峰值在LM4带，盐津1井的TOC和API都在LM4带内（梁峰等，2017）。威远（WD3）GAP的三个峰值分别在LM1、LM4和LM5带内；WD4井GAP三个峰值分别在LM1-LM2和LM4带内；WD3井GAP的主要峰值在LM1-LM2带内；WD6井的GAP两个峰值在LM1-LM3范围内（梁峰等，2017）。湖北建始龙坪井下GR峰值除五峰组内的以外，在龙马溪组内也在LM5顶部（图3-22）；湖北神农架井下API在龙马溪组内的主峰值则在LM4带内（宋腾等，2017）。因此，上述扬子区不同地区已发表的龙马溪组黑色页岩的井下伽马值和总有机碳的峰值，与北非热页岩完全可以对比（图5-21）。目前北非诸国以各大盆地中热页岩广泛分布的常规油气田为主要开发对象，以满足各国油气资源的需求。但是热页岩应该同样具有和中国扬子区龙马溪组底部黑色页岩类似的页岩气赋存和开发的潜力。

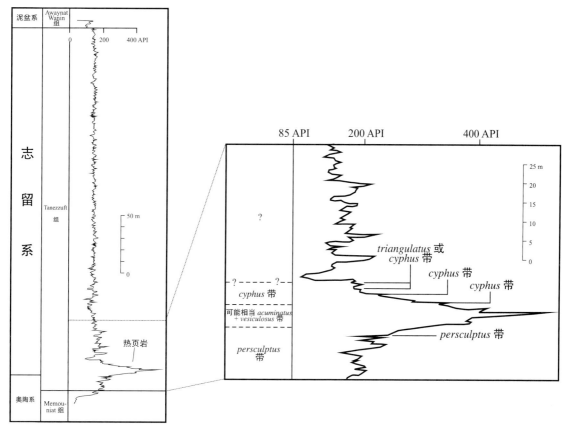

图5-21　北非NC174井代表API峰值范围，与扬子区LM1–LM5范围的一致性

（据Lüning et al.，2000，Fig.11）

奥陶纪末期冈瓦纳大陆上冰盖消融过程中对基底进行刨蚀作用，叠加在泛非运动造成的基底剥蚀面之上，古地形形成了很大的起伏（图5-22（a））。随着志留纪初埃隆期全球海平面上升，海侵充填了剥蚀盆地，形成了封闭的海盆，而冈瓦纳大陆北缘上升洋流又为封闭海盆的黑色页岩沉积中提供了有机质（图5-22（b））。至埃隆期，伴随有机质的匮乏，Tanezzuft组上部的非黑色

页岩或碎屑岩覆盖了Tanezzuft组下部的热页岩（图5-22（c））；而随着热页岩的结束，盆地油气资源也告消失。这种沉积模式较我国上扬子台地上龙马溪组黑色页岩的阶级渐进模式和中扬子台地上的圈层缺失模式更为简单。

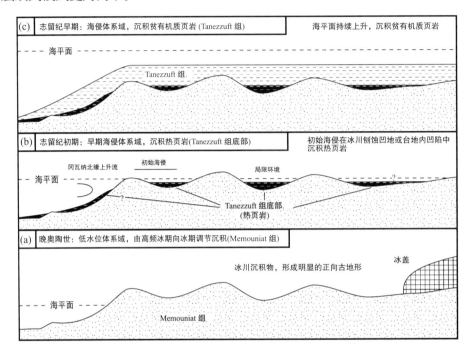

图5-22　北非志留纪鲁丹期热页岩的沉积模式（据Lüning et al.，2000，Fig.8A，B，C）

　　北非的早古生代地层遭受了海西运动的影响，主要是抬升和剥蚀。在约旦的Risha地区，海西运动仅使三叠系至白垩系假整合或微弱角度不整合在志留系之上，没有造成志留系褶皱和变形（Lüning et al.，2005）。因此，北非尽管遭受了轻微的海西运动，但仍然给热页岩的露头区和覆盖区留下了从摩洛哥到埃及西部大面积的分布区（图5-23），而且对热页岩中的油气藏并无多大的破坏。目前热页岩油气田的主要产区只限于阿尔及利亚和利比亚（图5-23），还有广大的分布区尚未开发；如果同层位中也赋存页岩气，应该也具有很好的潜力。

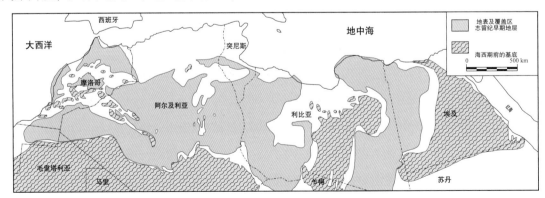

图5-23　北非海西运动剥蚀后遗留的热页岩分布范围（Lüning et al.，2000，Fig.19）

Williams et al.（2016）专门论及阿拉伯半岛热页岩的油气资源，沙特阿拉伯石油公司共有132个钻孔钻透志留系兰多维列统Qusaiba段地层（图5-24），可见阿拉伯半岛热页岩油气资源的勘探与开发在世界上占有重要地位。

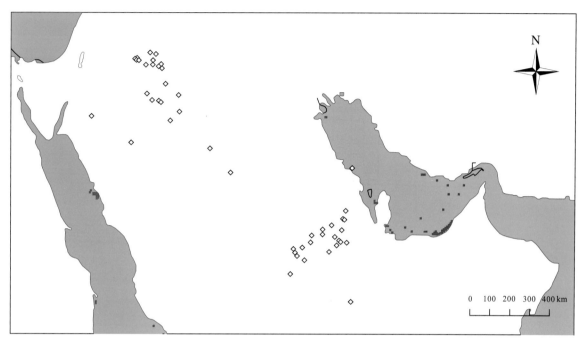

图5-24 阿拉伯半岛志留系地层钻井分布图（据Williams et al.，2016，Fig.2的一部分）

阿拉伯半岛兰多维列统Qusaiba段地层中的笔石带齐全，包括了相当于我国扬子区LM2-N2所有的笔石带，其中热页岩的主要笔石带与北非是一致的。现将沙特阿拉伯兰多维列统Qusaiba段地层中的笔石带进行全球对比，如图5-25所示。

北非和阿拉伯志留纪早期丰富的油气资源及其赋存的富含有机质的黑色笔石页岩的形成机理，早已引起了地学界的注意：为何北非和阿拉伯在志留纪初能有如此长时间有机质的富集呢？Wilde et al.（1991a）注意到冈瓦纳大陆的西北缘在志留纪时期表层洋流受季风影响，这与当今阿拉伯海表层环流的模式相似（Berry，1998）。当今亚洲大陆冬季较冷，空气的密度大于海洋，风由大陆吹向海洋。随着日照增长，大陆增温快于海洋，表层洋流反过来从海洋流向大陆，沿着索马里至阿曼沿岸形成强烈的上升流。Amjad et al.（1995）认为上升流会给阿拉伯海表层水带来大量的营养物并增强海洋生物的生产力；同时，它又会使阿拉伯海的最低含氧量界面延伸至海平面下80~190 m，致使阿拉伯海成为全球重要的底域缺氧海洋（Deuser，1975）。志留纪时期冈瓦纳大陆的古地理格局与现今的阿拉伯海北缘类似，Wilde et al.（1991b，Fig.5）设想志留纪时期北非、中东、西欧和华南的一部分处于冈瓦纳大陆的南部和东部边缘，可能就受到类似的上升流影响，也就出现类似现今阿拉伯海地区季风导致的海洋表层水环流的现象，有机质开始富集并生成

年代地层		同位素年龄(Ma)	沙特阿拉伯	北美	捷克(Štroch,1994,1996)	英国(Zalasiewicz et al.,2009)	中国扬子区(本书)
兰多维列统(部分)	特列奇阶(部分)		Spirograptus turriulatus	S. turriculatus - S. guerichi interval	Spirograptus turriculatus	Spirograptus turriulatus	N2
		436	Spirograptus guerichi			Spirograptus guerichi	LM9/N1
	埃隆阶		Stimulograptus halli	Stimulograptus sedgwickii	Stimulograptus sedgwickii	Spirograptus halli	LM8
			Stimulograptus sedgwickii			Spirograptus sedgwickii	
			Lituigraotus convolutus	Lituigraotus convolutus	Lituigraptus convolutus	Lituigraptus convolutus	LM7
			Pribylograptus leptotheca	Pribylograptus leptotheca	Pribylograptus leptotheca	Pribylograptus leptotheca	
			Neodiplograptus thuringiacus		D. simulans	Neodiplograptus magnus	LM6
		439	Demirastrites triangulatus	C. gregarius - P. libycus	D. pectinatus - D. triangulatus		
	鲁丹阶		Coronograptus cyphus	N. fezzanensis	Coronograptus cyphus	Monograptus revolutus	LM5
			Cystograptus vesiculosus	Neodiplograptus africanus	Cystograptus vesiculosus	Huttagraptus acinaces	LM4
						Atavograptus atavus	
		443.7	A. ascensus - P. acuminatus N. tubricus		A. ascensus - P. acuminatus	A. ascensus - P. acuminatus	LM2–LM3

图5-25 沙特阿拉伯兰多维列统笔石带及其全球对比（据Williams et al.，2016，图14）

典型的底域缺氧黑色页岩（图5-26）。由于最低含氧量下降和去氮化水体同时发生，形成了有利于笔石生存的环境（Berry，1998），提高了笔石动物群的多样性。

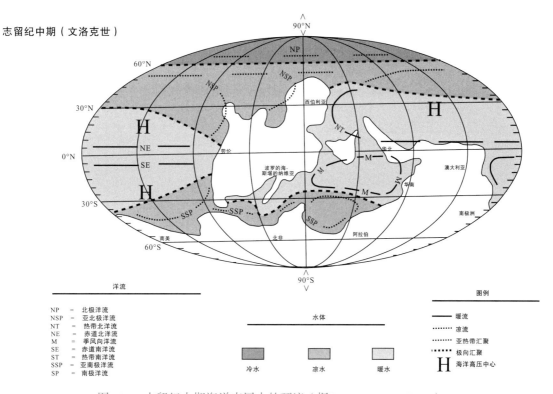

图5-26　志留纪中期海洋表层水的环流（据Berry，1998，Fig. 1）

2）伊比利亚半岛志留纪早期的黑色笔石页岩

地处高纬度冈瓦纳周缘的西班牙、葡萄牙伊比利亚半岛广泛发育志留纪早期的黑色笔石页岩（图5-27；Gutiérrez-Marco and Štorch，1998，Fig.2）。

据Gutiérrez-Marco and Štorch（1998）的详细报导，伊比利亚半岛志留纪早期的黑色笔石页岩特征如下：

①Mondofiedo推覆体（图5-27的4）：此推覆体范围内出露相当于LM2–LM3（*A. ascensus–P. acuminatus* 带）、LM4（*C. vesiculosus* 带）以及LM5（*C. cyphus* 带）的黑色笔石页岩。其上覆于特列奇阶的黑色页岩。

②伊比利亚科地勒那带（图5-27的9）：发育相当于LM3–LM9的黑色笔石页岩，其上发育罗德洛统的笔石页岩，总厚度超过800 m，但地层不连续，而且并非连续沉积的黑色笔石页岩。

③Truchui and Silsyncline（图5-27的13），仅在当地Llagarino组底部黑色页岩中，发育相当于LM2–LM3（*A. ascensus* 带–*P. acuminatus* 带）的层位。

④Valle and Cerron del Hornillo 向斜（图5-27的40和41）：产有从志留系兰多维列统鲁丹阶至

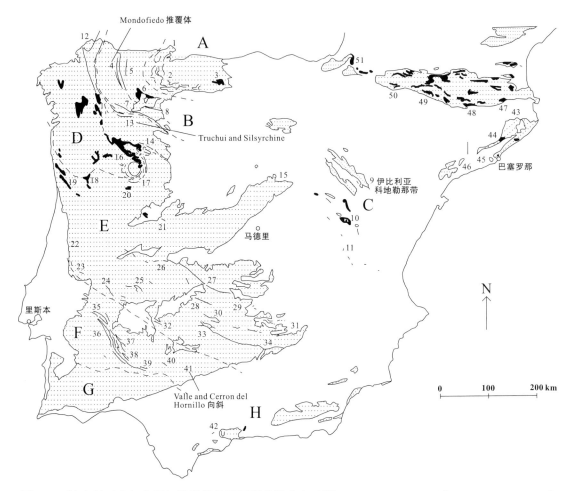

图5-27　伊比利亚半岛志留纪早期黑色笔石页岩的分布（据Gutiérrez-Marco and Štorch，1998，Fig.2）

罗德洛统较完整的笔石地层系列，以及普利道里统至下泥盆统洛赫可夫阶的笔石夹层。在伊比利亚半岛上，含有志留系的露头点多而分散，皆因遭受了加里东运动和海西运动叠加的构造运动。上述4个代表性的剖面中，除Valle and Cerron del Hornillo 向斜具有从志留系至下泥盆统较连续的剖面之外，其他剖面都难以保存连续出露的地层。迄今未见兰多维列统黑色笔石页岩赋存页岩气的报导。

3）卡尼克阿尔卑斯的志留纪笔石页岩

卡尼克阿尔卑斯山脉横跨奥地利和意大利，长达80 km，宽10~20 km，山峰高达2800 m。该区域志留系主要是一套壳相地层，夹有少量的兰多维列统埃隆阶、特里奇阶的含笔石硅质岩和页岩，但与志留纪早期含页岩气的笔石黑色页岩无关联（Gortani，1924；Flugel et al.，1977），而是发育泥盆纪早期的含笔石地层。

意大利的撒丁岛发育了志留系兰多维列统的含笔石黑色页岩，但由于海西运动的影响，黑色页岩中流劈理发育。兰多维列统的笔石带大都是由不同地点不连续的剖面综合观测的结果，难以获得各个笔石带的真实厚度。虽然在撒丁岛西南部发育相当于扬子区的 *P. acuminatus* 带（LM3）至 *L. convolutus* 带（LM7）的地层，但是在普遍遭到海西运动破坏的黑色页岩中，难以再赋存页岩气。撒丁岛兰多维列统黑色页岩中的笔石带及其他区域对比如图5-28所示。

4）波希米亚的奥陶系-志留系含笔石黑色页岩

捷克共和国西部波希米亚古生界发育良好，并构成以泥盆系为核心的向斜（图5-29）。

上奥陶统上部相当于五峰组的地层为KraluvDvur组，岩性主要为含笔石的页岩（但并非典型黑色页岩）和砂岩。志留系兰多维列统以及其上至下泥盆统布拉格阶，均为以含黑色笔石页岩为主的地层，而且广布在捷克波希米亚–德国图林根–波兰南部的中欧广大地区（图5-30和5-31）。

如图5-31所示，整个中欧，包括捷克、德国和波兰在内，在奥陶纪末期都地处高纬度冈瓦纳周缘，因此直接受到奥陶纪末期南极冰盖凝聚的影响。区域内虽然也有相当于WF1（*Dicellograptus complanatus* 带）至WF4（*Metabolograptus extraordinarius* 带）的笔石，但笔石动物群的分异度低，而且不保存在典型的黑色页岩中。直至志留纪初南极冰盖消融，全球海平面上升带来了兰多维列世黑色页岩广布事件，才转而出现含笔石黑色页岩的沉积。这一地区的兰多维列世黑色页岩中的笔石完全可以同扬子区龙马溪组和北非-阿拉伯的热页岩进行对比（图5-32和5-33），但是至今未见对同时期页岩气进行开发的举措，这显然是黑色页岩遭受了海西运动的后期破坏、变质和暴露所致。

5）南美洲

南美洲在奥陶纪-志留纪是西冈瓦纳大陆的主要组成部分，它与非洲克拉通的聚合形成了冈瓦纳超级大陆的主体部分。奥陶纪末，南美洲在南极冰盖的影响范围之内，地层遭受剥蚀，层序间断，动物群中含有冈瓦纳大陆的地区分子，而且分异度低。

阿根廷的古生代地层主要分布在科迪勒拉山前。奥陶系顶部遭受冰川活动的剥蚀，志留纪初冰盖消融，短暂沉积了含笔石黑色页岩（图5-34）。除见有相当于 *Metabolograptus persculptus* 带（LM1）的分子之外，还沉积了 *Parakidograptus acuminatus* 带（LM2–LM3）和部分相当于LM4的含笔石黑色页岩，当地划分为 *Atavograptus atavus* 带。

邻近阿根廷的玻利维亚同阿根廷科迪勒拉山前带一样发育奥陶系的笔石地层，但几乎不发育志留系含笔石地层，仅见极少数罗德洛统的单笔石类（Branisa et al., 1972）。此外，少量的鲁丹阶的双列笔石见于巴西（Lange, 1972）和巴拉圭（Harrington, 1972）。

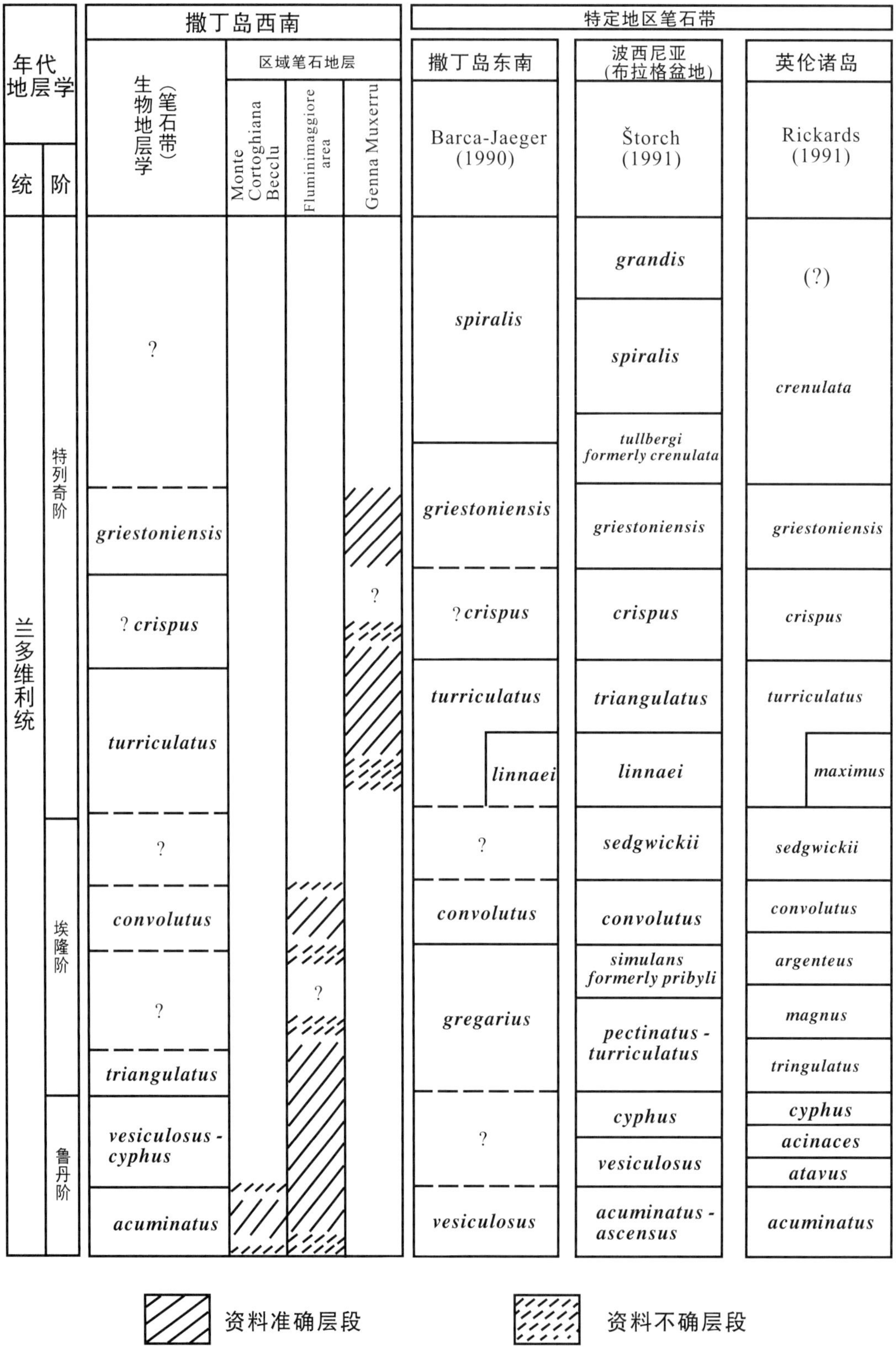

年代地层学		撒丁岛西南				特定地区笔石带		
		生物地层学（笔石带）	区域笔石地层			撒丁岛东南 Barca-Jaeger (1990)	波西尼亚（布拉格盆地）Štorch (1991)	英伦诸岛 Rickards (1991)
统	阶		Monte Cortoghiana Becclu	Flumimimaggiore area	Genna Muxerru			
兰多维利统	特列奇阶	?				spiralis	grandis	(?)
							spiralis	crenulata
							tullbergi formerly crenulata	
		griestoniensis			?	griestoniensis	griestoniensis	griestoniensis
		? crispus				? crispus	crispus	crispus
		turriculatus				turriculatus	triangulatus	turriculatus
						linnaei	linnaei	maximus
	埃隆阶	?				?	sedgwickii	sedgwickii
		convolutus				convolutus	convolutus	convolutus
							simulans formerly pribyli	argenteus
		?				gregarius	pectinatus - turriculatus	magnus
		triangulatus						tringulatus
	鲁丹阶	vesiculosus - cyphus				?	cyphus	cyphus
							vesiculosus	acinaces
								atavus
		acuminatus				vesiculosus	acuminatus - ascensus	acuminatus

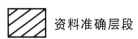 资料准确层段　　 资料不确层段

图5-28　意大利撒丁岛兰多维列统黑色页岩的笔石带及其他区域对比（据Štorch and Serpagli，1993，插图2）

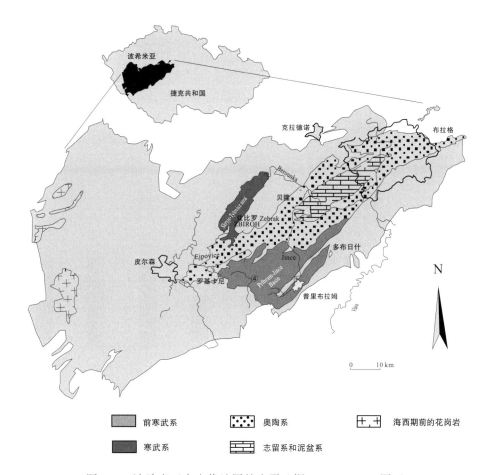

图5-29 波希米亚古生代地层的出露（据Fatka，1999，图1）

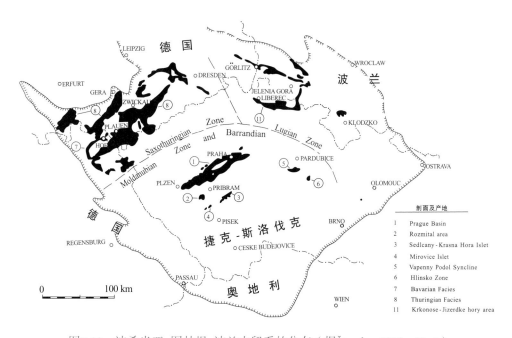

图5-30 波希米亚–图林根–波兰志留系的分布（据Štorch，1990，Fig.1）

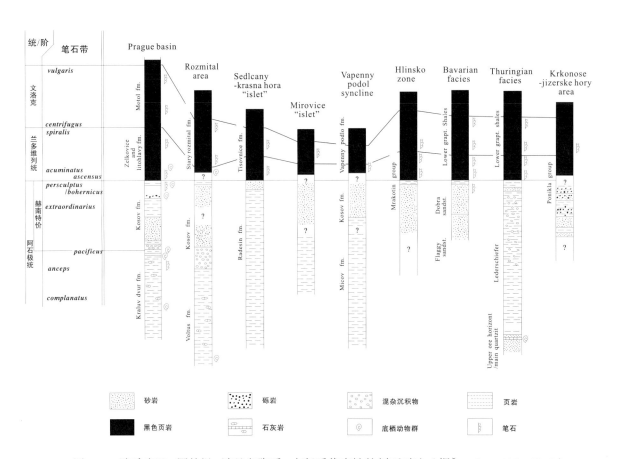

图5-31　波希米亚–图林根–波兰奥陶系–志留系代表性的剖面对比（据Štorch，1990，Fig.8）

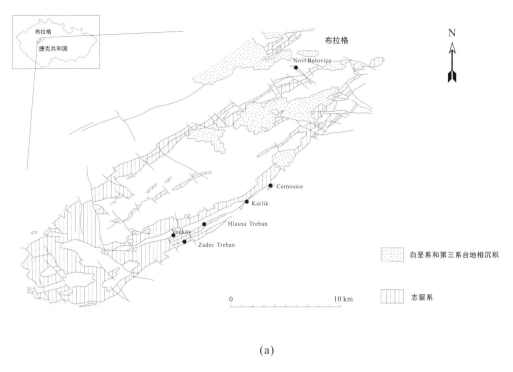

(a)

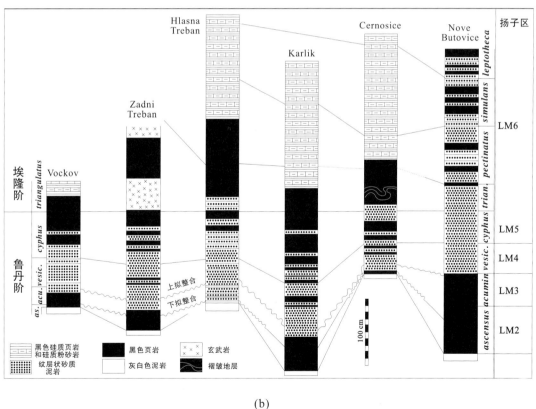

(b)

图5-32　（a）布拉格盆地志留系兰多维列统鲁丹阶和埃隆阶主要剖面的分布；（b）同期地层笔石带的划
分以及与扬子区的对比（Štorch，2017年提供）

129

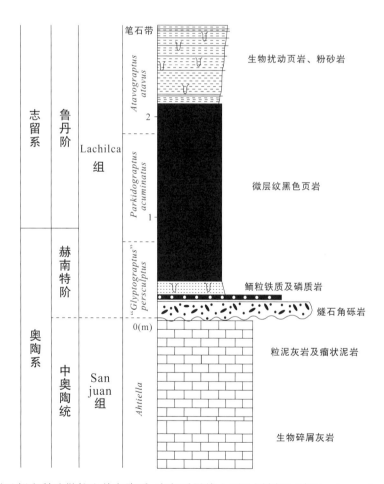

图5-33　布拉格盆地Hlasna Treban剖面鲁丹阶-埃隆阶界线上下的黑色笔石页岩（Štorch，2017年提供）

图5-34　阿根廷圣胡安科迪勒拉山前奥陶系-志留系界线上下地层剖面（据Peralta et al.，2003，Fig.4）

2. 哈萨克斯坦和乌兹别克斯坦

哈萨克斯坦在全球板块重建中的地位在学术界存在不同的意见。Sengor et al.（1993）认为古生代的哈萨克斯坦是欧亚大陆内阿尔泰构造活动带中的岛弧，即基恰克弧（Kipchak Arc）。许多学者仍将哈萨克斯坦及其邻接的乌兹别克斯坦等作为一个独立的块体（Goldman et al., 2011），这种说法即使Sengor et al.（1993）也不排斥。Zonenshain et al.（1990）称哈萨克斯坦为微大陆（Micro Continent），Scotese et al.（1990）称之为哈萨克斯坦块体（Kazakstania）。Boucot et al.（2013）在全球显生宙古气候重建中，将这两种说法分别做成一套重建图展示出来。

哈萨克斯坦南部巴尔喀什湖南端的卡拉萨伊河谷（Kalasayi River）和斯戴利河谷（Sedali River）剖面，发育了奥陶系顶部和志留系底部两套含笔石页岩，与我国扬子区的五峰组和龙马溪组十分相似；其间发育了含赫南特贝动物群的壳相地层，与我国扬子区的观音桥层相当。值得注意的是，这两个剖面的兰多维列统下部正是发育了相当于LM1–LM6的 *persculptus* 带-*triangulatus* 带的层位（图5-35），但在哈萨克斯坦尚未见到开发这两套含笔石黑色页岩油气资源的报导。

乌兹别克斯坦的奥尔马利克发育了志留纪早期的含笔石黑色页岩，其中相当于扬子区LM2–LM3带的地层发育较好。Koren and Melchin（2000）描述了该区的笔石亚带的笔石，其中的 *Normalograptus lubricus* 亚带相当于扬子区的LM2（*A. ascensus* 带），*Akidograptus cuneatus* 亚带相当于扬子区的LM2–LM3的中间层位，而其上的 *Hirsutograptus sinitzini* 亚带则相当于扬子区的LM3（*P. acuminatus* 带）。*Hirsutograptus sinitzini*（Chatetzkaya）产自宜昌王家湾龙马溪组 *P. acuminatus* 带的中部（图5-36）。

3. 西伯利亚

西伯利亚实质上包括了西伯利亚克拉通大陆及其边缘，以及与之邻近的科累马板块。西伯利亚克拉通核心地区未见奥陶系和志留系，但是在其台地边缘泰梅尔-诺里尔斯克以及戈尔诺-阿尔泰却发现了奥陶系和志留系。鉴于西伯利亚的特殊自然条件，这两个难得的台地边缘带的地层剖面就代表了西伯利亚。

Obut et al.（1968）鉴定和描述了叶尼塞河流域诺里尔斯克大量钻孔中的笔石，并且详细划分了笔石带。这一地区志留系兰多维列统的地层发育完整，但是含笔石的黑色页岩只限于 *Demirastrites triangulatus* 带（LM6）以下的地层，而相当于LM1–LM5的地层笔石发育条件差。因此相当于扬子区和北非、阿拉伯热页岩的层位大都缺失。为便于了解该地区兰多维列统的概况，

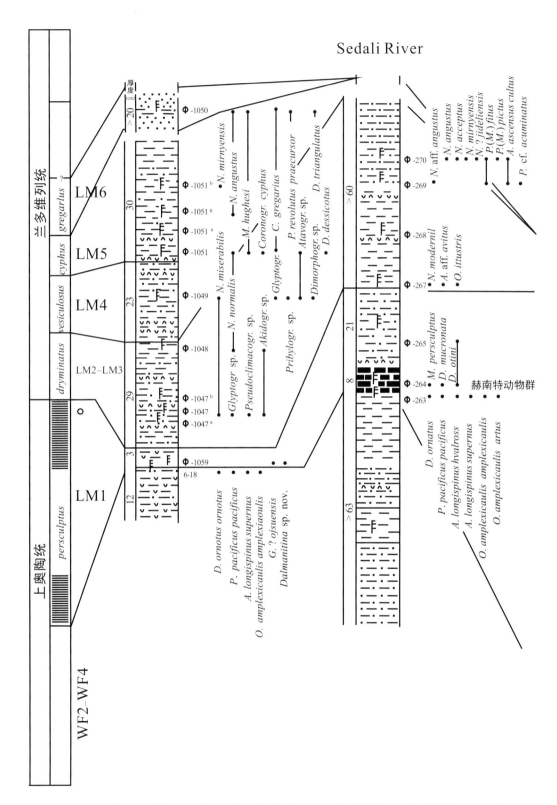

图5-35　哈萨克斯坦卡拉萨伊河谷与斯戴利河谷奥陶系顶部至志留系底部地层剖面

（据Apollonov et al.，1980）

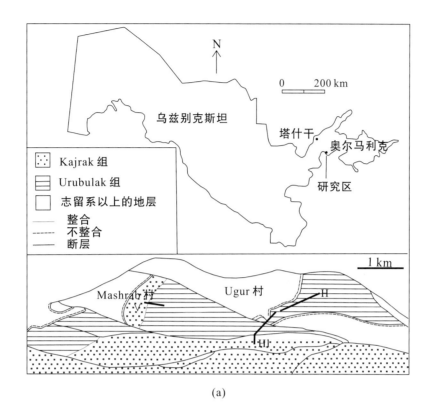

(a)

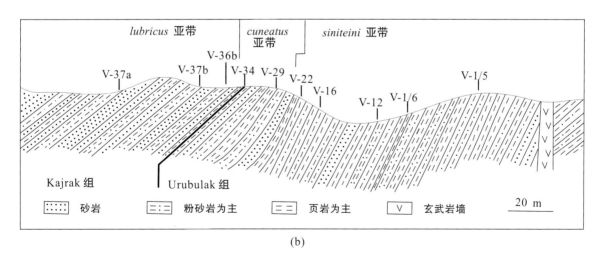

(b)

图5-36　（a）乌兹别克斯坦Mashrab河谷剖面；（b）剖面笔石分布位置

（据Koren and Melchin，2000，Fig.12）

本书附上其中一个代表性的钻孔剖面以便读者参考，如图5-37所示。

诺里尔斯克河以北的泰梅尔半岛发育了相似的兰多维列统，其上为不连续的文洛克统和罗德洛统。但是泰梅尔半岛兰多维列统不但缺少有利于页岩气发育的鲁丹阶黑色页岩，而且整个兰多维列统页岩夹层都少，因此缺少含页岩气地层（图5-38）。

西伯利亚志留系代表性的剖面，即米尔尼剖面，实际上位于科累马板块之上，是与西伯利亚十分邻近的另一个板块。由于二者在生物地理区系上十分相似，本书将这两个块体一并叙述。米尔尼剖面兰多维列统鲁丹阶的含笔石黑色页岩发育较好，但是仅限埃隆阶底部的一小段（图5-39）。尽管志留系底部产页岩气是可能的，但目前俄罗斯在自然条件艰难的情况下，西伯利亚的页岩气开发具有一定难度。西伯利亚本就富产石油、天然气，目前暂无必要投入页岩气的勘探与开发。

西伯利亚南缘造山带的奥陶系及志留系在戈尔诺-阿尔泰的Tachalove剖面（奥陶系）和Voskresenka剖面（志留系）发育良好（图5-40和5-41），Sennikov et al.（2008）对其进行了详细的生物地层学研究。Tachalove剖面中的 *supernus* 带和 *ornatus* 带，相当于扬子区的WF2–WF3带，因为Tachalove剖面中 *ornatus* 带中已产出 *Paraorthograptus*。

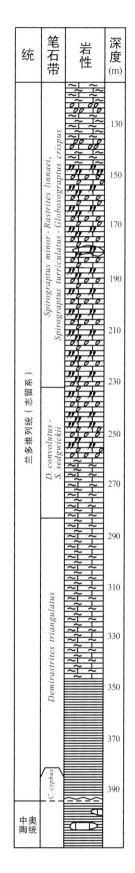

图5-37　西伯利亚诺里尔斯克CKB.H-1钻孔志留系兰多维列统地层柱状图

（据Obut et al.，1968，附图）

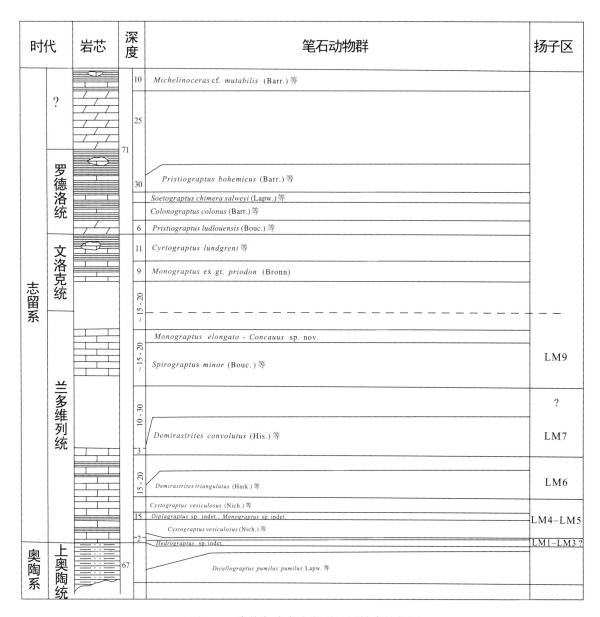

时代		岩芯	深度	笔石动物群	扬子区
志留系	?		10 / 25 / 71	*Michelinoceras* cf. *mutabilis* (Barr.) 等	
	罗德洛统		30 / 6	*Pristiograptus bohemicus* (Barr.) 等 / *Soetograptus chimera salweyi* (Lapw.) 等 / *Colonograptus colonus* (Barr.) 等 / *Pristiograptus ludlouensis* (Bouc.) 等	
	文洛克统		11 / 9 / ~15-20	*Cyrtograptus lundgreni* 等 / *Monograptus* ex gr. *priodon* (Bronn)	
	兰多维列统		15-20~	*Monograptus elongato - Concauus* sp. nov. / *Spirograptus minor* (Bouc.) 等	LM9
			10-30 / 3	*Demirastrites convolutus* (His.) 等	? / LM7
			15-20	*Demirastrites triangulatus* (Hark.) 等	LM6
			15 / 2	*Cystograptus vesiculosus* (Nich.) 等 / *Diplagraptus* sp. indet., *Monograptus* sp. indet. / *Cystograptus vesiculosus* (Nich.) 等 / *Hedrograptus* sp. indet.	LM4–LM5 / LM1-LM3?
奥陶系	上奥陶统		67	*Dicellograptus pumilus pumilus* Lapw. 等	

图5-38 泰梅尔半岛志留系地层结合柱状图

（据Obut et al.，1965；图内笔石的分类名称仅根据原作，编者未加变动）

135

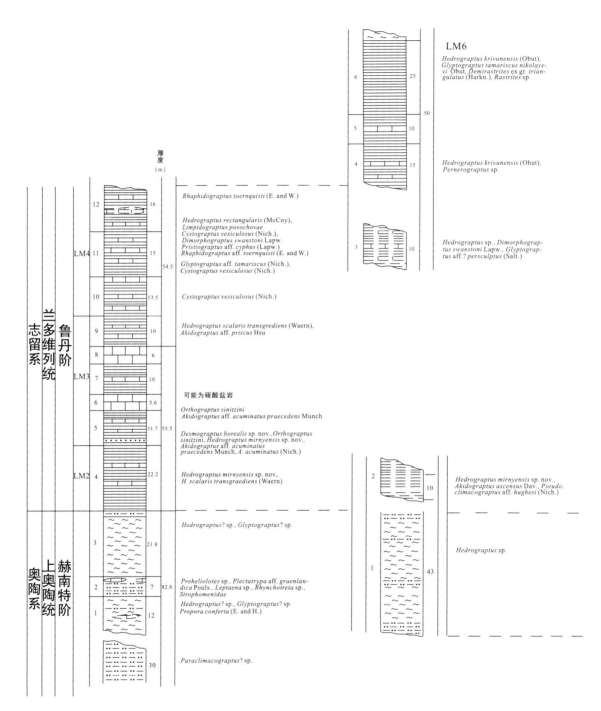

图5-39　科累马米尔尼志留系剖面

（据Obut et al., 1967, 图10；图内笔石的分类名称仅根据原作, 编者未加变动）

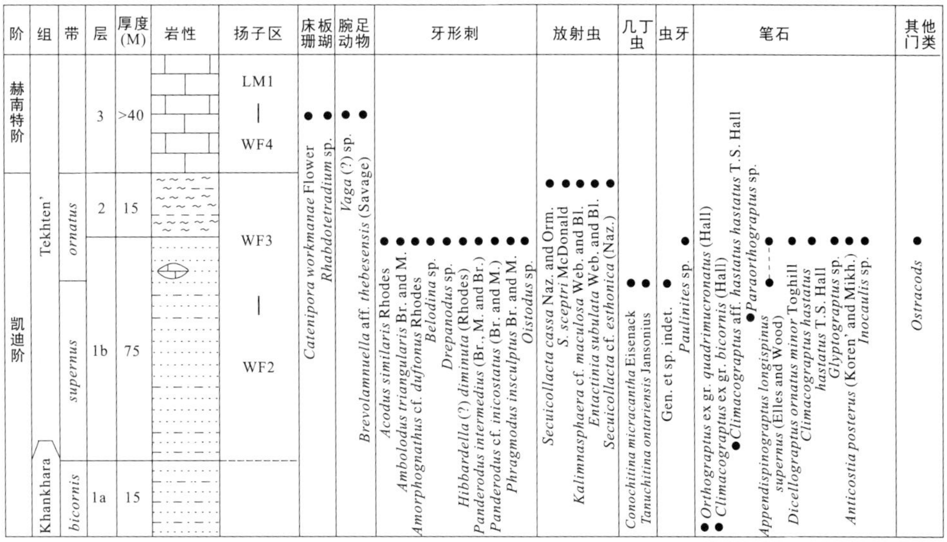

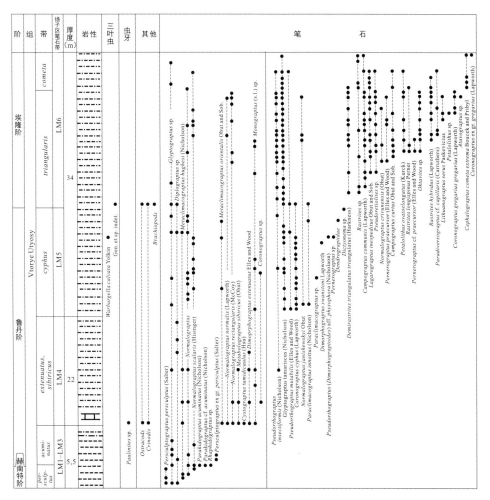

图5-40 戈尔诺–阿尔泰Tachalove剖面的奥陶系（据Sennikov et al.，2008，插图19）

图5-41 戈尔诺–阿尔泰Voskresenka剖面的志留系（据Sennikov，2008，插图24）

戈尔诺-阿尔泰的Voskresenka志留系剖面的鲁丹阶和埃隆阶含笔石页岩同扬子区的龙马溪组可以对比，那里造山带中山间盆地的含笔石页岩很难具有页岩气开发的潜力。

4. 波罗的海沿岸国家

波罗的海板块在志留纪时期除波罗的海地台之外，还有其周缘的新地岛和阿弗隆地区（图5-15）。地处波罗的海地台北缘的俄罗斯新地岛，发育一套含笔石和多门类化石的碎屑岩相地层。在奥陶纪时期发育代表深水相的等称笔石动物群，与澳大利亚及华南江南斜坡带和珠江盆地的笔石动物群相似。但新地岛凯迪末期地层中，仅发现相当五峰组低分异度笔石动物群。Koren et al.（1997）虽划分了赫南特阶的 *persculptus* 带，但未报道笔石属种的特征（图5-42）。

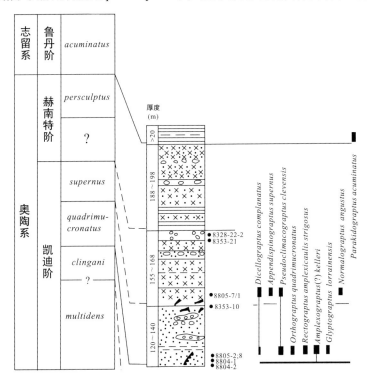

图5-42　俄罗斯新地岛奥陶系顶部地层（据Koren et al.，1997，附图）

新地岛的志留系发育较全，有不连续的含笔石地层和笔石带，其中兰多维列统页岩夹灰岩地层中所夹笔石层位大致可以和扬子区龙马溪组的笔石带相对比（图5-43）。

波罗的海地台在奥陶纪和志留纪时期以台地碳酸盐岩的沉积为主，含壳相动物群，仅在台内的局部凹陷盆地内才有笔石相页岩出现。如挪威奥斯陆盆地沉积了奥陶纪黑色笔石页岩，其中的笔石带成了洲际对比的标准之一。志留纪时期则以丹麦博恩霍尔姆盆地为代表（图5-44），沉积了一套连续的笔石相页岩（Bjerreskov，1975）。该盆地的志留纪笔石相页岩中具有完整的兰多

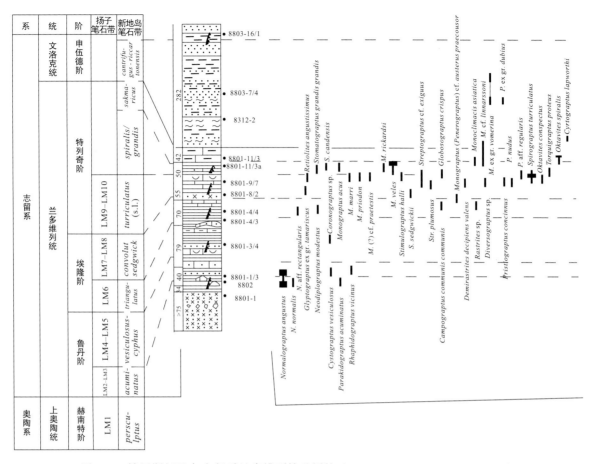

图5-43　俄罗斯新地岛志留系兰多维列统地层柱（Sobolevskaya and Koren，1997）

维列期的笔石带，并可与扬子区的龙马溪组笔石带相对比。但是波罗的海地台内凹陷盆地中的黑色笔石页岩分布很局限，未见有页岩气开发价值的报导。

5. 阿弗隆地块

阿弗隆地块是以英格兰为主的一系列小地块，它们由寒武纪至奥陶纪从冈瓦纳大陆周缘移向劳伦大陆周缘，在加里东运动结束后拼贴到劳伦大陆之上（图5-45；Waldron et al.，2014，Fig.2）。本书将它作为一个独立的地体。

英格兰北部和湖区发育了一套志留系兰多维列统的含笔石黑色页岩，与本书研究的龙马溪组黑色页岩可以进行对比。Rickards（1970）描述了英格兰北部该地层剖面和笔石动物群，该地区以Spengill剖面的兰多维列统为代表，典型的黑色页岩从 *acuminatus* 带（相当LM2-LM3）至 *triangulatus* 带下部（相当LM6下部）为连续沉积，上覆地层中缺失了LM7-LM8的笔石带。LM9-LM10（即N1-N2带）的地层主要岩性为泥岩夹黑色页岩（图5-46）。

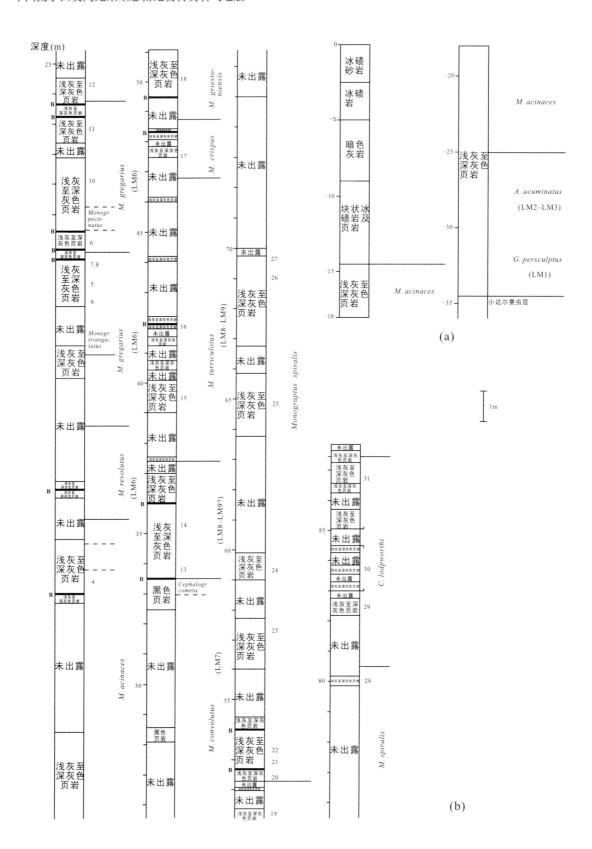

图5-44 （a）-（b）丹麦博恩霍尔姆盆地的志留纪笔石页岩（据Bjerreskov，1975，Figs.4-5；B为斑脱岩层）

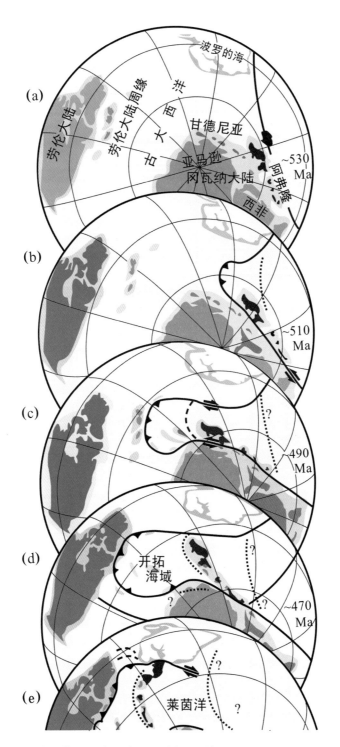

图5-45　阿弗隆地体在早古生代的运移轨迹（据Waldron et al.，2014，Fig.2）

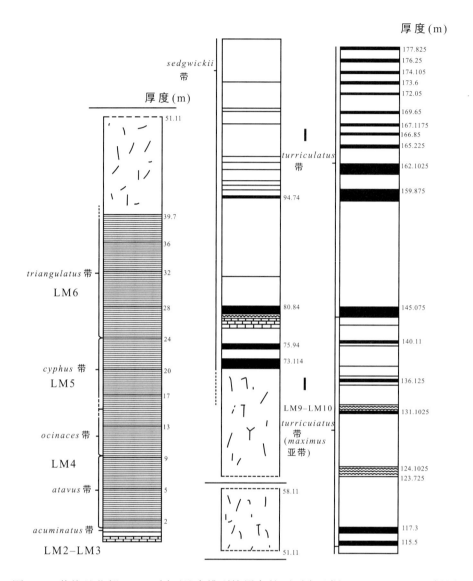

图5-46 英格兰北部Spengill剖面兰多维列统黑色笔石页岩（据Rickards，1970，插图8）

　　距Spengill剖面不远的英格兰湖区，也发育了与之相当的兰多维列统含笔石黑色页岩。Hutt (1974)描述了英格兰湖区的剖面和兰多维列统的笔石。其中以Yewdale Beck剖面为代表，那里由 *persculptus* 带（相当LM1带）至 *convolutus* 带底部（相当于LM7带底部）的黑色笔石页岩发育较为连续，可与我国扬子区进行对比（图5-47）。

　　英国北部和湖区兰多维列统含笔石黑色页岩出露面积和覆盖区面积都小，而且遭受加里东和海西两次运动的破坏，其作为页岩气生成和赋存地层可能性较小。

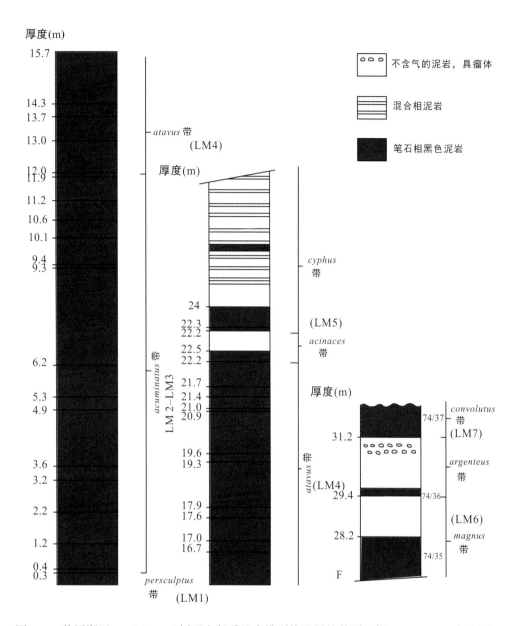

图5-47 英国湖区Yewdale Beck剖面志留系兰多维列统地层柱状图（据Hutt, 1974, 插图7）

6. 劳伦大陆及其周缘

位于劳伦大陆及其西缘和北缘，又与扬子区五峰组和龙马溪组两套含笔石黑色页岩相当层位的产地，主要包括美国西部内华达州的Vinini Creek剖面（Storch et al., 2011）、加拿大育空省的Blackstone River剖面（Lexton, 2017）和Peel River剖面(Lenz and McCracken, 1988)，以及加拿大北极圈内诸岛的剖面（Melchin, 1987）。上述部分产地的分布如图5-48所示。

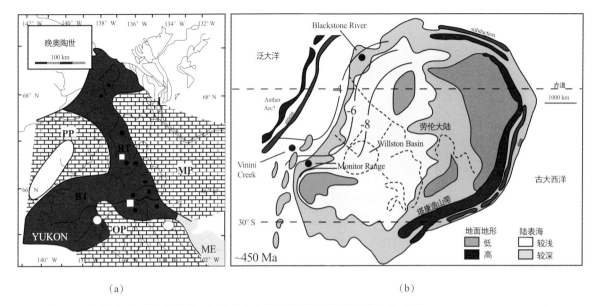

（a）　　　　　　　　　　　　　　　　　　（b）

图5-48　劳伦大陆西缘奥陶系-志留系之交的黑色笔石页岩主要产地（据Lexton，2011，Fig.2.1）

（1）加拿大北极区

在加拿大北极区剖面中，Blackstone River剖面为奥陶系与志留系界线上下地层研究程度最高的剖面（图5-49）（Lexton，2011）。这一剖面发育一套从凯迪阶顶部至兰多维列统连续沉积的含笔石黑色页岩，其间夹含一层很薄的赫南特阶灰岩，与扬子区笔石黑色页岩十分相似。剖面出露共50 m左右，最底部的 *Dicellograptus ornatus* 带相当于扬子区的WF1-WF2两个笔石带，顶部的 *Atavograptus atavus* 带大致相当于扬子区的 *Cystograptus vesiculosus* 带。可以说，Blackstone River

图5-49　加拿大育空省Blackstone River剖面奥陶系与志留系之交的黑色笔石页岩（据Lexton，2017，Fig.2.2）

剖面出露的这50 m含笔石黑色页岩，正是我国扬子区主要的产页岩气层位。只是因为自然条件的限制，远在北极圈内的黑色页岩目前不可能得到任何油气公司关注。

　　Blackstone River剖面的钕和碳同位素分析的结果表明，海平面下降期间正是赫南特阶沉积时期，在此之前和之后的含笔石黑色页岩沉积时期均为海平面上升时期（图5-50）。

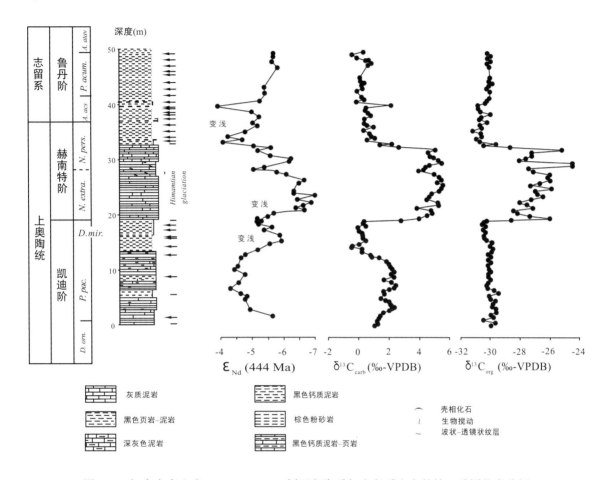

图5-50　加拿大育空省Blackstone River剖面奥陶系与志留系之交的钕、碳同位素分析

（据Lexton，2018，Fig.2.3）

　　在加拿大北极圈内，从奥陶系至下泥盆统为一套连续沉积的含笔石页岩及细粒碎屑岩地层，统称为Cape Phillips组（Thorsteinsson，1958），与上述Blackstone River剖面研究程度相当。地层跨度更大的是Peel River剖面，Lenz（1982）详细研究了该剖面及邻近地点志留系兰多维列统的笔石。随后Chen and Lenz（1984）又补充了Peel River剖面相当于五峰组WF3顶部 *Diceratograptus mirus* 亚带的笔石特征。加拿大极区内的奥陶系顶部相当于五峰组至志留系的Cape Phillips组的笔石带，后来由Melchin（1987，1989）完成，成为全球相当地层的对比标准之一（图5-51、5-52和5-53）。

　　从图5-50中可以看出，相当于我国扬子区有利于页岩气赋存的地层很薄。图5-52中*fastigatus*层相当于WF2-WF3，*atavus*层相当于LM4，*acinaces*和*cyphus*层相当于LM5，*curtus*层相当于LM6，*convol.*层相当于LM7。由于其他更高层位的笔石带与页岩气富存带关联不大，因此不再一一注明。读者如需进一步了解，请查阅有关原著。

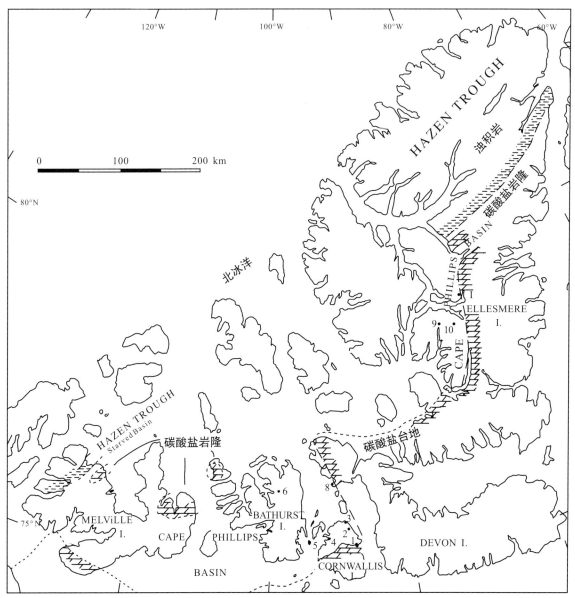

(1) Snowblind Creek, 75°11'N, 93°47'W; (2) Cape Manning, 75°27'N, 94°21'W; (3) Cape Phillips, 75°37'N, 94°30'W;
(4) Rookery Creek, 75°22'N, 95°46'W; (5) Truro Island, 75°18'N, 98°08'W; (6) Twilight Creek, 76°10'N, 99°10'W;
(7) Middle Island, 75°53'N, 111°54'W; (8) Cape Becher, 76°17'N, 95°25'W; (9) Trold Fiord, 78°36'N, 84°37'W;
(10) Huff Ridge, 78°34'N, 83°32'W; (11) Irene Bay, 79°04'N, 82°15'W

图5-51　加拿大极区诸岛上奥陶统至志留系文洛克统含笔石页岩的产地分布（据Melchin，1989，Fig.1）

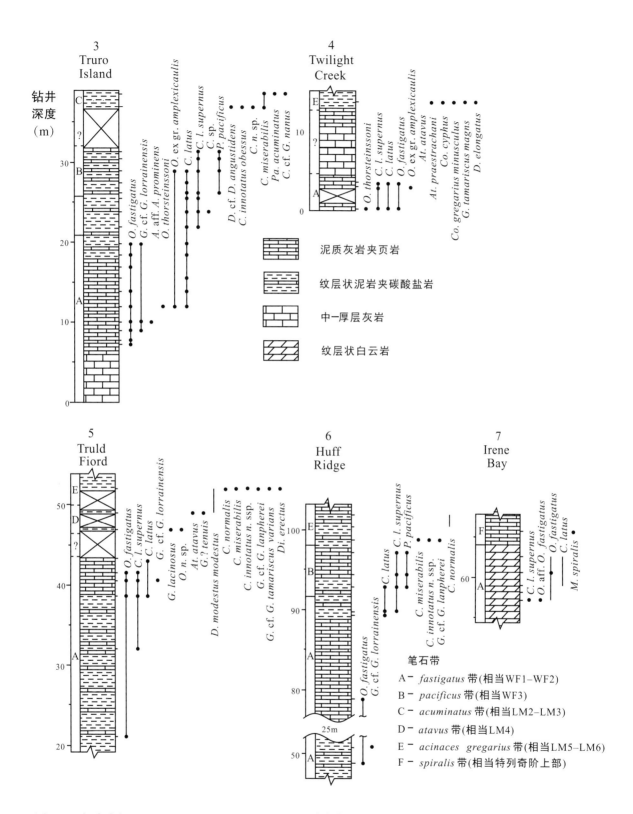

图5-52 加拿大极区Cornwallis、Bathurst及Ellesmere诸岛各剖面，相当于五峰组及龙马溪组不同笔石带的地层剖面（据Melchin，1987，Fig.2）

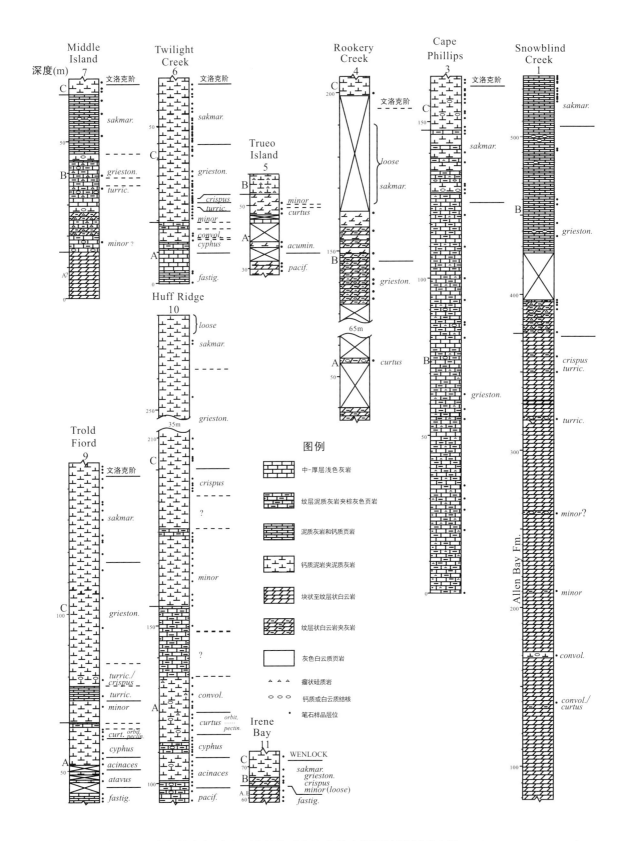

图5-53　加拿大极区诸岛的志留系兰多维列统至文洛克统含笔石地层剖面（据Melchin，1989，Fig.2）

(2)劳伦大陆西缘

地处劳伦大陆西缘的内华达州也发育了奥陶系顶部的含笔石黑色页岩，以内华达Eureka县的Vinini Creek剖面和Martin Ridge剖面为代表（图5-54和5-55）。遗憾的是，奥陶系顶部与志留系兰多维列统为假整合接触，鲁丹阶至埃隆阶部分地层遭受剥蚀。

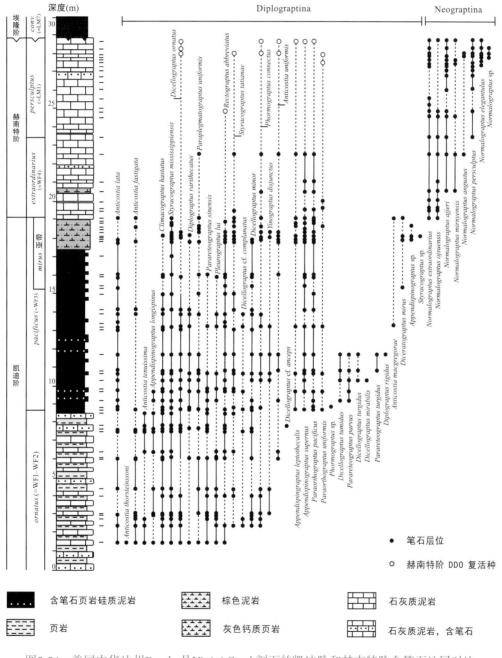

图5-54　美国内华达州Eureka县Vinini Creek剖面的凯迪阶和赫南特阶含笔石地层对比

（据Štorch et al.，2011，Fig.3）

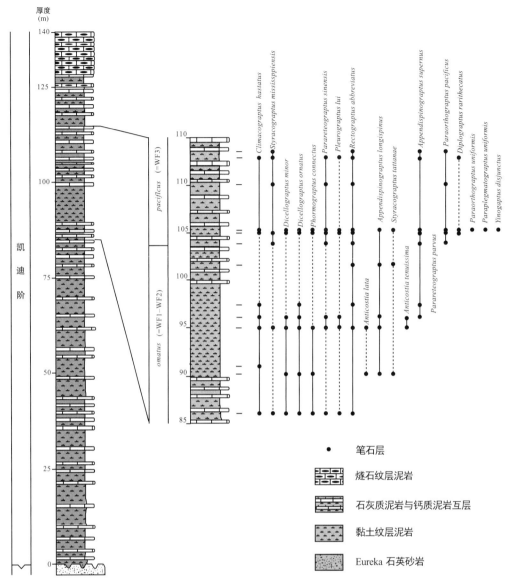

图5-55　美国内华达州Eureka县Martin Ridge剖面的凯迪阶晚期含笔石地层对比

（据Štorch et al.，2011，Fig.4）

如上所述，美国内华达州剖面虽然具有相当于我国五峰组的含笔石黑色页岩，但是缺失相当于龙马溪组底部鲁丹阶的黑色页岩，以及相当于北非热页岩中产出油气的甜点层段。

（3）劳伦大陆东缘

劳伦大陆另一侧位于加拿大的安提克斯提岛，奥陶系–志留系之交发育了一套碳酸盐岩相地层，相当于扬子区五峰组的地层，称为Ellis Bay组。该组地层含壳相化石，其上下地层中虽含有少数笔石属种，但难以确定其确切的层位（图5-56）。

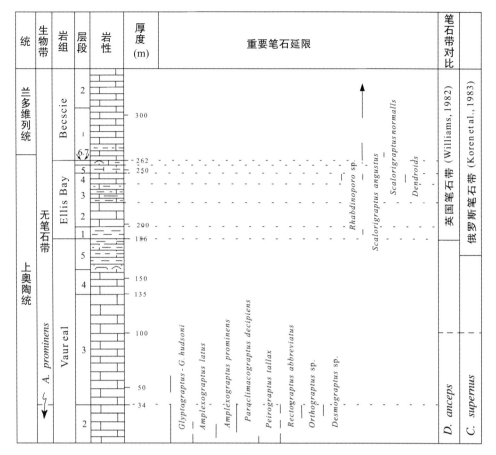

图5-56　加拿大安提克斯提岛奥陶系–志留系之交的地层序列

（据Riva，1988，Fig.1；笔者注：图中的 *Scalarigraptus* 应修订为 *Normalograptus*）

（4）劳伦大陆边缘的苏格兰高地

苏格兰高地属于劳伦大陆的边缘，是复杂的加里东构造带的组成部分（图5-57；Waldron et al.，2014）。

图5-57　苏格兰高地与加里东构造带（据Waldron et al.，2014，Fig.1）

奥陶系的创建人、笔石研究的奠基者，英国学者拉普渥斯（Lapworth）在19世纪末至20世纪初，在苏格兰高地的Dobb's Linn筑屋而居，经过3年多的悉心研究，在Dobb's Linn建立了奥陶系-志留系的笔石带。他还指导两位女弟子Elles和Wood在剑桥大学经过近20年的研究，发表了苏格兰以及英国境内其他地点奥陶系和志留系的笔石带研究成果（Elles and Wood，1913）。他们建立的笔石带和笔石的系统古生物研究专著，百年来一直是指导全球笔石研究的经典著作（图5-58和5-59），至今仍不失其光辉。

作为全球对比标准，英国的奥陶系-志留系笔石带经过了百年的修订，由Zalasiewicz et al.（2009）做了最新版的修订。该修订版中，英国笔石带与我国扬子区五峰组和龙马溪组对应关系如图5-60和5-61所示。

英国的英格兰到苏格兰和爱尔兰是加里东造山带的经典地区，是劳伦大陆与冈瓦纳大陆和波罗的海板块的汇聚处。由于地体间的俯冲对接而损失了相当部分，区域内奥陶系-志留系之交的两套黑色页岩的出露面积小，因此对赋存页岩气贡献较少。

图5-58　苏格兰Dobb's Linn的Lapworth小屋

（陈旭及樊隽轩摄于2006年，陈旭时年70岁）

	笔石带和亚带	与扬子区对应的笔石带
22 {	*Monograptus turriculatus* 带	N2
	Monog. (Rast.) mazimus 层	LM9/N1
21	*M. sedguicki* 带	LM8
20 {	*Cephalograptus cometa* 层 *Monograptus convolutus* 带	LM7
19 {	*Monograptus gregarius* 带 (a) *M. argenteus* 亚带 (b) *M. triangulatus* 带 (c) *M. fimbriatus* 带	LM6
18	*Monograptus cyphus* 带	LM5
17	*Mesograptus modestus* 和 *Orthog. vesiculosus* 带	LM4
16	*Cephalograptus acuminatus* 带	LM1–LM3
15	*Dicellograptus anceps* 带	WF3–WF4
14	*Dicellograptus complanatus* 带	WF1–WF2

图5-59 Elles and Wood(1913)建立Dobb's Linn笔石带与本书研究相当的笔石带对比，以及与五峰组、龙马溪组笔石带的对比

时间		年代地层学		年龄(Ma)	英国奥陶纪笔石生物带		扬子区笔石带
纪	世	国际标准	英国地区的统和阶		英国及威尔士笔石带	英格兰笔石带	
奥陶纪	上奥陶世	赫南特阶	Hirnantian	443.7	*Normalograptus persculptus*	*Normalograptus persculptus*	LM1
				445.6	*Dicellograptus anceps* ? ?	*Normalograptus extraordinarius*	WF4
		凯迪阶	Rawtheyan			*D. anceps - pacificus* 亚带	WF3
		阿石极统			*Pleurograptus linearis*	*D. anceps - complexus* 亚带	WF2
						? ? *Dicellograptus complanatus* ? ?	WF1
			Cautleyan				
			Pusgillian			*Pleurograptus linearis*	

图5-60 英国奥陶纪末期笔石带与扬子区相当笔石带的对比（据Zalasiewicz et al.，2009，Fig. 1）

年代地层		年龄 (Ma)	Rickards (1976)	Zalasiewicz et al., 2006	
统	阶			带	亚带
兰多维列统	特列奇阶		*Monograptus crispus*	*Streptograptus sartorius*	*Torquigraptus carnicus* *Torquigraptus proteus* *Streptograptus johnsonae* *Stimulograptus utills* *Pristiograptus gemmatus* *Paradiv.runclnatus*
				"Monograptus" crispus	
			Monograptus turriculatus (*Ra. maximus* 亚带)	*Spirograptus turriculatus*	
		436		*Spirograptus guerichi*	
	埃隆阶		*Monograptus sedgwickii*	*Stimulograptus halli*	
				Stimulograptus sedgwickii	
			Monograptus convolutus	*Lituigraptus convolutus*	
			Pribylograptus leptotheca	*Pribylograptus leptotheca*	
			Diplograptus magnus	*Neodiplograptus magnus*	
			Monograptus triangulatus	*Monograptus triangulatus*	
		439	*Coronograptus cyphus*	*Monograptus revolutus*	
	鲁丹阶		*Lagarograptus acinaces*	*Huttagraptus acinaces*	
			Atavograptus atavus	*Atavograptus atavus*	
		443.7	*Orthograptus acuminatus*	*A. ascensus - P. acuminatus*	

图5-61　英国志留纪早期笔石带与扬子区相当笔石带的对比（据Zalasiewicz et al., 2009, Fig. 2）

参考文献

陈旭, 徐均涛, 成汉钧, 汪明洲, 陈祥荣, 许安东, 邓占球, 伍鸿基, 丘金玉, 戎嘉余. 论汉南古陆及大巴山隆起. 地层学杂志, 1990, 14(2):81-116.

陈旭, 樊隽轩, 王文卉, 王红岩, 聂海宽, 石学文, 文治东, 陈东阳, 李文杰. 黔渝地区志留系龙马溪组合适笔石页岩的阶段性渐进性分布模式. 中国科学, 地球科学, 2017, 47:720-732.

陈旭, 陈清, 甄勇毅, 王红岩, 张琳娜, 张俊鹏, 王文卉, 肖朝晖. 志留纪初宜昌上升及周缘龙马溪组黑色笔石页岩的圈层展布模式. 中国科学, 2018, 48:1198-1206.

金淳泰, 叶少华, 江新胜, 李玉文, 喻洪津, 何原相, 易庸恩, 潘云唐. 四川二郎山地区志留纪地层及古生物. 中国地质科学院成都地质矿产研究所, 1989, 11:1-224.

梁峰, 王红岩, 拜文华, 郭伟, 赵群, 孙莎莎, 张琴, 武瑾, 马超, 雷治安. 川南地区五峰组–龙马溪组页岩笔石带对比及沉积特征. 天然气工业, 2017, 7:20-26.

戎嘉余, 魏鑫, 詹仁斌, 王怿. 奥陶纪末期深水介壳动物群在湘西北的发现及其古生态意义. 中国科学:地球科学, 2018, 48:753-766.

施振生, 王红岩, 林长木, 孙莎莎, 武瑾, 张蓉. 威远–自贡地区五峰期–龙马溪期古地形及其对页岩储层品质的控制. 地层学杂志, 2020, 44(2):163-173.

宋腾, 陈科, 包书景, 郭天旭, 雷玉雪, 王亿, 孟凡洋, 王鹏. 鄂西北神农架背斜北翼(鄂红1井)五峰–龙马溪组钻获页岩气显示. 中国地质, 2017, 45(1):195-196.

唐鹏, 黄冰, 吴荣昌, 樊隽轩, 燕夔, 王光旭, 刘建波, 王怿, 詹仁斌, 戎嘉余. 论上扬子区上奥陶统大渡河组. 地层学杂志, 2017, 41(2):119-133.

汪隆武, 张元动, 朱朝晖, 张建芳, 刘风龙, 陈津华, 徐双辉, 蔡晓亮, 马譞, 胡开明. 上奥陶统赫南特阶下扬子地区标准剖面(浙江省安吉县杭垓剖面)的地质特征及其意义. 地层学杂志, 2016, 40(4):370-381.

王玉忠. 陕西南郑福成志留系的研究. 硕士论文, 西安地质学院, 1988.

熊强青, 王中鹏, 张娣, 聂海宽. 下扬子巢湖地区皖含地1井五峰组–高家边组下段生物地层. 地层学杂志, 2020, 44(1):46-55.

张娣, 余谦, 陆俊泽, 王正和, 赵安坤, 刘伟, 何江林, 雷子慧. 云南永善–大关地区五峰组–龙马溪组黑色页岩生物地层划分与沉积环境探讨:以新地2井为例. 地球科学, 2020, 45(3):739-751.

张文堂, 陈旭, 许汉奎, 王俊庚, 林尧坤, 陈均远. 贵州北部的志留系. 中国科学院南京地质古生物研究所, 1964:79-110.

邹才能, 董大忠, 王玉满, 李新景, 黄金亮, 王淑芳, 管全中, 张晨晨, 王红岩, 刘洪林, 拜文峰, 梁峰, 吝文, 赵群, 刘德勋, 杨智, 梁萍萍, 孙莎莎, 邱振. 中国页岩气特征、挑战及前景(一). 石油勘探与开发, 2015(6):689-701.

Amjad, S., Hashmi, M.A., Shali, A.D., Khan, T.M.A. Impact of monsoonal reversal on zooplankton abundance and composition in the northwestern Arabian Sea. In: Thompson, M.F., Tirnizi, N.M. (eds.), The Arabian Sea. Rotterdain:A. A. Baikema, 1995:497-508.

Apollonov, M.K., Bandaletov, S.M., Nikitin, I.F. The Ordovician-Silurian boundary in Kazakhstan. Nauka Kazakh SSR Publishing House.

Berry, W.B.N. The Arabian Sea:A Modern Analogue for North African-Southern European Silurian organic-rich graptolite-bearing shales? In: Gutoerrez-Marco, J.C., Rabano, I. (eds.), Proceedings of the Sixth International Graptolite Conference of the GWG (IPA) and the SW Iberia Field Meeting 1998 of the International Subcommission on Silurian Stratigraphy (ICS-IUGS). TemasGeologico-Mineros ITGE, 1998, 23:57-59.

Bjerreskov, M. Llandoverian and Wenlockian graptolites from Bornholm. Fossil and Strata, 1975(8):1-93.

Boucot, A.J., Chen, X., Scotese, C.R., Morley, R.J. Phanerozoic Paleoclimate: An Atlas of Lithologic indicators of climate. SEPM Concepts in Sedimentology and Paleontology, 2013(11):478.

Branisa, L., Chamot, G.A., Berry, W.B.N., Boucot, A.J. Silurian of Bolivia. In: Berry, W.B.N., Boucot, A.J. (eds.), Correlation of the South American Silurian Rocks. The Geological Society of America, Special Paper, 1972, 133:21-31.

Chen, X., Lenz, A.C. Correlation of Ashgill Graptolite faunas of Central China and Arctic Canada, with a Description of *Diceratograptus* cf. *mirus* Mu from Canada. In: Nanjing Institute of Geology and Palaeontology, Academia Sinica (ed.), Stratigraphy and Palaeontology of Systemic Boundaries in China, Ordovician-Silurian Boundary. Hefei:Anhui Science and Technology Publishing House, 1984, (1):247-258.

Chen, X., Rong, J.Y., Li, Y., Boucot, A.J. Facies patterns and geography of the Yangtze region, South China, through the Ordovician and Silurian transition. Palaeogeography, Palaeoclimatology, Palaeoecology, 2004, 204:353-372.

Chen, X., Fan, J.X., Wang, W.H., Wang, H.Y., Nie, H.K., Shi, X.W., Wen, Z.D., Chen, D.Y., Li, W.J. Stage-progressive distribution pattern of the Lungmachi black graptolitic shales from Guizhou to Chongqing, Central China. Science China:Earth Sciences, 2017, 60:1133-1146.

Chen, X., Chen, Q., Kyi, P.A., Muir, L. Ordovician graptolites from the Mandalay Region, Myanmar. Palaeoworld, 2020, 29:47-65.

Cooper, R.A. Ordovician Geology and Graptolite Faunas of the Aorangi Mine area, North-West Nelson, New Zealand. New Zealand Geological Survey Palontological Bulletin, 1979, 47:1-147.

Cooper, R.A., Wright, A.J. Silurian fossils from New Zealand. Nature, 1970, 228:153-154.

Deuser, W.G. Reducing environments. In: Riley, J.P., Skirrow, D. (eds.), Chemical Oceanography, 2nd ed. New York:Academic Press, 1975:1-37.

Elles, G.L., Wood, E.M.R. A Monograph of British Graptolites. London:Palaeontographical Society, 1913:415-486.

Fatka, O. Organic walled microfossils of the Barrande area: A review. J. Czech Geol. Soc., 1999, 44:1-2, 31-42.

Flugel, H.W., Jaeger, H., Schonlaub, H.P., Vai, G.B. Carnic Alps. In: The Silurian-Devonian Boundary. IUGS Series A, 1977, (5):126-142.

Goldman, D., Mitchell, C.E., Melchin, M.J., Fan, J.X., Wu, S.Y., Sheets, H.D. Biogeography and Mass Extinction: Extirpation and re-invasion of *Normalograptus* species (Graptolithina) in the Late Ordovician Palaeotropics. Proceedings of the Yorkshire Geological Society, 2011, 58:227-246.

Gortani, M. Graptoliti del M. Hochnipel Nelle Alpi Carniche. Reale Istitute Lombardo di Scienze e Lettere Estratio dai Rendicouti., 1924, 57:6-10.

Guo, X.W., Xu, H.H., Zhu, X.Q., Peng, Y.M., Zhang, X.H. Discovery of Late Devonian plants from the southern Yellow Sea borehole of China and its palaeogeographical implications. Palaeogeography, Palaeoclimatology, Palaeoecology, 2018, 531:1-7.

Gutiérrez-Marco, J.C., Štorch, P. Graptolite biostratigraphy of the Lower Silurian (Llandovery) shelf deposits of the Western Iberian Cordillera, Spain. Geol. Mag., 1998, 135(1):71-92.

Harrington, H.J. Silurian of Paraguay. In: Berry, W.B.N., Boucot, A.J. (eds.), Correlation of the South American Silurian Rocks. The Geological Society of America, Special Paper, 1972, 133:41-50.

Harris, W.J., Thomas, D.E. Victorian graptolites, new series, part IV. Mining and Geology Journal, Victorian Department of Mines, 1937, 1(1):69-79.

Hutt, J.E. The Llandovery Graptolites of the English Lake District. Part 1. London:Palaeontographical Society, 1974:1-56.

Koren, T.N., Melchin, M.J. Lowermost Silurian Graptolites from the Kurama Region, Eastern Uzbekistan. Journal of Paleontology, 2000, 74(6):1093-1113.

Koren, T.N., Keller, T.N., Begel, T.V., Sobolevskaya, R.F. An Atlas of graptolite and trilobite fauna from northern Russia. Geological Institute of All Soviet Union, Petersburg, 1997:203.

Lange, F.W. Silurian of Brazil. In: Berry, W.B.N., Boucot, A.J. (eds.), Correlation of the South American Silurian Rocks. The Geological Society of America, Special Paper, 1972, 133:33-39.

Lenz, A. Llandoverian graptolites of the northern Canadian Cordillera: *Petalolithus, Cephalograptus, Rhaphidograptus, Dimorphograptus*, Retiolitidae, and Monograptidae. Life Sciences Contribution Royal Ontario Museum, 1982(130):154.

Lenz, A., McCracken, A.D. Ordovician-Silurian boundary, northern Yukon, Canada. Bull. Br. Mus. Hist. (Geol.), 1988, 43:265-271.

Loxton, J.D. Graptolite Diversity and Community Changes Surrounding the Late Ordovician Mass Extinction: High Resolution Data from the Blackstone River. Halifax, Nova Scotia:Yukon Dalhousie University, 2017.

Loxton, J.D., Melchin, M.J., Mitchell, C.E., Senior, S.J.H. Ontogeny and astogeny of the graptolite genus *Appendispinograptus* (Li and Li, 1985). Proceedings of the Yorkshire Geological Society, 2011, 58(4):253-260.

Lüning, S., Craig, J., Loydell, D.K., Storch, P., Fitches, B. Lower Silurian 'hot shales' in North Africa and Arabia:Regional distribution and depositional model. Earth Science Reviews, 2000, 49:121-200.

Lüning, S., Shahin, Y.M., Loydell, D., Al-Rabi, H.T., Masri, A., Tarawneh, B., Kolonic, S. Anatomy of a world-class source rock:Distribution and depositional model of Silurian organic-rich shales in Jordan and implications for hydrocarbon potential. AAPG Bulletin, 2005, 89(10):1397-1427.

MacGregor, D.S. The hydrocarbon system of North Africa. Marine Petroleum Geology, 1996, 13:329-340.

Melchin, M.J. Upper Ordovician graptolites from the Cape Phillips Formation Canadian Arctic Islands. Bull. Geol. Soc., Demark, 1987, 35:191-202.

Melchin, M.J. Llandovery graptolite biostratigraphy and paleobiogeography, Cape Phillips Formation, Canadian Arctic Islands. Can. J. Earth Sci., 1989, 26:1726-1746.

Obut, A.M., Sobolevskaya, R.F., Bondarev, V.I. Graptolites of the Silurian of Taymyr. Trudy. Geol. Inst. Kazan, Filial, 1965:1-120.

Obut, A.M., Sobolevskaya, R.F., Nikolaev, A.N. Graptolites and stratigraphy of Lower Silurian parts of the uplifted Kolyma Massif. NaukaAkademiyaNauk SSSR, SibirskoeOtdelenie, InstitutGeologiiiGeofiziki, Nauka, Moskva, 1967:162 (In Russian).

Obut, A.M., Sobolevskaya, R.F., Merkur'eva, A.P. Graptolity Llandoveri v kernakhburovykhskvazh in Noril'sk ogoralona (Llandovery graptolites from a borehole core in the Noril'sk Region). Moscow, Akademianauk SSSR, 1968:136.

Packham, G.H. The occurrence of shelly Ordovician strata near Forbes, New South Wales. Australia Journal Society, 1967, 30:106-107.

Peralta, S.H., Albanesi, G.L., Ortega, G. Tlacasto, La Invernada, and Jachal River sections, Precordillera of San Juan Province. INSUGEO, Miscelanea, 2003, 10:81-112.

Reed, F.R.C. Supplementary memoir on new Ordovician Silurian fossils from the Northern Shan States. Palaeontographica Indica (New Series), 1915, 6:1-122.

Rickards, R.B. The Llandovery (Silurian) Graptolites of the Howgill Fell, Northern England. Palaeontographical Society Monographs, 1970:1-108.

Riva, J. Graptolites at and below the Ordovician-Silurian boundary on Anticosti Island, Canada. Bulletin of the British Museum of Natural History, Geological Series, 1988, 43:221-237.

Scotese, C.R., McKerrow, W.S. Introduction, Geological Society London, Memoir, 1990, 12:1-21.

Sengor, A.M.C., Natal'in, B.A., Burtman, V.S. Evolution of the Altaid tectonic collage and Palaeozoic crustal growth in Eurasia. Nature, 1993, 364:299-307.

Sennikov, N.V., Yolkin, E.A., Petrunina, Z.E., Gladkikh, L.A., Obut, O.T., Izokh, N.G., Kiprilynova, T.P. Ordovician-Silurian Biostratigraphy and Paleongeography of the Gorny Altai. International Geosciences Programme (IGCP) Project 503, Ordovician Palaeogeography and Palaeoclimate, 2008:154.

Sherwin, L. Llandovery graptolites from the Forbes District, New South Wales. In: Rickards, R.B., Jackson, D.E., Hughes, C.P. (eds.), Graptolite Studies in honour of O.M.B. Bulman. Special Papers in Palaeontology, 1974, 13:149-175.

Sobolevskaya, R.F., Koren, T.N. Graptolites of Ordovician and Silurian of Novaya Zemlya. Atlas of zonal complexes of the reference groups of the Paleozoic fauna of the North Russia. Graptolites, trilobites. St. Petersburg:VSEGEI Publishing House, 1997:5-99 (in Russian).

Štorch, P. Upper Ordovician-lower Silurian sequences of the Bohemian Massif, central Europe. Geol. Mag., 1990, 127(3):225-239.

Štorch, P., Serpagli, E. Lower Silurian Graptolites from Southwestern Sardinia. Bullerinodella Societa Paleontologica Italiana, 1993, 32(1):3-57.

Štorch, P., Mitchell, C.E., Finney, S.C., Melchin, M.J. Uppermost Ordovician (upper Katian-Hirnantian) graptolites of north-central Nevada, U.S.A. Bulletin of Geosciences, 2011, 86(2):301-386.

Talent, J., Berry, W.B.N., Boucot, A.J. Correlation of the Silurian Rocks of Australia, New Zealand, and New Guinea. The Geological Society of America, Special Paper, 1975, 150:108.

Thomas, D.E. The zonal distribution of Australian graptolites. Journal and Proceedings of the Royal Society of New South Wales, 1960, 94:1-58.

Thomas, D.E., Keble, R.A. The Ordovician and Silurian rocks of the Bulla Sunbury area, and discussion of the sequence of the Melbourne area. Royal Society of Victoria Proceedings, 1933, 45:33-87.

Thorsteinsson, R. Cornwallis and Little Cornwallis Island, District of Franklin, Northwest Territories. Geological Survey of Canada, Memoir, 1958:294.

Ulmishek, G.F., Klemine, H.D. Depositional control, distribution and effectiveness of world's petroleum source rocks. United States Geological Survey Bulletin, 1990, 1931:1-59.

Waldron, J.W.F., Schofield, D.I., Murphy, J.B., Thomas, C.W. How was the Iapetus Ocean infected with subduction? Geology, 2014, 42(12):1095-1098.

Wang, W.H., Hu, W.X., Chen, Q., Jia, D., Chen. Temporal and spatial distribution of Ordovician-Silurian boundary blackgraptolitic shales on the Lower Yangtze Platform. Palaeoworld, 2017, 26:444-455.

Webby, B.D., Vandenberg, A.H.M., Cooper, R.A., Banks, M.R., Burret, C.F., Henderson, R.A., Clarkson, P.D., Hughes, C.P., Laurie, J., Stait, B., Thomson, M.R.A., Weders, G.F. The Ordovician System in Australia, New Zealand and Antarctica, Correlation Chart and Explanatory Notes. International Union of Geological Sciences, Publication, 1981(6):64.

Webby, B.D., Cooper, R.A., Bergstrom, S.M., Paris, F. Stratigraphic Framework and time Slices. In: Webby, B.D., et al. (eds.), The Ordovician Biodiversification Event. New York:Columbia University Press, 2014:41-47.

Wilde, P., Berry, W.B.N., Quinby-Hunt, M.S. Silurian oceanic and atmospheric circulation and chemistry. In: Basset, M.G., Lane, P.D., Edwards, D. (eds.), The Murchison Symposium. Special Papers in Palaeontology, 1991a, 44:123-143.

Wilde, P., Berry, W.B. N., Quinby-Hunt, M.S. Silurian oceanic and atmospheric circulation and chemistry. Special Papers in Paleontology, 1991b, 44:123-143.

Williams, M., Zalasiewicz, J., Boukhamsin, H., Cesari, C. Early Silurian (Llandovery) graptolite assemblages of Saudi Arabia: Biozonation, palaeoenvironmental significance and biogeography. Geological Quarterly, 2016, 60(1):3-25.

Zalasiewicz, J.A., Taylor, L., Rushton, A.W.A., Loydell, D.K., Rickards, R.B., Williams, M. Graptolites in British stratigraphy. Geol. Mag., 2009, 146(6):785-850.

Zhang, Y.D., Wang, Y., Zhan, R.B., Fan, J.X., Zhou, Z.Q., Fang, X. Ordovician and Silurian Stratigraphy and Palaeontology of Yunnan, Southwest China:A Guide to the Field Excursion Across the South China, Indochina and Sibumasu. Beijing:Science Press, 2014:1-136.

Zonenshain, L.P., Kuzmin, M.I., Natapov, L.M. Geology of the USSR:A Plate Tectonic Synthesis. American Geophysical Union, Geodynam Series 21, 1990.

6 扬子区奥陶纪末至志留纪初古地理与环境演替

陈吉涛　陈　清　李文杰　施振生

6.1 研究历史

　　华南奥陶-志留纪之交（五峰组至龙马溪组沉积期）的古地理研究和古地理图的绘制工作可追溯至20世纪50年代，刘鸿允（1955）应用古生物和沉积相的证据勾勒了晚奥陶世和志留纪早期的海陆分布图。至20世纪80年代，穆恩之等（1981）结合生物相绘制了五峰阶"笔石带"级别的6张岩相-生物相古地理图。随着学科的发展，以关士聪、王鸿祯、刘宝珺和许效松为代表的学者分别基于沉积相、生物相和板块构造理论等编制了一系列中国古地理图集，其中包括了对晚奥陶世和志留纪早期的海陆分布、沉积相演变和古地理格局的刻画（关士聪，1984；王鸿祯，1985；刘宝珺和许效松，1989）。至21世纪，古地理制图采用了定量化和学科交叉综合的方式，其中冯增昭等（2001）提出"单因素分析多因素综合"作图方法，编制我国南方五峰组沉积时期的古地理图；马永生等（2009）编制了我国南方相当于晚奥陶世五峰期-志留纪的SS7超层序构造-层序岩相古地理图。此外，生物相-岩相古地理综合研究也伴随着高精度时间框架的建立及生物相信息的积累逐渐发展，代表性工作为陈旭等（Chen et al.，2004）基于岩相和生物相证据，编制了华南奥陶-志留纪之交凯迪期晚期、赫南特期和鲁丹期早期3个时段的岩相古地理图；戎嘉余等基于岩相和生物相证据，编制了多张笔石带级别高精度的岩相古地理，包括晚奥陶世晚期（*M. extraordinarius*带）、鲁丹期早期（*P. acuminatus*带）、埃隆期早期（*D. triangulatus*带）、埃隆期中晚期（*D. convolutus-S. sedgwickii*带）、特列奇期早期（*S. turriculatus-M. crispus*带）、特列奇期晚期（*O. spiralis*带）、文洛克期和罗德洛期8张岩相古地理图（Rong et al.，2003）。

　　2010年以来，随着五峰组-龙马溪组与石油天然气的产出紧密相关，特别是页岩气的勘探开发需求日益旺盛，涌现出一系列相关的古地理研究成果。牟传龙等（2011）基于沉积相研究，编制了华南上奥陶统五峰组沉积期和志留系兰多维列统龙马溪组沉积期的岩相古地理图，厘定有利的储盖分布区，为油气勘探提供科学依据。牟传龙等（2014）以"构造控盆、盆地控相、相控油气基本地质条件"理论为指导，根据中上扬子地区30多条野外剖面及相关钻井资料的岩石学特征、沉积构造、古生物发育特征及古生态，采用优势相分析方法将区域内上奥陶统划分为潮坪相、浅海陆棚相和深水盆地相3种沉积相类型，最终编制了中上扬子区晚奥陶世桑比期-凯迪期早中期和凯迪期晚期-赫南特期岩相古地理图。王玉满等（2015）以野外露头剖面、钻井资料为基础，依据特定的笔石带和重要标志层建立了等时地层格架，并结合多种地质信息开展了龙马溪组沉积微相研究，编制了四川盆地及其周缘龙马溪组沉积早期和晚期的两张沉积相图，在此基础上揭示了其地层层序、沉积演化以及优质页岩分布等特征。邹才能等（2015）基于沉积相研究，重建了四川盆地及周缘地区五峰组、观音桥层及龙马溪组沉积早期3个时间段的沉积相古地理图。牟传龙等（2016a）开展了详细的沉积相划分，编制了四川盆地南部及邻区龙马溪组下段岩相古地理图，并在此基础上，叠加矿物组成、有机碳含量、成熟度、厚度等页岩气评价参数，预测了四川盆地南部及邻区志留系龙马溪组页岩气远景区和有利区。牟传龙等（2016b）在四川盆地南部及邻区龙马溪组下段识别出7种主要岩石类型和2种沉积相，绘制了四川盆地南部及邻区龙马溪组下段岩相古地理图，并结合偏光显微镜、X衍射及元素地球化学分析等，提出沉积相对页岩气地质条件的影响特征。周恳恳等（2017）依据"构造控盆、盆地控相、相控油气基本地质条件"思路，重建华南中上扬子地区早志留世鲁丹期、埃隆期和特列奇期岩相古地理格局，并从盆地沉积演化的角度总结生储盖层发育条件与时空分布规律。聂海宽等（2017）分析了五峰组下部WF2-WF3笔石页岩段（奥陶纪凯迪期晚期447.6~445.16 Ma），五峰组观音桥层WF4灰岩、泥质灰岩、灰质泥页岩段（奥陶纪赫南特期早期445.16~444.43 Ma）和龙马溪组底部LM1-LM4笔石页岩段（奥陶纪赫南特期晚期444.43~443.83 Ma和志留纪鲁丹期早中期443.83~441.57 Ma）3个层段的沉积环境、岩性和厚度特征，并绘制了3个时段的页岩平面展布图。孙莎莎等（2018）按照相-亚相-微相划分，结合沉积物、沉积环境、地化参数和测井特征，总结出陆棚、潮坪及三角洲3种沉积相8种亚相及多种微相的划分方法，明确了中上扬子区晚奥陶世-兰多维列世总体处于隆起围限的局限低能陆表浅海沉积环境，黑色页岩发育受控于全球海平面上升、区域构造背景和古地理格局3种因素。

近年来，随着互联网、地学数据库和地理信息系统（Geographic Information System，简称GIS）的不断发展，古地理学研究与古地理图绘制也面临新的机遇与挑战，基于上述技术开展的古地理研究也逐渐应用至华南奥陶-志留纪之交。新一代基于数据库和GIS技术的定量综合古地理图，与传统的定性或者手工绘制的古地理图比较，具有众多优势，这主要体现在以下几个方面：① 涵盖的学科信息更广，通常涉及矿物岩石学、地层学、古生物学、古生态学、构造学、古地磁学等多个学科的相关信息；② 涉及的数据量更大，可涵盖数百个剖面、上百个字段的地质学数据（图6-1和6-2）；③ 原始数据精度和图件精度更高，同时基于当前的数据库、网络、存储和计算机技术，使得海量数据的收集、整理与分析可以快速完成；④ 基于互联网，多学科、多领域专家可以协同分工合作，完成数据的采集和质量控制，从而保证数据集成的效率和数据质量（樊隽轩等，2016）。Chen et al.（2014）利用GBDB数据库与GIS技术绘制了华南五峰组沉积期及其各个笔石带的高精度岩相古地理图和地层厚度分布图。张琳娜等（Zhang et al., 2014；张琳娜等，2016）通过古生态学、沉积结构构造、岩性等证据，利用数据库和GIS方法，推断上扬子区赫南特期（观音桥层沉积期）各地的古水深，并据此恢复当时的二维和三维古地形。

综上所述，针对重要生物、环境和地质事件，响应油气勘探开发需求，采用生物地层、层序地层构建准确的地质年代框架，综合地层学、沉积学、地球化学、油气地质学等多学科相关数据，利用数据库和GIS等技术方法，开展时空高精度、高分辨率、大比例尺、实用型定量古地理研究是现阶段的华南奥陶-志留纪之交古地理研究的主要趋势。

6.2 华南奥陶纪末至志留纪初黑色页岩的展布模式

6.2.1 地质背景简介

华南奥陶纪海相地层的分布，基本上延续了寒武纪的台-坡-盆格局，即扬子区、江南过渡区和珠江区。早-中奥陶世扬子区在古地理格局上表现为一浅水台地，主要指康定-广元-汉中-城口-襄樊-武汉-九江-合肥一线以南，文山-都匀-吉首-岳阳-石台-杭州一线以北的大部分区域，主要发育以碳酸盐岩为主的台地相沉积。区域以南为江南区和珠江区，分别代表过渡相的斜坡带和深水相的盆地区。

从晚奥陶世开始，这种北浅南深的台-坡-盆格局发生变化，逐渐转变为南陆北海的台-坳模式，如图6-3所示。五峰组和龙马溪组黑色页岩即沉积于晚奥陶世晚期-志留纪早期的扬子台地上。

6.2.2 凯迪期晚期-赫南特期早期岩相-生物相展布

晚奥陶世凯迪期晚期-赫南特期早期，是五峰组及同期地层的沉积期，相当*D. complexus*带-*M. extraordinarius*笔石带的沉积时限。这段时期由于广西运动的发展和华夏古陆由南向北的推进，华南已逐步在西-南-东南三个方向为陆地围限，形成广阔的、半封闭的扬子陆表海（陈

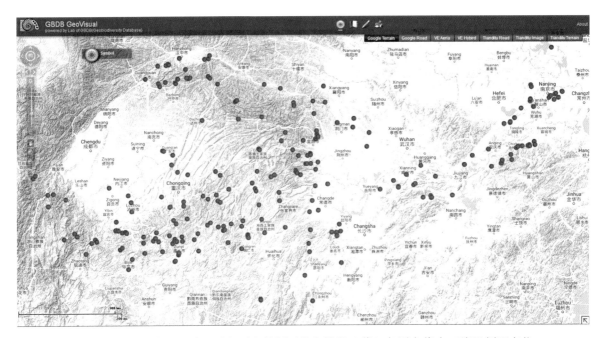

图6-1　GBDB数据库中五峰组黑色页岩的剖面分布情况（紫红色圆点代表五峰组剖面点位。剖面数目433条，覆盖面积约52.78×10⁴ km²。数据来源于：http://www.geobiodiversity.com/ ）

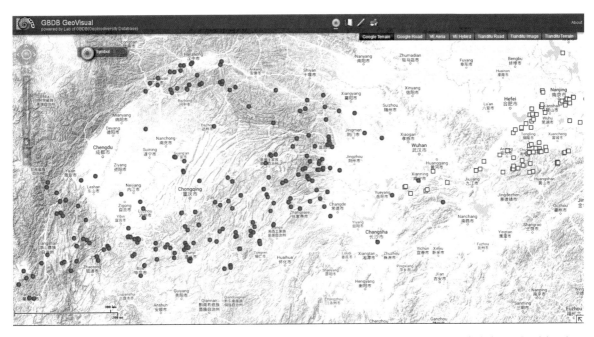

图6-2　GBDB数据库中龙马溪组、高家边组黑色页岩的剖面分布情况（紫红色圆点代表龙马溪组剖面点位，黄色方块代表高家边组剖面点位。剖面数目538条，覆盖面积约60.62×10⁴ km²。数据来源于：http://www.geobiodiversity.com/ ）

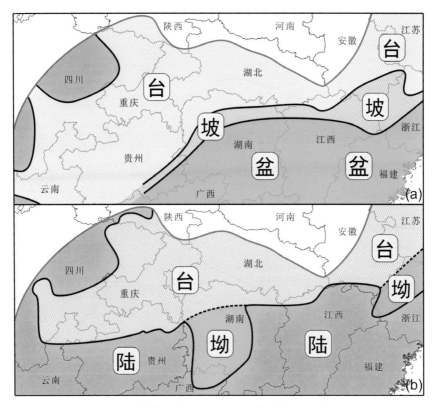

图6-3 华南奥陶–志留纪沉积模式转变示意图

（a）早–中奥陶世的台–坡–盆模式；（b）晚奥陶世晚期–志留纪早期的台–坳模式

旭等，2014）。该陆表海中，除了在中央位置存在湘鄂西水下高地外，其他地区的海底相对平坦。这种"三面环陆"的稳定陆表海环境导致了海水中浮游生物的大量富集和海底水体的大面积缺氧，是五峰组笔石黑色页岩形成和广布的重要环境背景（陈旭等，1987；戎嘉余和陈旭，1987）。

Chen et al.（2014）基于华南五峰组及其同期地层的大量剖面数据，在相应的精细生物地层、古生态和沉积特征分析的基础上，绘制了华南晚奥陶世晚期岩相–生物相古地理图。根据分析结果，可以识别出共5个沉积相区和1个风化剥蚀区（图6-4）。

（1）黑色笔石页岩相A区：五峰组笔石页岩沉积区。这套黑色炭质、硅质页岩广泛分布于上、下扬子区，其厚度值虽因地而异，但一般小于10 m。五峰组具有分布广、厚度小且横向变化不大、生物相和岩相较均一等特点，显示了当时沉积速率缓慢、海底地形较平坦、水动力较弱等环境特征。五峰组沉积前后的古地理和古生态证据均显示出其浅水台地相的沉积环境。五峰组中的放射虫也是浅水相的属种类型，而非远洋浮游的类型（王玉净和张元动，2011），也说明了当时水体深度不大。因此，扬子陆表海半封闭的古地理状态和海水滞流、底部严重缺氧的环境背景促使黑色页岩沉积。此外，五峰组中普遍夹含多层厚度不等的斑脱岩层，说明该时期火山活动

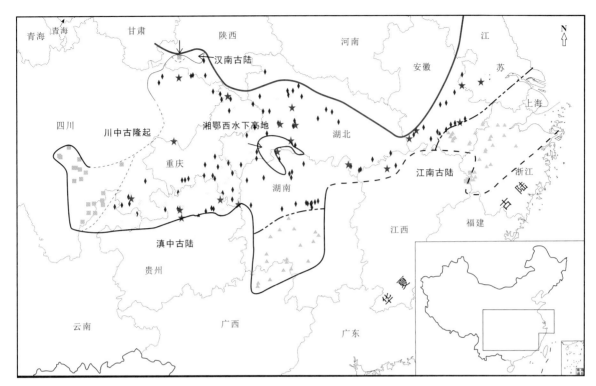

图6-4　华南晚奥陶世晚期地层分布（修改自Chen et al.，2014；图中不同类型的
标志表示五峰组及其同期不同地层类型的剖面）

异常活跃。火山活动的固氮作用为光合自营养生物提供充足养分，造成硅藻和蓝藻等初级生产者繁盛，为黑色页岩的高有机质组成提供了主要的物质基础（Ohkouchi et al.，2015）。Fortey and Cocks（2005）提出凯迪期晚期发生了全球性的气候变暖事件（Boda Event），这一变暖事件也可能对五峰组沉积期浮游生物的繁盛和黑色页岩的形成产生积极影响。本书第8章还将专门讨论火山活动与浮游生物繁盛和黑色页岩中有机物发育的关系。

（2）混合相B区：川北陕南壳相-浮游相混合区。在该地区，发育了与五峰组不同的沉积岩相类型，如陕南中梁山地区的南郑组是一套以泥页岩、粉砂岩等为主的碎屑岩沉积，上部含泥灰岩，化石丰富，介壳相化石（三叶虫、腕足类、鹦鹉螺、双壳类等）与笔石混生（李积金和成汉钧，1988）。该套地层形成于汉南古陆和成都古陆周缘。

（3）混合相C区：川西南-滇东北灰岩-页岩混合区。在云南东北部、四川西南部地区，沉积大渡河组（胡正国，1980；穆恩之等，1981；唐鹏等，2017）和铁足菲克组（穆恩之等，1979）。两者为灰岩夹页岩或砂页岩沉积，其中页岩含有笔石；灰岩为浅水灰岩，可形成灰泥丘建造，富含底栖藻类，这些藻类可通过光合作用作用改善水体的缺氧环境（李越等，2002）。该沉积相区的北、西、南三面被陆地包围，形成海湾形状，因此既有较稳定的陆源碎屑供给，底栖藻类又能进行光合作用，从而形成与五峰组黑色页岩完全不同的沉积。

（4）复理石相D区：湘南-桂北复理石相区。在湖南中南部至广西东北部地区沉积了数百米厚的复理石沉积，分别为天马山组和田岭口组。天马山组见于湖南中南部地区，是一套深灰色、轻微变质的细粒石英砂岩、粉砂岩及板岩，厚度为900~1000 m（刘义仁和傅汉英，1984）。田岭口组主要分布在广西东北部，也是一套具复理石建造特征的砂岩、板岩沉积，厚度可达700余米（陈旭等，1981；唐兰等，2013）。这些厚度巨大的地层形成于东、南、西三面环陆的湘南-桂北坳陷地区，显示了快速的、低成熟度的碎屑堆积和快速的基底沉降等特征。

（5）碳酸盐岩-复理石相E区：皖浙赣交界的碳酸盐岩-复理石相区。在安徽南部、江西东北部至浙江西北部，沉积分异最为明显，包括三衢山组、下镇组、长坞组、新岭组和于潜组（Li et al.，1984；詹仁斌和傅力浦，1994；Zhang et al.，2007），厚度均大于数百米，代表了从浅水台地碳酸盐岩泥丘相至台地边缘斜坡相和较深水浊流沉积复理石相的连续古地理格局（戎嘉余、陈旭，1987；戎嘉余等，2010a）。

（6）风化剥蚀F区：整个扬子沉积区的西、南周缘为一系列的古陆或地层缺失区所包围，包括汉南古陆、成都古陆、黔中古陆和华夏古陆等。一些地点剥蚀到比奥陶系更老的地层，比如寒武系。在上扬子海盆中央，湘鄂西水下高地也全部或部分缺失五峰组，其是否抬升为陆地露出水面或仅为水下沉积间断尚不十分清楚。

为了更准确地研究五峰组的时空分布形式，Chen et al.（2014）基于GBDB数据库中389条剖面的地层资料，定量重建和计算了五峰组4个沉积期的黑色页岩沉积分布，进而阐明华南地区晚奥陶世晚期笔石带级精细的古地理变迁历史和基本特征（图6-5）。同时，利用GIS相关技术，初步计算出五峰组黑色页岩总量约为 $6.00 \times 10^{12} \, m^3$，平均厚度约为5.87 m。

分时段的地层厚度重建显示，五峰组分布范围在其沉积最早期，即凯迪期晚期 *D. complexus* 带至 *P. pacificus* 带下部亚带期间最大，基本覆盖了整个扬子海盆，并在湘西北、渝北、鄂北等地形成沉积中心。在之后的三个时间段，五峰组的分布面积逐渐递减，海盆中央有部分地区出现沉积缺失，并有逐渐扩大的趋势；至赫南特期 *M. extraordinarius* 带早期，总体分布范围达到最小，之后转变为观音桥层泥灰岩沉积（Chen et al.，2004）。地层缺失区主要见于湖北-湖南交界地区，即"湘鄂西水下高地"（陈旭等，2001；Chen et al.，2004；樊隽轩等，2012），湖南东北部地区、湖北东部-安徽中南部地区（陈清等，2018），以及上扬子台地南缘的贵州北部地区（戎嘉余等，2011）。但在整个奥陶纪晚期，现阶段页岩气勘探开发重点地区的四川南部至重庆南部地区，基本持续接受沉积，未见明显间断。五峰组分布面积的缩小，可能主要是由奥陶纪末发生的全球性冰川事件导致冈瓦纳大陆冰盖凝聚扩展和全球海平面急剧下降所致（戎嘉余，1984；Sheehan，2001；Chen et al.，2004，2005；Fan et al.，2009）。

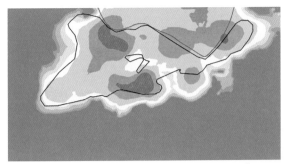

时段Ⅰ：WF2-3a *Dicellograptus complexus* 笔石带–
Paraorthograptus pacificus 笔石带下亚带

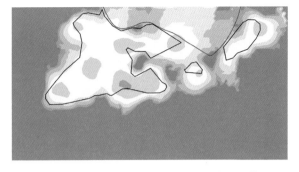

时段Ⅱ：WF3b *Tangyagraptus typicus* 笔石亚带

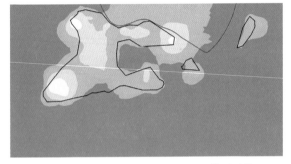

时段Ⅲ：WF3c *Diceratograptus mirus* 笔石亚带

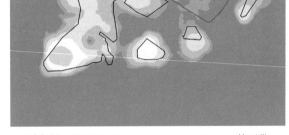

时段Ⅳ：WF4 *Metabolograptus extraordinarius* 笔石带

图6-5　五峰组各个笔石带（亚带）黑色页岩分布范围和地层等厚度图（修改自Chen et al.，2014）

6.2.3　赫南特中期岩相–生物相展布

晚奥陶世赫南特期中期，即 *M. extraordinarius* 带晚期-*M. persculptus* 带早期，与观音桥层沉积同期。此间发生了显生宙以来首次大规模的冰川事件，全球气候变冷，海平面急剧下降，同时还伴随着生物灭绝和演替事件，是一个关键的地质历史转折时期。该时期，由于全球性海平面下降和"广西运动"的叠加效应，原来基本连通的扬子海盆被分割成东西两段（陈清等，2018）。同时由于气候变冷，大洋环流作用显著增强，原来海底的滞流、缺氧状态发生改变，形成了一套厚度较小但分布很广的泥灰岩沉积，即观音桥层，其中壳相化石发育。观音桥层在大多数地点厚度仅为数十厘米，而在黔北厚度较大，可达10 m以上（戎嘉余等，2010b）。

观音桥层中富含腕足动物、三叶虫等底栖壳相化石，通常被称为"赫南特贝动物群"，指示华南当时凉水和底域富养的沉积环境。张琳娜等（2016）基于GBDB数据库收集、整理和厘定了342条剖面的综合数据，利用GIS相关软件和方法进行空间模拟，重建了华南上扬子区观音桥层的空间展布（图6-6）。重建结果显示，观音桥层广泛分布于上扬子台地的大部分地区，集中出露于滇东北、黔北、川东南、重庆、鄂西等地，其中厚度最大的区域呈东西向分布于滇中古陆的北缘，形成了一个完整的沉积中心区，而同期的其他岩石地层单元则主要分布于上扬子台地的边缘地区。同时，利用各剖面的沉积学与古生物学、古生态学特征推测该时期各地点具体的古水深值，从而恢复了上扬子区观音桥层沉积期的古地形。结果表明，上扬子区在赫南特中期呈现出"一隆三坳"的古地理格局，"一隆"为湘鄂西水下高地，"三坳"为川东南坳陷、湘中坳陷和鄂北坳陷。这种三面为古陆环绕、局限滞留的古地理环境，是五峰组和龙马溪组富有机质页岩富集的控制因素之一。

与五峰组类似，观音桥层沉积期在上扬子海盆周边仍然发育一些不同岩相、生物相的沉积区。如川北-陕南地区，发育一套砂质页岩、粉砂岩和页岩地层，即南郑组上段，厚约1.35 m，其中含有锥石类、海绵骨针、腕足类、瓣鳃类、头足类、三叶虫、介形虫和笔石等多门类化石（刘洪福，1986）；在滇东北-川西南地区，发育大渡河组和铁足菲克组上段灰岩夹砂页岩地层，其中含有三叶虫和笔石等化石，代表扬子海盆西南地区海湾的沉积类型；在桂北-湘南等地区，发育天马山组和田岭口组上段地层（刘义仁和傅汉英，1989，1990；陈旭等，1981；唐兰等，2013），主要为长石石英砂岩、粉砂岩和泥岩，其厚度可达数百米，发育鲍马序列、沟模、槽模等浊积岩沉积特征。

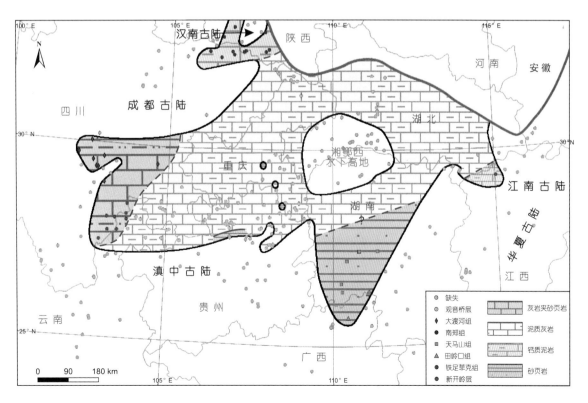

(a)

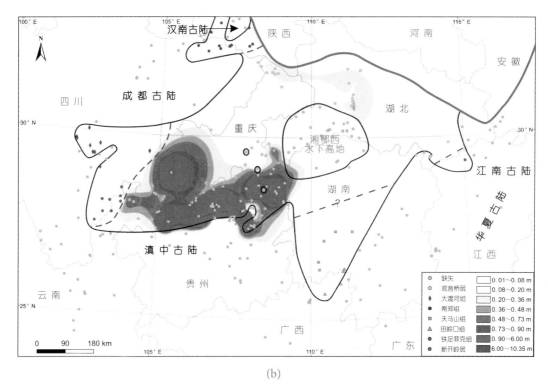

(b)

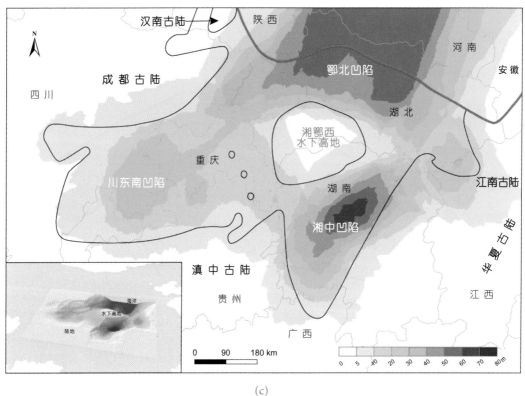

(c)

图6-6 上扬子区赫南特期中期（观音桥层沉积期）岩相古地理图（a）、观音桥层厚度展布图（b）和古地形图（c）（据张琳娜等，2016）

在扬子海盆的中央地带，湘鄂西水下高地大面积抬升，地层缺失范围达到最大。在湖北恩施-宣恩、长阳-五峰、湖南张家界等地多条剖面，赫南特期地层缺失，不整合面的底部可见厚度不等的古风化壳沉积（王怿等，2011，2013）。黔北地区海岸线在赫南特期中期亦有北移现象，同时在海域中出现若干岛屿（戎嘉余等，2011）。

6.2.4　赫南特期晚期-埃隆期岩相-生物相展布

此期为 *M. persculptus* 带晚期至 *S. sedgwickii* 带，也是龙马溪组黑色页岩沉积同期。志留纪初是冰期事件结束、全球海平面快速上升、海洋生物开始复苏的关键地质时期，该时期全球各地广泛发育厚度不等的黑色页岩，如北美、西伯利亚、波罗的海、哈萨克斯坦、捷克、中东以及华南扬子区等地（Melchin et al.，2013）。

华南鲁丹期-埃隆期，上扬子海盆除了桂北-湘南地区仍以砂岩、粉砂岩沉积（周家溪组）为主外，其余地区普遍沉积了龙马溪组黑色页岩（图6-7），而在湘鄂西高地的不同地点仍有不同程度的地层缺失（樊隽轩等，2012）。下扬子区南部的皖南-浙北地区主要沉积安吉组砂岩、粉砂岩地层，而下扬子区北部的安徽中南部和江苏宁镇山脉地区主要沉积高家边组黑色页岩地层（Zhang et al.，2007）。

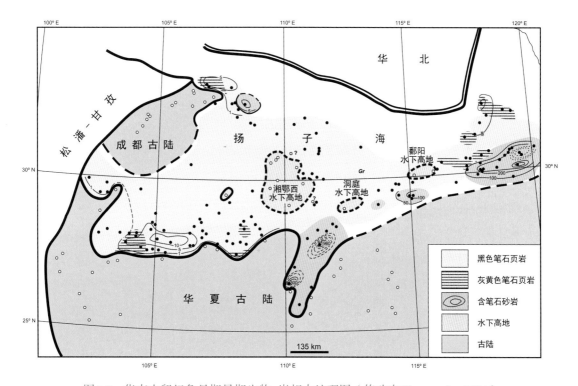

图6-7　华南志留纪鲁丹期早期生物-岩相古地理图（修改自Chen et al.，2004）

上扬子区龙马溪组沉积主要分为两种模式，分别为川黔地区的渐进展布模式（陈旭等，2017）和湘鄂地区的圈层分布模式（陈旭等，2018）。通过对贵州北部和重庆地区龙马溪组典型剖面生物地层工作的总结，认识到黑色页岩在这一地区的阶段性渐进展布模式。利用笔石带对比框架，将遵义至华蓥山划分为四个发育不同黑色页岩层段的廊带；通过研究它们随时间展布的规律，可以发现由南向北龙马溪组黑色页岩的底界逐渐降低，顶界逐渐升高，越向北对页岩气的勘探开发越有利。在此基础上，识别出黔渝地区龙马溪组连续沉积的笔石页岩层段所代表的沉积环境随时间而水深不断增加的过程，从而将其划分为LM1到LM5的海侵渐进阶段和LM5之后的均衡扩展阶段，龙马溪组黑色页岩的分布在每一阶段受控于不同的主导因素（图4-3）。其次，通过对重庆、湖南西部以及湖北西部剖面和钻井的五峰组、龙马溪组顶底界线的研究，认识到五峰组与龙马溪组之间整合和假整合两种不同的接触关系，而且在不同地区，两者之间间断的范围不同，呈现出一种圈层分布模式（图5-6）。整体来看，在湘鄂西交界地区，五峰组与龙马溪组黑色页岩之间普遍存在间断，且该间断中心区域较大、周缘较小，并逐渐消失，最后变为整合接触。地层间断的中心地区出现在湖北五峰县附近。

从埃隆期中晚期开始至特列奇期早期，华南上下扬子地区龙马溪组和高家边组下段黑色页岩逐渐不等时相变为其上段灰色（风化后为灰绿色、黄绿色等）页岩，笔石化石的丰度和多样性以及岩石总有机碳含量明显下降。之后，龙马溪组、高家边组上段进一步相变为石牛栏组、小河坝组、罗惹坪组、侯家塘组等其他岩相类型，华南志留纪初大范围黑色页岩沉积结束。

6.3　川南泸州威远地区钻井岩芯微相研究

为了进一步深入研究五峰组和龙马溪组下段黑色页岩的岩性特征，本书选择了四川盆地内泸州和威远附近5口页岩气钻井岩芯，开展了岩石薄片微相研究。这5口钻井分别为：泸205井，位于泸县西北约20 km；泸202井，位于泸州市西南约38 km；威210井，位于威远县东北约38 km；威231井，位于威远县东北约55 km；威204井，位于威远县以东约15 km。从5口钻井整体来看，临湘组主要为含生物碎屑、生物扰动钙质泥岩；五峰组主要为块状、不连续纹层状（脉状）粉砂质泥岩，夹放射虫硅质条带，指示静水环境，沉积物以悬浮沉积的泥质为主；龙马溪组主要为纹层状粉砂质泥岩、条带状粉砂岩和含粉砂泥岩，可能水体较深，对应冰期后的全球海平面上升。五峰组内部纵向岩相变化较小，而龙马溪组在不同笔石带则有较为明显的差异。现将这5口井的钻井岩石微相观察记录及岩石薄片详述如下。

6.3.1　泸205井

五峰组（图6-8）：不连续的、透镜状泥质纹层；见放射虫硅质条带；偶见微弱的生物扰动；偶见粒序性；整体以块状为主，纹理发育微弱；镜下化石稀少，以放射虫和微米级针状骨屑为主；底部见少量三叶虫碎片。指示沉积速率较为稳定的静水沉积，整体沉积速率较慢，底质含氧量低。该组底部特征与临湘组类似，指示环境渐变过渡。

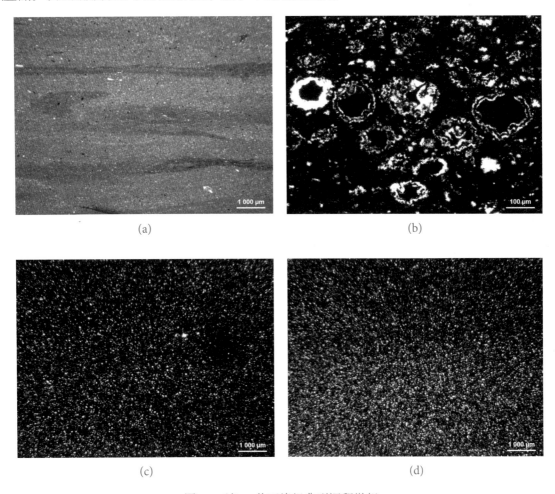

(a)　　　　　　　　　　　　　　　　　(b)

(c)　　　　　　　　　　　　　　　　　(d)

图6-8　泸205井五峰组典型沉积微相

(a) 井深4041.25 m，层位WF2；(b) 井深4037.93 m，层位WF2；(c) 井深4034.97 m，层位WF4；(d) 井深4033.87 m，层位WF4

龙马溪组 LM1-LM3（图6-9（a）和（b））：纹层状粉砂质泥岩、平行纹理粉砂岩夹粉砂质泥岩；部分发育粒序性，极少见生物碎屑。指示整体低水能，受周期性陆源碎屑输入控制；无生物碎屑和生物扰动，指示底质整体缺氧。龙马溪组 LM4（图6-9（c）和（d））：含生屑纹层状粉砂质泥岩，生屑以单瓣壳保存的腕足和放射虫为主，壳状化石水平排列，上凹或上凸。整体为静水沉积，间歇性快速沉积。龙马溪组 LM5-LM6（图6-9（e）和（f））：含生物扰动纹层状粉砂质泥岩至含粉砂泥岩。石英颗粒明显向上减少，少见生屑。微相特征显示LM5至LM6（或从LM4开始）整体水能降低，陆源石英输入减少。龙马溪组 LM7（图6-9（g）和（h））：纹层状含生屑粉砂质泥岩、块状泥岩、交错层理粉砂岩。物源供给增多导致沉积速率明显加快，水能变强。

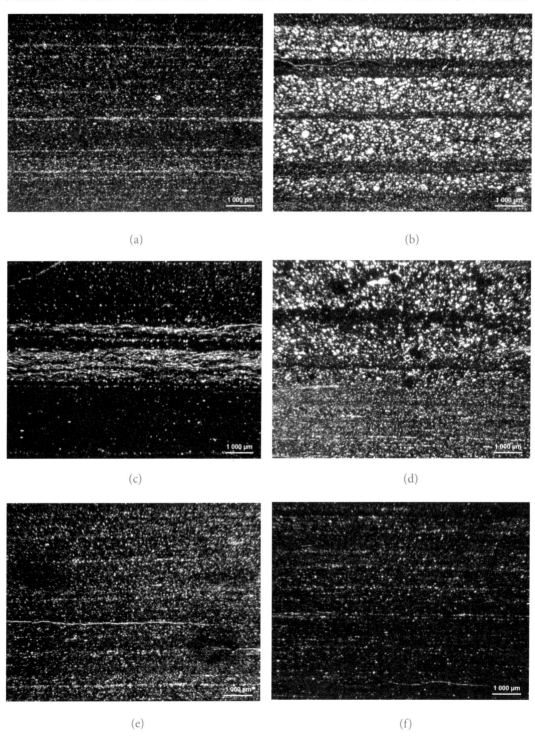

(a)

(b)

(c)

(d)

(e)

(f)

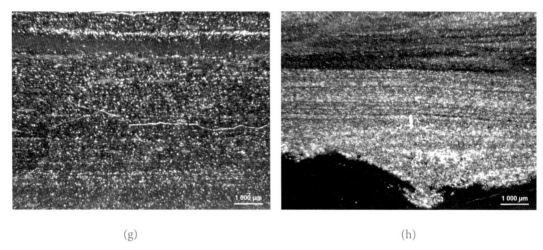

(g)   (h)

图6-9　泸205井龙马溪组典型沉积微相

(a) 井深4031.5 m，层位LM1–LM2；(b) 井深4029.12 m，层位LM3；(c) 井深4026.01 m，层位LM4；
(d) 井深4025.12 m，层位LM4；(e) 井深4023.75 m，层位LM5；(f) 井深4006.90 m，层位LM6；(g) 井深3969.04 m，层位LM7；(h) 井深3895.55 m，层位LM7

6.3.2　泸202井

五峰组WF2–WF4（图6-10（a）–（d））：块状泥岩、微弱纹层状粉砂质泥岩，偶见微米级生物碎屑，以腕足壳和棘皮类骨片为主，壳体近水平排列，上凹或上凸，指示静水环境，沉积物以悬浮沉积的泥质为主，陆源碎屑供给不充足，沉积速率较慢，底质含氧量低。观音桥层（图6-10（e））：生屑钙质泥岩，生屑含量低，杂基支撑，以腕足类和三叶虫碎片为主，见珊瑚化石，生屑排列无定向，指示有氧的静水环境沉积，底栖生物适宜生存，缺少沉积后的水流改造。龙马溪组LM1（图6-10（f））：水平纹层状粉砂质泥岩，未见生屑，指示整体低水能，受周期性陆源碎屑输入控制；无生物碎屑和生物扰动，指示底质整体缺氧，可能水体较深，对应冰期后的全球海平面上升。

(a)   (b)

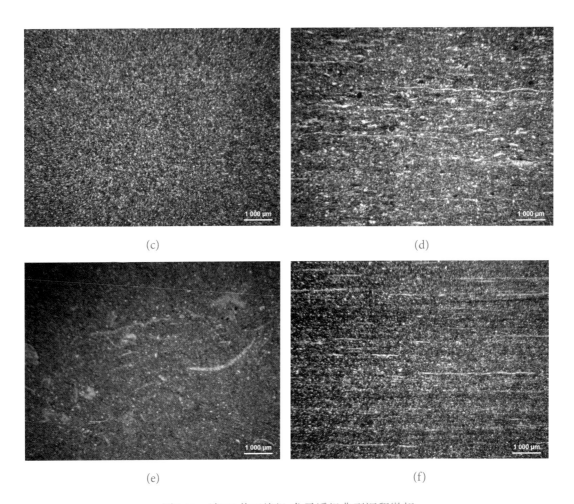

图6-10　泸202井五峰组-龙马溪组典型沉积微相

(a) 井深4331.20 m，层位WF2；(b) 井深4327.05 m，层位WF3-WF4；(c) 井深4324.09 m，层位WF3-WF4；(d) 井深4321.88 m，层位WF3-WF4；(e) 井深4321.54 m，层位观音桥层；(f) 井深4321.05 m，层位LM1

6.3.3　威210井

五峰组WF2-WF3（图6-11（a）-（d））：块状、脉状纹理或水平纹层状泥岩、含粉砂泥岩至粉砂质泥岩，以泥质为主，颗粒（石英、方解石）极少，底部见少量生屑和生物扰动，之上偶见少量生屑不规则排列和微弱的生物扰动，指示底层水含氧，静水，陆源供给少。龙马溪组LM5-LM8（图6-12（a）-（d））：平行纹层状泥质粉砂岩，石英颗粒为主的陆源碎屑较五峰组明显增加，少见生屑，指示沉积速率有所加快，物源供给增加。龙马溪组LM9（图6-12（e）-（f））：水平纹层状含粉砂泥岩，未见生屑，指示静水沉积，陆源供给低，底层含氧量低或缺氧，可能与水体深度较深有关。

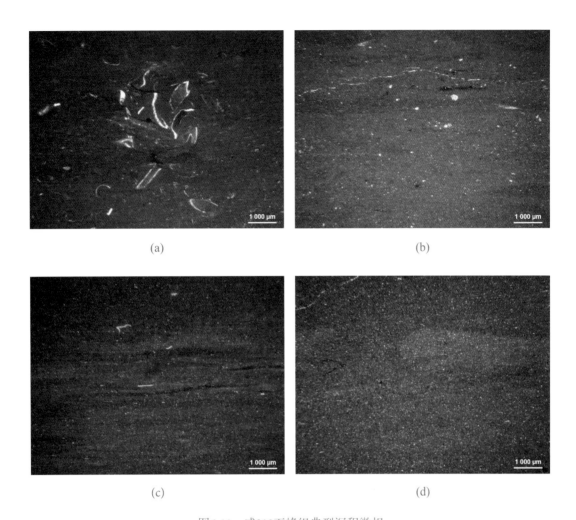

图6-11　威210五峰组典型沉积微相

(a) 井深3251.54 m，层位WF2；(b) 井深3251.36 m，层位WF2；(c) 井深3249.56 m，层位WF3；(d) 井深3249.15 m，层位WF3

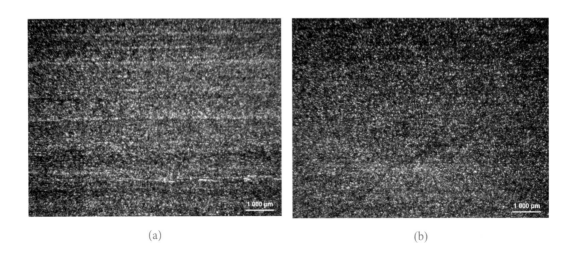

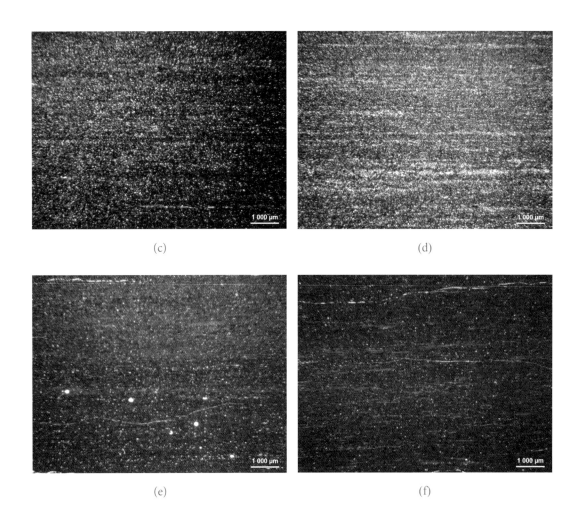

(c)   (d)

(e)   (f)

图6-12 威210龙马溪组典型沉积微相

(a) 井深3247.67 m，层位LM5；(b) 井深3247.42 m，层位LM5；(c) 井深3246.41 m，层位LM6；(d) 井深3228.44 m，层位LM8；(e) 井深3226.39 m，层位LM9；(f) 井深3210.82 m，层位LM9

6.3.4 威231井

五峰组WF2（图6-13（a）-（b））：块状、微弱水平纹层状泥岩，含少量生屑和较弱的生物扰动，偶见粉砂屑，指示底层水含氧、静水、陆源供给少的环境。龙马溪组 LM5-LM9（图6-13（c）-（d））：水平纹层状粉砂质泥岩，偶尔发育微弱的低角度交错层理，未见生屑，指示水能有所增加，陆源供给增加。

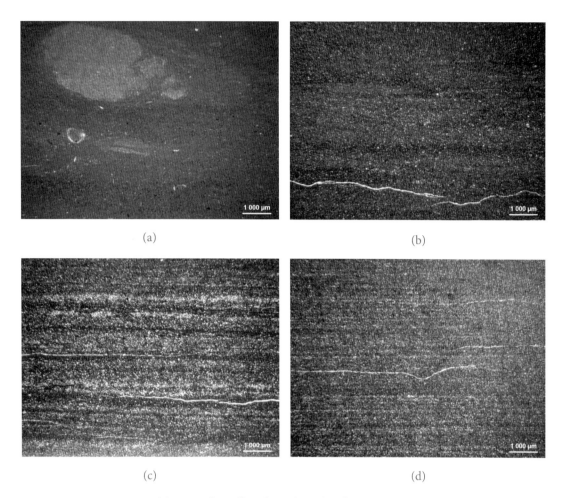

图6-13　威231井五峰组–龙马溪组典型沉积微相

(a) 井深3887.58 m，层位WF2；(b) 井深3887.40 m，层位WF2；(c) 井深3886.30 m，层位LM5；(d) 井深3885.11 m，层位LM6–LM7

6.3.5　威204井

该井整体岩相十分相似，粗粒陆源碎屑物极少，地层完整，整体以块状泥岩为主，夹多条放射虫硅质条带，整体为远离物源区的较深水、静水环境。五峰组 WF2-WF4（图6-14（a）-（b））：块状泥岩，底部含少量生物碎屑和生物扰动现象，粗粒陆源碎屑极少，指示底层水含氧，静水，陆源供给少的局限环境。观音桥层（图6-14（c）-（d））：含泥质生屑粒泥灰岩、泥粒灰岩，生屑含量高，杂基支撑至颗粒支撑，以棘皮类、腕足类和三叶虫碎片为主，生屑排列无定向，见石英颗粒，指示环境充氧，适宜底栖生物生存，沉积速率很快，缺少后期水流改造的证据，应多为原地埋藏。龙马溪组 LM1-LM9（图6-14（e）-（h））：整体岩相十分一致，为水平纹层状含粉砂泥岩，在多个层位见放射虫硅质条带，未见其他生物化石，指示静水沉积，远离陆源供给区，底层水氧含量很低，不适宜底栖生物生存，因而仅见浮游生活的放射虫化石。

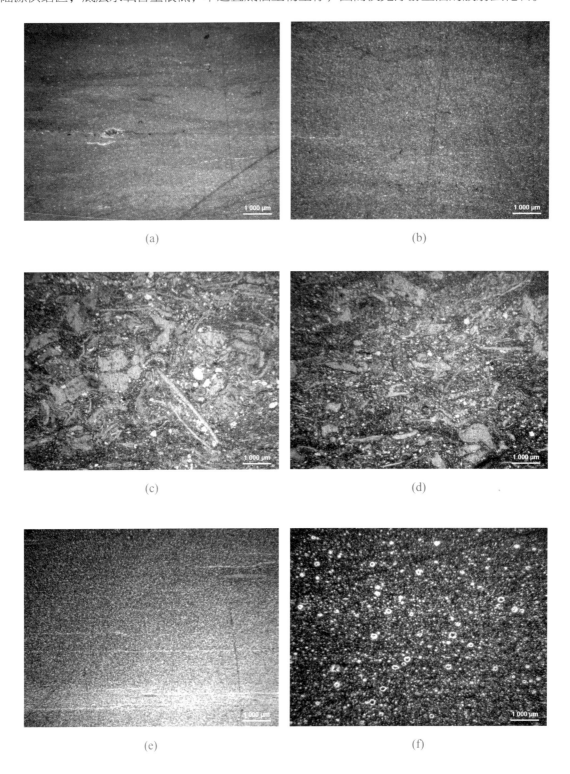

(a)

(b)

(c)

(d)

(e)

(f)

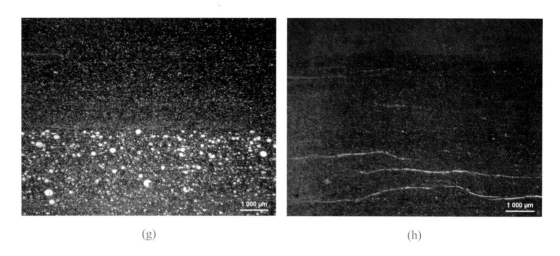

(g)　　　　　　　　　　　　　　　　(h)

图6-14　威204井五峰组-龙马溪组典型沉积微相

(a) 井深3360.07 m，层位WF2；(b) 井深3359.31 m，层位WF3；(c) 井深3358.22 m，层位观音桥层；(d) 井深3358.22 m，层位观音桥层；(e) 井深3357.91 m，层位LM1；(f) 井深3356.68 m，层位LM2；(g) 井深 3353.74 m，层位LM4；(h) 井深3313.25 m，层位LM9

6.4　华南奥陶纪末至志留纪初沉积过程与环境演替

奥陶纪末至志留纪初是显生宙以来地球表层系统发生重大转折的时期，该时期记录了非常重要的生物演化事件和气候古环境变迁事件（图6-15），也是中国乃至全球油气资源的重要富集期，发育了大套的、有机质含量很高的黑色页岩。奥陶纪末的生物大灭绝事件是显生宙五次生物大灭绝事件最早的一次，也是第一次以后生动物为主的生物大灭绝，海洋生物26%的科、49%的属和86%的种在该灭绝事件中消失（Sepkoski，1981；Brenchley et al.，2001；Sheehan，2001）。这也是唯一一次与冰期气候直接相关的生物大灭绝事件。因此，对该时段进行多学科综合交叉研究，将有助于更好地理解地球重大转折期生物与环境协同演化，对非常规油气勘探与开发也具有重要的理论指导作用。

一般认为，奥陶纪末期生物大灭绝事件为两幕式灭绝模式，与大冰期启动和结束直接相关（Sheehan，2001）。第一幕发生在凯迪期晚期至赫南特期早期，一般将其归因于冈瓦纳大陆冰川启动与扩张导致温度骤降和冰川性海平面下降，进而引起生境减少，生物多样性降低（Brenchley，1994；Finnegan et al.，2012）。但也有沉积学与层序地层学研究认为，这次灭绝事件与冰消期全球变暖同全球海平面上升有关（Ghienne et al.，2014）。第二幕灭绝事件发生在约一百余万年之后的赫南特期晚期。多种地球化学指标（包括硫同位素、黄铁矿粒径统计、氧化还原敏感元素、铁相、铀同位素等）（Zhang et al.，2009；Jones and Fike，2013；Bartlett et al.，

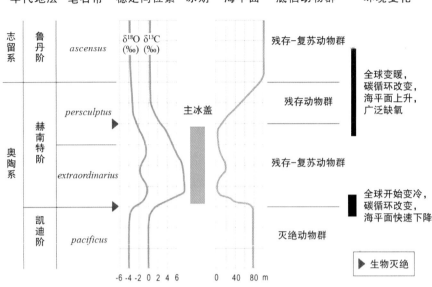

图6-15　奥陶纪末至志留纪初地层、生物与环境事件简略图

（修改自Brenchley et al.，2006；Harper et al.，2014）

2018；Zou et al.，2018）均指示海洋缺氧（甚至硫化）可能是导致这次灭绝事件的主因。该时期发育全球广布的黑色页岩，这是更直接的海洋缺氧证据。

但近期的一系列研究表明，不管是生物灭绝和复苏模式（两幕式或一幕式灭绝事件），还是其触发机制（气候冷暖、冰川性海平面升降、海洋缺氧硫化等），均存在较大争议。本节针对奥陶纪末至志留纪初的沉积相、古地理、古气候和古海洋环境等，系统综述了近年来的最新研究成果，并论述黑色页岩沉积和分布的控制因素。

6.4.1　奥陶纪末至志留纪初沉积过程

细粒沉积物一般指泥岩（包括黑色页岩），泥岩广泛发育于沉积地层序列中，其沉积时间约占显生宙的1/3，但由于缺乏明显指示沉积过程的相关沉积构造，一直以来是沉积学研究中的难点。泥岩的沉积受控于古地理格局和盆地演化，也与受古气候影响的物源供给相关；黑色页岩的沉积与初级生产率、水体氧化还原环境以及沉积速率密切相关，可以沉积于湖泊、沼泽、深海等各种环境中。

（1）临湘组-五峰组转换

华南板块奥陶纪末至志留纪初发育了丰富的黑色页岩沉积，即五峰组和龙马溪组的沉积，中间夹产赫南特贝动物群的观音桥层（图6-16（a））。在扬子台地的大部分地区，五峰组黑色页岩整合上覆于灰岩地层之上，这些碳酸盐岩地层在上扬子区大部分地区为薄层含泥质夹层的小瘤状灰岩的临湘组，在黔北是以泥质灰岩、瘤状灰岩、钙质泥岩等为主的涧草沟组，在下扬子区为瘤状灰岩、泥质灰岩夹泥页岩为主的汤头组。扬子区大部分地区的五峰组黑色页岩与其下碳酸盐岩地层之间岩性转换明显（图6-16（b）-（c）），这一转换代表了桑比期-凯迪期早中期的碳酸盐岩台地"死亡"后，被凯迪期晚期的细粒碎屑沉积代替。碳酸盐岩的"死亡"有多种原因，包括海洋缺氧事件导致碳酸盐工厂消亡，海平面快速上升导致碳酸盐岩台地淹没，或海平面下降导致碳酸盐岩台地暴露、陆源碎屑大量注入等。前人对华南扬子区上奥陶统的沉积学研究颇多，但对宝塔组-临湘组碳酸盐岩台地消亡的看法不一。例如陈旭和丘金玉（1986）认为五峰组黑色页岩形成于扬子台地半封闭的滞流盆地环境，而不是深海盆地中的产物；严德天等（2011）认为临湘组与五峰组代表一次重要的碳酸盐岩台地的淹没事件，主要是由构造挠曲导致的相对海平面上升引起；牟传龙等（2014）认为五峰组的沉积是由华南板块内碰撞挤压作用的不断推进，导致凯迪期晚期至赫南特期隆起面积扩大、构造围限作用加剧而引起的。

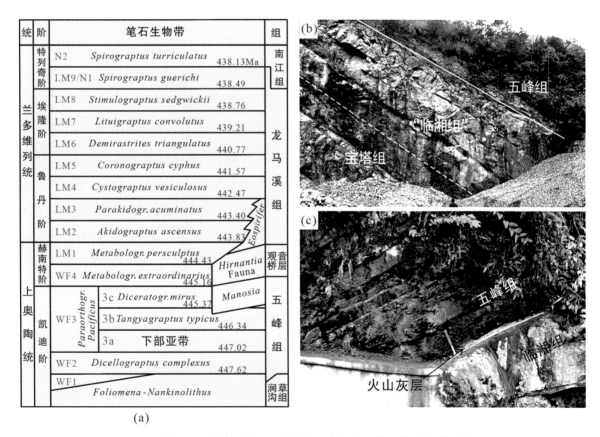

图6-16　（a）华南扬子区奥陶-志留之交的笔石带划分方案（修改自陈旭等，2015）；
（b）盐津老母城剖面；（c）重庆黄莺剖面

笔者认为五峰组的沉积与古地理演化相关。在晚奥陶世晚期，由于广西运动导致华夏地块不断推进（陈旭等，2014），扬子海东南向的广海亦被古陆替代，造成位于低纬度的华南扬子海整体为半封闭、滞流的海洋环境。再加之此时全球气候可能处于赫南特冰期主幕前夕的相对温暖期（Finnegan et al.，2011），亦不利于海水温盐循环，从而共同造成水体循环不畅、氧化还原界面升高，导致五峰组黑色页岩发生大面积沉积。另一方面，此时三面环绕扬子海的古陆经历了长期的、较为强烈的风化作用，给扬子海提供了以细粒陆源碎屑物质为主的沉积物，形成了以低速率沉积的黑色页岩为主的岩相，而缺乏广泛发育的、连续过渡的滨岸相砂岩。靠近康滇古陆的沉积相带缺乏明显的砂岩沉积，而是以碳酸盐岩与泥岩混合沉积的大渡河组为特征（唐鹏等，2017），说明近岸区可能有小型碳酸盐工厂发育，以提供碳酸盐沉积。上述上扬子区大部分地区相对缺氧的水体对于底栖类动物（如珊瑚、腕足等）极其不利，因此无法继续维持碳酸盐工厂。由于表层水体与大气交换畅通，仍处于充氧状态，对浮游类动物（如笔石）影响较小，因此五峰组发育丰富的笔石化石。

此外，发育在华南扬子海南缘五峰组和江南区同期地层三衢山组内的同生变形构造，也是古地理演化控制五峰期沉积过程的佐证之一。赵明胜等（2014）在靠近滇中古陆的五峰组内部识别出了发育在未变形层之间的、以小型褶皱和层间阶梯状断层为主的同生变形构造。这些构造沿四川长宁-重庆綦江-重庆秀山和四川古蔺-贵州桐梓-贵州松桃各剖面展现出一定的组合特征，并与滇中古陆的西东走向大体一致。五峰组内的同生变形构造主要发育在 *Dicellograptus complexus–Paraorthograptus pacificus* 笔石带之内，上下普遍伴随多层斑脱岩。大部分学者认为，上述同生变形构造往往形成于火山事件引起的地壳多期震荡背景下的陡坡之上，而古海底地貌则受控于奥陶纪晚期扬子块体与华夏块体发生碰撞所造成的黔中隆起和宜昌上升（赵明胜等，2014）。值得注意的是，在滑塌构造内，阶梯状断层一般出现在滑塌席的近源端（Lewis，1971），近直立倾伏褶皱多见于滑塌构造的头部（head）和平移区（translational zone）（Cardona et al.，2020）。因此，根据赵明胜等（2014）描述，五峰组内的滑动变形应当是沿滇中古陆由东向西运动的，这既符合同生变形构造的形成规律，也符合前人依据古生物地层、古地理学研究对于湘鄂西水下高地和黔中隆起等的认识。五峰组内部的变形构造（如褶皱）也可能与后期构造挤压所致的层间错动有关。笔者等在观察贵州桐梓红花园和重庆武隆黄莺剖面的五峰组露头时也识别出了一些褶皱变形，这些变形同样发育在富含斑脱岩的正常地层之间（图6-17），但是它们普遍缺少滑塌褶皱应有的软沉积物变形特征，反而伴随着部分上覆地层的错动变形，其成因往往与后期的构造抬升过程有关。但是，凯迪期晚期华南的变形构造并非仅限于滇中古陆附近的五峰组内。

在浙赣"三山"（江山-常山-玉山）地区，凯迪期中晚期的黄泥岗组和三衢山组内也发育多种同生变形构造，包括滑塌褶皱、塑性变形的碎屑流沉积和同生"S"形裂隙等，这些构造的形成很可能受控于同广西运动相关的华夏古陆的抬升、地形坡度变陡和相关的地震活动（Li et al.，2019）。不论是华夏古陆的阶段性抬升还是湘鄂西水下高地的形成，它们都和广西运动息息相关（陈旭等，2014），而随之而来的古地理格局转变不仅控制着华南五峰组和同期地层的物源供给的方向，也影响了其沉积过程。

图6-17 重庆武隆黄莺剖面五峰组内变形构造（黄色箭头指示变形层上覆
地层的错动变形；白色箭头指示斑脱岩层）

（2）观音桥层沉积

观音桥层是华南奥陶系最顶部一套显著的、以含泥质碳酸盐岩为主的地层（图6-18），地层中含有独特的赫南特贝动物群，该动物群广泛发育于上、下扬子区奥陶-志留系之交的连续沉积序列中。观音桥层腕足动物群属于冷水型动物群，而当时华南板块位于北纬20°左右。少数地区的观音桥层上段也出现珊瑚（Wang et al.，2019）。张琳娜等（2016）基于342条相关野外露头剖面定量重建了观音桥层的地层和厚度分布，结果显示观音桥层整体厚度较小，多数地区小于0.5 m，仅在黔北及周缘地区厚度可达数米。该分布区对应于滇中古陆北缘的浅水区，基本平行于古海岸线，呈东西向展布。

观音桥层沉积时期的开始，主要由下部五峰组顶部的笔石化石确定。观音桥层的底界有一些穿时，但是不明显；其主体在笔石带WF4内，有个别剖面发现其底界位于笔石带WF3内（图6-19；Rong et al.，2002）。赫南特期的冰川启动与扩张所导致的冰川性海平面变化是全球性的，但在全球不同陆块，甚至在同一陆块的不同剖面位置，沉积体系（如古地理、古地貌、沉积速率等）对全球海平面变化的响应时间可能略有不同；由于区域构造运动影响，在局部地区所展现的

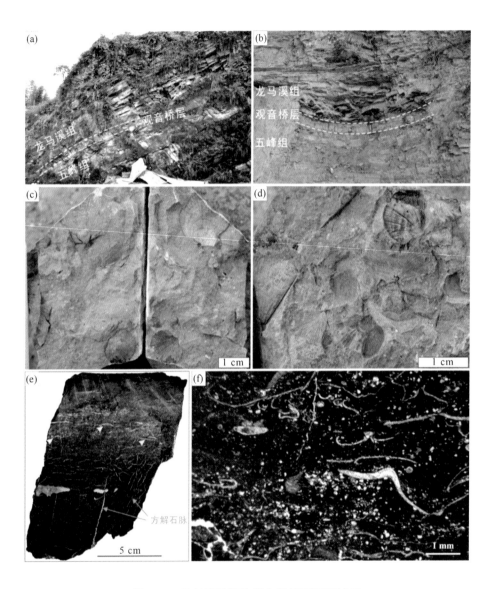

图6-18 观音桥层野外露头及镜下沉积特征

（a）四川宜宾长宁双河剖面，观音桥层厚15 cm，含大量腕足动物化石，露头上与黑色泥页岩合为一个自然层；（b）湖北宜昌王家湾剖面，观音桥层厚17 cm，含不完整的三叶虫化石、腕足动物化石，泥质含量较高；（c）、（d）湖北宜昌王家湾剖面，观音桥层中的腕足化石；（e）重庆市武隆黄莺剖面，腕足壳体近水平排列（黄色箭头），多为单瓣壳保存，生物碎屑主要集中于观音桥层的顶部；（f）云南昭通永善万和剖面，观音桥层生物碎屑以腕足动物和三叶虫为主，具有一定定向性，含小型珊瑚化石及少量粉砂级石英颗粒

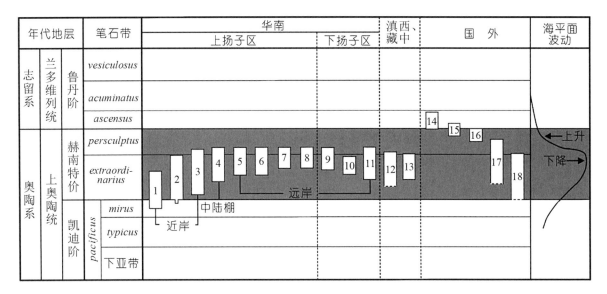

图6-19 观音桥层的发育时代及对比（据Rong et al.，2002）

详细剖面如下：1. 黔东北沿河甘溪；2. 黔东北松桃陆地坪；3. 黔东北仁怀杨柳沟和石场；4. 黔北桐梓红花园山王庙；5. 川南兴文古宋；6. 川南长宁双河和合龙；7-8. 鄂西宜昌王家湾和黄花场；9. 赣北武宁官塘源；10. 皖南泾县北贡；11. 浙北临安堰口；12. 滇西泸西弯腰树；13. 藏中南申扎知洼左古；14. 英格兰北部Yewdale Beck河；15. 泰国南部沙敦府；16. 捷克布拉格地区Kosov；17. 阿根廷Precordillera de San Juan；18. 波兰南部圣十字山

相对海平面变化的幅度亦可能存在较大差异。

总体来讲，根据南方冈瓦纳大陆的冰碛岩的时代记录，以及低纬度全球海平面变化的记录，认为大冰期起始于凯迪期与赫南特期之交，即笔石带W4，它在上、下扬子区基本对应于观音桥层底界，此时相应的笔石动物群转变为冷水型的腕足类。在大冰期时，海平面下降，海洋温盐循环加强，海底充氧，这些导致底栖类动物（如腕足类、三叶虫等）大量发育，并在一些地区发育少量珊瑚（Rong et al.，2002；Wang et al.，2018），从而形成观音桥层。

笔石带WF4时期的海平面下降可能会导致笔石带WF3的地层（甚至WF2）先后被剥蚀掉，因此在宜昌上升的核心地区如五峰县境内，缺失上述两个笔石带（陈旭等，2018）。笔石带WF2及以下地层在上扬子大部分地区发育，而笔石带WF3-LM5这段地层在部分地区缺失；WF2和LM6在极少地区缺失，且在缺失WF2处一般LM6也缺失，这可能表明这些地区为沉积高地，海平面下降导致地层剥蚀较多，且后期海平面上升，笔石带沉积时间较晚（图6-20）。

（3）龙马溪组沉积

志留纪初鲁丹期黑色页岩的全球性广布，很可能与奥陶纪末冰期结束所导致的气候回暖、海平面上升、海洋初级生产力爆发等因素有关。Chen et al.（2005）、戎嘉余和詹仁斌（2006）认

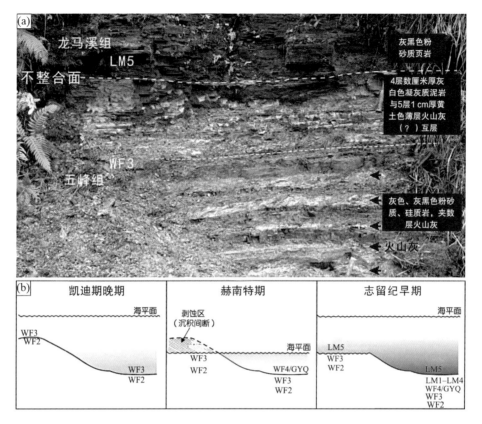

图6-20　（a）湖北恩施太阳河剖面龙马溪组LM5带直接覆盖于五峰组WF3带之上，表明奥陶–志留系之间为一个不整合面（王怿等，2011）；（b）奥陶–志留系之交沉积模式示意图

为，奥陶纪末冰期事件的发生导致全球气候进入冰室期，海洋生物发生大灭绝，后生动物的大灭绝导致大量生态域空置，进而导致初级生产者和灾后泛滥物种的爆发；志留纪鲁丹期初气候回暖，后生动物逐步复苏，直到进入埃隆期才真正恢复到灭绝前的规模。后生动物的缺位和初级生产者的爆发为鲁丹期烃源岩的形成奠定了物质基础，后生动物在埃隆期的复苏开始抑制初级生产力的规模，这也许是龙马溪组底部黑色页岩TOC较高，页岩气潜力较大，而中上部逐渐变差的原因之一。因此，华南龙马溪组底部烃源岩的形成与生物发展演化具有密切关系。苏文博等（2007）提出控制该阶段华南黑色页岩时空展布格局的主要因素有两个，即该阶段自南东向北西的华夏地块与扬子地块幕式汇聚过程所产生的岩石圈板块挠曲和周缘前陆盆地的同向迁移，以及该阶段两次全球性的三级海平面快速上升所致的缺氧及欠补偿水体。王清晨等（2008）认为，对于下志留统烃源岩而言，对有机质生产的主要贡献来自光合作用，所生成的有机质聚集在陆缘洼地型活动大陆边缘的分隔性盆地中，其有利保存的缺氧条件与冈瓦纳大陆北缘区域性的缺氧有关。严德天等（2008）认为，扬子地区上奥陶统–下志留统烃源岩的形成与生烃母质生物的高生产力和高埋藏率、冰期–冰后期之交的气温快速转暖、海平面快速上升以及黏土矿物在有机质富

集保存过程中的赋存驻留作用等密切相关。Melchin et al. （2013）认为，凯迪期晚期的全球暖室期和海平面上升，导致那些中低纬度的、发育上升洋流和半封闭海盆的地区出现缺氧环境，蓝藻的爆发和强烈的水体反硝化作用形成大量氮气是主因；当冰期来临，这种缺氧环境得以缓解；志留纪初，气候的回暖导致全球性海洋环境的再次缺氧，不论纬度和海水深度，反硝化作用再度增强，形成大规模的缺氧环境。在两套黑色页岩的形成和二者之间的生物大灭绝事件中，初级生产者群落的变化和氧化还原因子所驱动的营养素循环的改变起了关键作用。

6.4.2 奥陶纪末至志留纪初生物事件与古环境

奥陶纪末生物大灭绝事件是显生宙五次生物大灭绝事件中唯一一次与冰期事件直接相关的。对于导致这次生物事件的背景机制争论很多，主要有以下两种观点：① 全球温度骤冷、冰川扩张、全球海平面下降、生境减少（Finnegan et al.，2011，2012）；② 水体缺氧或硫化（Bartlett et al.，2018；Zou et al.，2018）。也有其他观点，包括火山事件（Jones et al.，2017）、古地理分布（Saupe et al.，2020）及多触发机制耦合成因（Harper et al.，2014）等。本节针对生物事件及其古环境背景，对近年来的研究成果进行简要综述。

（1）气候变冷与海平面变化

奥陶纪末的两幕式生物大灭绝基本对应于大冰期的启动与结束，因此，很多学者认为这两幕生物灭绝事件与冰川事件密切相关（Sheehan，2001；Brenchley et al.，2003；Finnegan et al.，2011）。冰川事件对古环境的影响首先是温度骤冷。根据牙形刺氧同位素及腕足和珊瑚等的碳氧团簇同位素（Trotter et al.，2008；Finnegan et al.，2011）检测结果，温度骤降约5℃（图6-21），导致长期适应于温室气候的动物群无法及时调整而走向灭亡。另外，由冰川扩张引起的全球海平面下降（80~100 m）使得奥陶纪末广泛发育的浅水陆表海暴露，从而导致海洋动物群生境减少（Sheehan，2001）。这两方面因素可能共同导致第一幕生物灭绝，而冰期快速结束伴随着全球温度和海平面升高，导致海水循环迟缓、分层，触发第二幕生物灭绝事件。

但是，以上的认识大多是基于地质记录的定性判断，尤其是全球海平面下降所导致的广泛陆表海暴露缺失沉积和化石记录，这可能对我们认识第一幕生物灭绝事件造成偏差，即地层缺失、化石记录不全可能会导致表象上的多样性下降。为此，Finnegan et al.（2012）针对北美的古生物数据库，利用随机森林算法对沉积记录的不完整性、生境的丧失及气候变冷在奥陶纪末生物大灭绝（第一幕）中的影响进行了定量评估，其研究结果显示全球海平面变化和气候变冷在生物灭绝事件中至关重要。

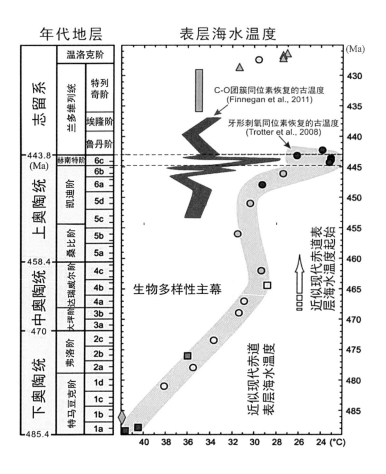

图6-21　奥陶纪至志留纪早期表层海水温度变化（修改自Trotter et al.，2008；Finnegan et al.，2011）

此外，前人的研究中，关于奥陶纪晚期冰川事件的持续时间争议较大，他们所认为的持续时间长短不一。Brenchley et al.（1994）首次通过对欧洲和北美多个剖面腕足壳碳和氧同位素的详细研究，提出晚奥陶世的冰川事件主要发生在赫南特期，且只持续了50万~100万年。最近，Ling et al.（2019）对云南永善万和剖面发现的火山灰进行了精确的单颗粒锆石高精度铀铅测年，将冰川主幕约束在20万年之内，并认为如此短暂的骤冷事件可能是奥陶纪末生物灭绝事件的触发因素。

（2）海洋缺氧或硫化

地史中生物灭绝事件及其所伴随的海洋缺氧事件，如二叠纪末和三叠纪末的生物大灭绝等，多与全球变暖或极热事件相关（Jenkyns，2010；Jost et al.，2017；Clarkson et al.，2018；Zhang et al.，2018）。赫南特期晚期的缺氧事件（HOAE）也被前人认为发生在赫南特期大冰期之后的全球变暖期，也是由全球变暖导致温度和海平面升高引起的（Melchin et al.，2013；Harper et al.，2014）。全球变暖加剧大陆风化，从而促使沉积物和营养物质向海洋输入，导致初级生产率升高，氧气消耗量加剧，从而使得最小含氧带扩张；同时海平面上升，使得缺氧水体向陆棚扩张，最终导致生物灭绝（Brenchley，1994；Melchin et al.，2013）。

Bartlett et al.（2018）对加拿大安蒂科斯蒂岛（Anticosti Island）奥陶系与志留系之交的碳酸盐岩和碎屑岩混合相沉积序列中的碳酸盐岩铀同位素（$\delta^{238}U$）和牙形刺氧同位素（$\delta^{18}O$）进行了详细研究，并与该剖面记录的相对海平面变化及生物事件进行对比研究，发现该缺氧事件的起始与奥陶纪末第二幕生物大灭绝事件起始时间一致，佐证了海洋缺氧事件是奥陶纪末第二幕生物大灭绝的主因。该缺氧事件的结束时间远远晚于生物灭绝事件的结束时间（图6-22），可能是由于其后续主要表现为海洋相对较深的水体（即在陆棚坡折带之下）缺氧，因此缺氧事件后期并未影响到生物灭绝之后的海洋生物多样性复苏。同时，该研究表明赫南特期晚期的缺氧事件发生在奥陶纪末的大冰期顶峰之前，并延续至大冰期顶峰及志留纪初期的冰川消融和全球变暖期。因此，Bartlett et al.（2018）认为赫南特期海洋缺氧事件并非发生在冰期后的全球变暖期，而是奥陶纪末冰盛期前夕至结束的整个过程，并且与全球变冷密切相关。全球变冷使得温盐循环重组，导致深海循环不畅，同时由于冰期风化与风力作用增强了营养物质的输入并致使海洋初级生产率提高，最终导致海洋深水缺氧，并使得最小缺氧带扩张。Bartlett et al.（2018）认为海洋缺氧事件发生在"冰期后变暖"还是"冰期"是两个不同的观点，可能主要是由不同指标和不同事件在不同剖面间的时间对比精度造成的。但海平面变化、缺氧事件及生物灭绝事件（生物多样性）等，均可以在加拿大安蒂科斯蒂岛的剖面中反映出来，因此没有时间对比的问题（图6-22）。

Bartlett et al.（2018）通过安蒂科斯蒂岛剖面中相对海平面变化推断出奥陶纪末冰川最高峰在赫南特期末期（*M. persculptus*带上部），这一结论与冈瓦纳大陆的冰川记录截然不同。根据多个具有精确生物地层控制的冈瓦纳大陆的沉积序列可以看出，杂砾岩等冰川沉积主要出现在赫南特期早期，大致相当于 *M. extraordinarius* 笔石带，表明该时期是冰川主幕。这次冰川事件的启动时间大致位于凯迪期和赫南特期之交，也因此被认为是触发奥陶纪末第一幕生物灭绝事件的主要因素（Harper et al.，2014；Wang et al.，2019）。加拿大安蒂科斯蒂岛剖面的地层主要是依靠大化石（如腕足、珊瑚等）及同位素来确定地层时代，奥陶系的标准化石笔石和牙形刺很少产出，因此其赫南特阶是否存在这两个化石带可能存疑。另外，Ghienne et al.（2014）对该剖面进行了详细、系统的沉积学和层序地层学研究，认为奥陶–志留系之交存在多个不整合面，表明该剖面存在地层缺失。因此，对该剖面的地层年代及其与全球其他剖面的对比仍需进一步厘定。

前已述及，剖面间对比的精度影响我们更好地认识古气候和海平面变化、缺氧事件与生物事件的关系。Wang et al.（2019）（图6-23）通过综述全球奥陶纪末期生物多样性和底栖动物群（如珊瑚、腕足等）的宏演化序列，综合笔石生物地层数据，校对了牙形刺、几丁虫生物地层以及碳同位素化学地层，提出奥陶纪末期的灭绝事件可能仅限于凯迪期晚期至赫南特期早期（第一

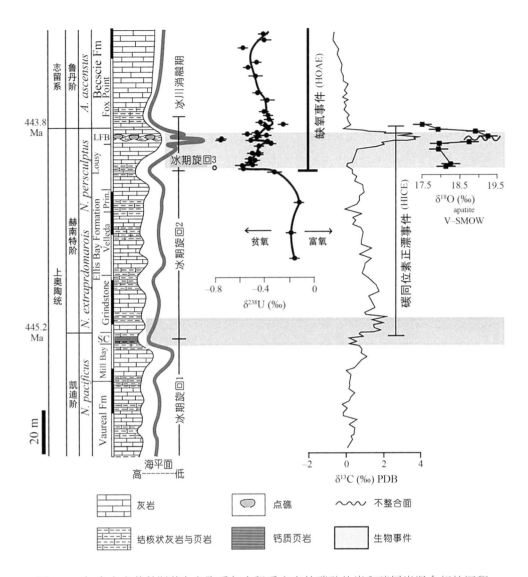

图6-22　加拿大安蒂科斯蒂岛奥陶系与志留系之交的碳酸盐岩和碎屑岩混合相的沉积
序列及相关沉积、地化特征和事件解释（修改自Bartlett et al.，2018；浅灰色条带分别
指奥陶纪末生物灭绝事件的第一幕（下）和第二幕（上））

幕），该灭绝事件与冈瓦纳冰川启动直接相关，而第二幕灭绝事件并不存在，只是因为气候波动造成了海洋动物群的更替，整体上并没有大灭绝的发生。

　　Zou et al.（2018）在精细的生物地层框架下，对华南扬子台地三个不同沉积相区的碎屑岩剖面开展了铁组分、微量元素及大陆风化指数的综合研究，认为奥陶纪末的两幕式大灭绝均与水体缺氧硫化有关，其中气候骤冷可能是第一幕灭绝事件的次要触发因素（图6-24）。

　　奥陶纪末第一幕生物大灭绝事件之前，缺氧或硫化水体起源于中陆棚海域，随后在凯迪期–赫南特期之交向内陆棚和外陆棚扩张，严重影响底栖生物；该时期，包括华南扬子地区在内的全球多个地区的沉积物中含有大量有机碳，与缺氧硫化水体一致。与此同时，全球变冷和冈瓦纳大陆冰川启动均对低纬度海洋生物（尤其是浮游动植物）造成冲击（Brenchley et al.，2001；Crampton et al.，2016），最终导致第一幕灭绝事件的发生。

　　赫南特期中期（约对应于 *M. extraordinarius* 带中上部至 *M. persculptus* 带底部），冰川扩张导致冰川性海平面降低，浅水内陆棚水体充氧（Yan et al.，2012；Zou et al.，2018）。同时，该时期的大陆风化指数（CIA）整体较低，与冰期气候风化较弱相关；冰期海平面降低，海水循环加快，导致缺氧、硫化水体整体缩减。赫南特期晚期（约对应于 *M. persculptus* 中上部），冰川快速消融，海平面上升，海水水体循环不畅，导致缺氧或硫化水体在扬子海陆棚扩张，残存分子在第一幕灭绝事件之后再次受到重创，即发生奥陶纪末第二幕生物灭绝事件。该缺氧事件的发生伴随着赫南特冰川消融期全球变暖，缺氧水体扩张到浅水陆棚，这对浅海底栖生物造成重创（Melchin et al.，2013；Harper et al.，2014）。但不管哪种观点，都赞同赫南特期末期全球广布的黑色页岩形成于全球海水缺氧的时期（Barttlet et al.，2018）。

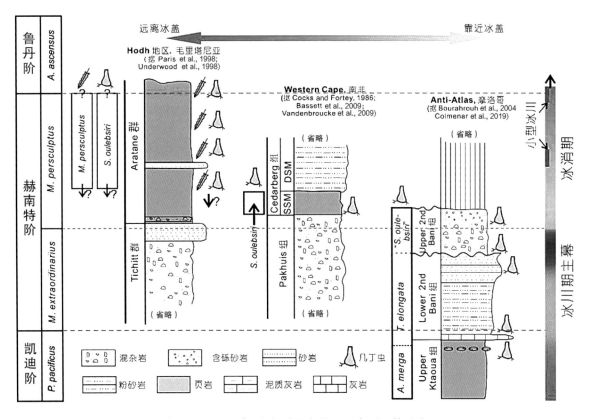

图6-23 冈瓦纳大陆高纬度地区奥陶-志留系之交的地层序列（修改自Wang et al.，2019）

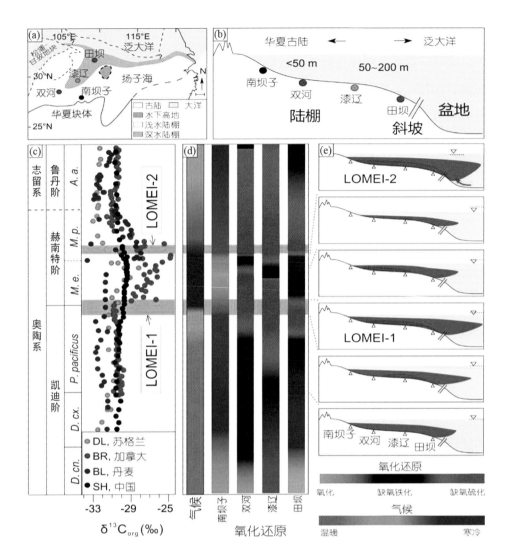

图6-24 华南扬子区记录的奥陶–志留纪之交的氧化还原环境变化（修改自Zou et al.，2018；
LOMEI-1和LOMEI-2分别指示奥陶纪末生物大灭绝第一幕和第二幕）

（a）剖面点位分布和古地理概况；（b）剖面古地形分布示意图；（c）不同地区有机碳同位素
（$\delta^{13}C_{org}$）漂移记录对比；（d）扬子区气候和不同剖面氧化还原环境变化；（e）扬子海氧化还原环
境变化示意图
笔石带缩写：*D. cn.*: *Dicellograptus complanatus*带，WF1；*D. cx.*: *Dicellograptus complexus*带，WF2；
P. pacificus: *Paraorthograptus pacificus*带，WF3；*M. e.*: *Metabolograptus extraordinarius*带，WF4；*M. p.*:
*Metabolograptus persculptus*带，LM1；*A. a.*: *Akidograptus ascensus*带，LM2

（3）火山事件

火山事件（包括大火成岩省）会对环境与生物造成重创，也经常被解释为生物事件的触发
机制（如二叠纪末和三叠纪末生物大灭绝事件）。汞（Hg）含量和同位素是近年来开发的指示
火山作用的地球化学指标（Thibodeau et al.，2016；Jones et al.，2017；Grasby et al.，2019；Shen

et al.，2019）。Jones et al.（2017）通过对湖北王家湾剖面和内华达Monitor Range剖面的凯迪阶-赫南特阶进行了Hg含量的测试，研究结果表明，在凯迪-赫南特阶之交，Hg含量有一次明显的升高，恰好对应着奥陶纪末生物大灭绝事件的第一幕（图6-25）。据此，Jones et al.（2017）认为汞含量的升高可能与大火成岩省的火山作用有关，并提出奥陶纪末第一幕生物大灭绝事件是由火山作用触发的，表明火山作用可能是造成环境波动的主要驱动力，并最终导致生物灭绝事件。同时，火山事件喷发的二氧化硫气溶胶反射率的增强可能是冰川迅速扩张的主要原因。

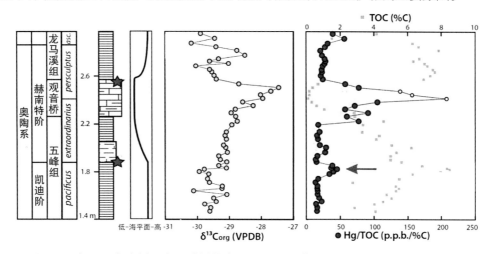

图6-25　湖北王家湾剖面有机碳同位素和Hg含量（修改自Jones et al.，2017；红色星号代表奥陶纪末两幕生物灭绝事件，红色箭头代表明显的Hg含量异常）

火山事件的直接证据便是地层中的火山灰夹层（Buggisch et al.，2010）。Yang et al.（2019）在华南下扬子区仑山剖面的奥陶-志留系之交的地层中发现了约100层火山灰，通过对火山灰层进行锆石铀铅定年，将火山灰层与生物事件联系起来，并认为火山事件可能是触发生物事件的重要机制。

（4）古地理分布

Saupe et al.（2020）通过与新生代全球古地理分布、冰川事件及生物事件的对比及模拟研究，认为相对于新生代的气候变冷和冰川事件所引发的较小的生物事件而言，奥陶纪末生物大灭绝事件可能是由不利的全球古地理分布形式叠加在气候变冷和海平面下降等因素之上所产生的结果。相对于新生代以来全球陆块从高纬度到低纬度跨越整个南北半球的分布特征，奥陶纪晚期的全球陆块大部分位于南半球，而且有许多小型岛屿或块体分散在古大洋中，缺少新生代以来南北向连通的大陆，因此也就缺少海洋生物赖以生存的不同纬度的海岸线和浅水陆棚。在气候骤冷、海平面骤降的时候，海洋生物（尤其是底栖类生物）很难及时迁移到足够广阔的、温暖的低纬度地区，从而遭到重创，造成极大的生物灭绝事件（图6-26）。

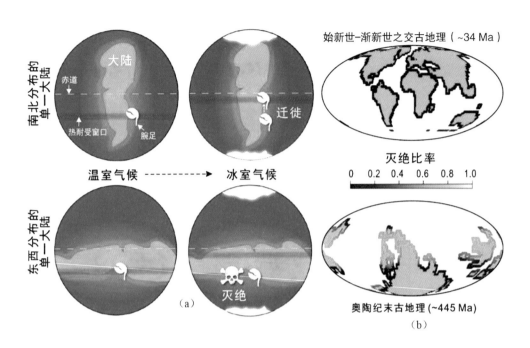

图6-26 全球古陆位置在气候（温度）和海平面变化时对生物的影响作用（修改自Saupe et al., 2020）

（a）理想化模型：当气候由暖向冷转换时，生物热耐受窗口移向赤道附近。此时，南北向分布的大陆浅海陆棚的生物可沿浅海迁徙到适宜的环境（新的热耐受窗口），东西向分布的大陆边缘浅海生物无法迁徙到适宜的环境而发生灭绝；（b）模拟实验表明，由于古陆分布形式不同，相较于始新世–渐新世而言，奥陶纪末的冰川事件会造成更高比率的生物灭绝

6.5 结 语

奥陶-志留纪之交的生物大灭绝事件与气候事件是整个显生宙最为显著的地质事件之一，一直是地学界的研究热点。尽管如此，目前对生物灭绝的模式及其触发机制仍存在很多争议。只有在更精确的综合地层框架和地质年代研究的基础上，以地球系统科学理论为指导，开展多学科综合交叉研究，才能对该时期地球系统开展全面探索。

纵观地史，极端气候变化与生物演化密切相关；对"深时"重大气候变化及相关生物事件的不断的深入综合研究，将有助于我们更好地理解"深时"地史中气候变化和生物演化之间的关联机制，也可以让我们从地史长尺度的角度理解当今全球变化对生态系统的影响。

参考文献

陈清, 樊隽轩, 张琳娜, 陈旭. 下扬子区奥陶纪晚期古地理演变及其意义. 中国科学:地球科学, 2018, 48(6):767-777.

陈旭, 丘金玉. 宜昌奥陶纪的古环境演变. 地层学杂志, 1986, 1(10):1-15, 79-80.

陈旭, 杨万容, 何自强, 汪盛辉. 广西兴安奥陶纪含笔石地层. 地层学杂志, 1981, 5(1):36-45.

陈旭, 肖承协, 陈洪冶. 华南五峰期笔石动物群的分异及缺氧环境. 古生物学报, 1987, 26(3):326-344.

陈旭, 戎嘉余, 周志毅, 张元动, 詹仁斌, 刘建波, 樊隽轩. 上扬子区奥陶–志留纪之交的黔中隆起和宜昌上升. 科学通报, 2001, 12(46):1052-1056.

陈旭, 樊隽轩, 陈清, 唐兰, 侯旭东. 论广西运动的阶段性. 中国科学(地球科学), 2014, 44(5):842-850.

陈旭, 樊隽轩, 张元动, 王红岩, 陈清, 王文卉, 梁峰, 郭伟, 赵群, 聂海宽, 文治东, 孙宗元. 五峰组及龙马溪组黑色页岩在扬子覆盖区内的划分与圈定. 地层学杂志, 2015, 39:351-358.

陈旭, 樊隽轩, 王文卉, 王红岩, 聂海宽, 石学文, 文治东, 陈冬阳, 李文杰. 黔渝地区志留系龙马溪组黑色笔石页岩的阶段性渐进展布模式. 中国科学:地球科学, 2017, 47:720-732.

陈旭, 陈清, 甄勇毅, 王红岩, 张琳娜, 张俊鹏, 王文卉, 肖朝晖. 志留纪初宜昌上升及其周缘龙马溪组黑色笔石页岩的圈层展布模式. 中国科学:地球科学, 2018, 48(9):1198-1206.

樊隽轩, Melchin M.J., 陈旭, 王怿, 张元动, 陈清, 迟昭利, 陈峰. 华南奥陶–志留系龙马溪组黑色笔石页岩的生物地层学. 中国科学:地球科学, 2012, 42(1):130-139.

樊隽轩, 陈清, 孙冬胜, 李双建, 孙宗元, 张琳娜, 杨娇. 利用GBDB数据库与GIS技术绘制高精度古地理图. 古地理学报, 2016, 18(1):115-125.

冯增昭, 彭勇民, 金振奎, 蒋盘良, 鲍志东, 罗璋, 鞠天吟, 田海芹, 汪红. 中国南方中及晚奥陶世岩相古地理. 古地理学报, 2001, 3(4):10-24.

关士聪. 中国海陆变迁海域沉积相与油气. 北京:科学出版社, 1984.

胡正国. 大渡河下游地区的"达尔曼虫层". 地层学杂志, 1980, 4(1):29-36.

李积金, 成汉钧. 汉中梁山南郑组的岩性及生物群特征. 陕西地质, 1988, 1(1):31-44.

李越, Kershaw S., 李军, 边立曾, 章森桂, 张俊明, 夏凤生. 华南奥陶纪生物礁时空分布的控制因素. 地层学杂志, 2002, 26(1):9-17.

刘宝珺, 许效松. 中国南方岩相古地理图集. 北京:科学出版社, 1994.

刘洪福. 陕西南郑梁山南郑组的时代及生物群. 西北大学学报(自然科学版), 1986, 2:117-119.

刘鸿允. 中国古地理图. 北京:科学出版社, 1955.

刘义仁, 傅汉英. 湖南安化上奥陶统五峰组*Tangyagraptus typicus-Yinograptus disjunctus*带(W3)的笔石. 古生物学报, 1984, 23(5):642-648.

刘义仁, 傅汉英. 中国奥陶系韩江阶、石口阶的候选层型剖面——湖南祁东双家口剖面(Ⅰ). 地层学杂志, 1989, 13(3):161-192.

刘义仁, 傅汉英. 湖南晚奥陶世五峰期的古地理. 湖南地质, 1990, 9(1):1-7.

马永生, 陈洪德, 王国力. 中国南方层序地层与古地理. 北京:科学出版社, 2009.

牟传龙, 周恳恳, 梁薇, 葛祥英. 中上扬子地区早古生代烃源岩沉积环境与油气勘探. 地质学报, 2011, 85(4):526-532.

牟传龙, 葛祥英, 许效松, 周恳恳, 梁薇, 王秀平. 中上扬子地区晚奥陶世岩相古地理及其油气地质意义. 古地理学报, 2014, 16(4):427-440.

牟传龙, 王启宇, 王秀平, 周恳恳, 梁薇, 葛祥英. 岩相古地理研究可作为页岩气地质调查之指南. 地质通报, 2016a, 35(1):10-19.

牟传龙, 王秀平, 王启宇, 周恳恳, 梁薇, 葛祥英, 陈小炜. 川南及邻区下志留统龙马溪组下段沉积相与页岩气地质条件的关系. 古地理学报, 2016b, 18(3):457-472.

穆恩之, 朱兆玲, 陈均远, 戎嘉余. 西南地区的奥陶系//中国科学院南京地质古生物研究所编著. 西南地区碳酸盐生物地层. 北京:科学出版社, 1979, pp. 108-154.

穆恩之, 李积金, 葛梅钰, 陈旭, 倪寓南, 林尧坤. 华中区晚奥陶世古地理图及其说明书. 地层学杂志, 1981, 5(3):165-170.

聂海宽, 金之均, 马鑫, 刘忠宝, 林拓, 杨振恒. 四川盆地及邻区上奥陶统五峰组-下志留统龙马溪组底部笔石带及沉积特征. 石油学报, 2017, 38(2):160-174.

戎嘉余. 上扬子区晚奥陶世海退的生态地层证据与冰川活动影响. 地层学杂志, 1984, 8(2):19-29.

戎嘉余, 陈旭. 华南晚奥陶世的动物群分异及生物相, 岩相分布模式. 古生物学报, 1987, 26(5):507-535.

戎嘉余, 詹仁斌, 许红根, 黄冰, 俞国华. 华夏古陆于奥陶-志留纪之交的扩展证据和机制探索. 中国科学, 2010a, 40(1):1-17.

戎嘉余, 陈旭, 詹仁斌, 樊隽轩, 王怿, 张元动, 李越, 黄冰, 吴荣昌, 王光旭, 刘建波. 贵州桐梓县境南部奥陶系-志留系界线地层新认识. 地层学杂志, 2010b, 34(4):337-348.

戎嘉余, 陈旭, 王怿, 詹仁斌, 刘建波, 黄冰, 唐鹏, 吴荣昌, 王光旭. 奥陶-志留纪之交黔中古陆的变迁:证据与启示. 中国科学, 2011, 41(10):1407-1415.

孙莎莎, 芮昀, 董大忠, 施振生, 拜文华, 马超, 张磊夫, 武瑾, 昌燕. 中、上扬子地区晚奥陶世-早志留世古地理演化及页岩沉积模式.石油与天然气地质, 2018, 39(6):1087-1106.

唐兰, 陈旭, 杨杰, 杨兴莲, 丛培允, 杨显峰, 王欣, 张举, 宋妍妍, 陈中阳, 侯旭东, 张琳娜, 孙海静. 桂北兴安奥陶纪至志留纪初笔石序列的再研究. 地层学杂志, 2013, 37(1):1-7.

唐鹏, 黄冰, 吴荣昌, 樊隽轩, 燕夔, 王光旭, 刘建波, 王怿, 詹仁斌, 戎嘉余. 论上扬子区上奥陶统大渡河组. 地层学杂志, 2017, 41(2):119-133.

王鸿祯. 中国古地理图集. 北京:中国地图出版社, 1985.

王怿, 樊隽轩, 张元动, 徐洪河, Melchin, M.J. 湖北恩施太阳河奥陶纪-志留纪之交沉积间断的研究. 地层学杂志, 2011, 35(4):361-367.

王怿, 戎嘉余, 詹仁斌, 黄冰, 吴荣昌, 王光旭. 鄂西南奥陶系-志留系交界地层研究兼论宜昌上升. 地层学杂志, 2013, 37(3):264-274.

王玉净, 张元动. 江苏仑山地区上奥陶统五峰组放射虫动物群及其地质意义. 微体古生物学报, 2011, 28(3):251-260.

王玉满, 董大忠, 李新景, 黄金亮, 王淑芳, 吴伟. 四川盆地及其周缘下志留统龙马溪组层序与沉积特征. 天然气工业, 2015, 35(3):12-21.

严德天, 王清晨, 陈代钊, 汪建国, 邱振. 扬子地区晚奥陶世碳酸盐台地淹没事件及其地质意义. 地质科学, 2011, 46(1):42-51.

詹仁斌, 傅力浦. 浙赣边区晚奥陶世地层之新见. 地层学杂志, 1994, 18(4):267-274.

张琳娜, 樊隽轩, 陈清. 华南上奥陶统观音桥层的空间分布和古地理重建. 科学通报, 2016, 61(18):2053-2063.

赵明胜, 田景春, 王约. 晚奥陶世五峰期上扬子海南缘的同生变形构造形成机制. 地质论评, 2014, 60(2):299-309.

周恳恳, 牟传龙, 葛祥英, 梁薇, 陈小炜, 王启宇, 王秀平. 新一轮岩相古地理编图对华南重大地质问题的反映——早古生代晚期"华南统一板块"演化. 沉积学报, 2017, 35(3):449-459.

邹才能, 董大忠, 王玉满, 李新景, 黄金亮, 王淑芳, 管全中, 张晨晨, 王红岩, 刘洪林, 拜文华, 梁峰, 吝文, 赵群, 刘德勋, 杨智, 梁萍萍, 孙莎莎, 邱振. 中国页岩气特征、挑战及前景(一). 石油勘探与开发, 2015, 42(6):689-701.

Bartlett, R., Elrick, M., Wheeley, J.R., Polyak, V., Desrochers, A., Asmerom, Y. Abrupt global-ocean anoxia during the Late Ordovician-early Silurian detected using uranium isotopes of marine carbonates. Proceedings of the National Academy of Sciences, 2018, 115(23):5896-5901.

Brenchley, P.J., Marshall, J.D., Carden, G.A.F., Robertson, D.B.R., Long, D.G.F., Meidla, T., Hints, L., Anderson, T.F. Bathymetric and isotopic evidence for a short-lived Late Ordovician glaciation in a greenhouse period. Geology, 1994, 22:295-298.

Brenchley, P.J., Marshall, J.D., Underwood, C.J. Do all mass extinctions represent an ecological crisis? Evidence from the Late Ordovician. Geological Journal, 2001, 36:329-340.

Brenchley, P.J., Carden, G.A., Hints, L., Kaljo, D., Marshall, J.D., Martma, T., Meidla, T., Nolvak, J. High-resolution isotope stratigraphy of Late Ordovician sequences:constraints on the timing of bio-events and environmental changes associated with mass extinction and glaciation. Geological Society of America Bulletin, 2003, 115:89-104.

Brenchley, P.J., Marshall, J.D., Harper, D.A.T., Buttler, C.J., Underwood, C.J. A late Ordovician (Hirnantian) karstic surface in a submarine channel, recording glacioeustatic sea-level changes: Meifod, central Wales. Geological Journal, 2006, 41:1-22.

Buggisch, W., Joachimski, M.M., Lehnert, O., Bergström, S.M., Repetski, J.E., Webers, G.F. Did intense volcanism trigger the first Late Ordovician icehouse? Geology, 2010, 38:327-330.

Cardona, S., Wood, L.J., Dugan, B., Jobe, Z., Strachan, L.J. Characterization of the Rapanui mass-transport deposit and the basal shear zone: Mount Messenger Formation, Taranaki Basin, New Zealand. Sedimentology, 2020, 4(67):2111-2148.

Chen, Q., Fan, J.X., Melchin, M.J., Zhang, L.N. Temporal and spatial distribution of the Wufeng black shales (Upper Ordovician) in South China. GFF, 2014, 136(1):55-59.

Chen, X., Rong, J.Y., Li, Y., Boucot, A.J. Facies patterns and geography of the Yangtze region, South China, through the Ordovician and Silurian transition. Palaeogeography, Palaeoclimatology, Palaeoecology, 2004, 204(3-4):353-372.

Chen, X., Melchin, M.J., Sheets, H.D., Mitchell, C.E., Fan, J.X. Patterns and processes of latest Ordovician graptolite extinction and recovery based on data from South China. Journal of Paleontology, 2005, 79:841-860.

Clarkson, M.O., Stirling, C.H., Jenkyns, H.C., Dickson, A.J., Porcelli, D., Moy, C.M., Pogge von Strandmann, P.A.E., Cooke, I.R., Lenton, T.M. Uranium isotope evidence for two episodes of deoxygenation during Oceanic Anoxic Event 2. Proceedings of the National Academy of Sciences, 2018, 115(12):2918-2923.

Crampton, J.S., Coopera, R.A., Sadlerc, P.M., Footed, M. Greenhouse-icehouse transition in the Late Ordovician marks a step change in extinction regime in the marine plankton. Proceedings of the National Academy of Sciences of the

United States of America, 2016, 113:1498-1503.

Fan, J.X., Peng, P.A., Melchin, M.J. Carbon isotopes and event stratigraphy near the Ordovician-Silurian boundary, Yichang, South China. Palaeogeography, Palaeoclimatology, Palaeoecology, 2009, 276:160-169.

Finnegan, S., Bergmann, K., Eiler, J.M., Jones, D.S., Fike, D.A., Eisenman I., Hughes, N.C., Tripati A.K., Fischer W.W. The magnitude and duration of Late Ordovician-Early Silurian glaciation. Science, 2011, 331(6019):903-906.

Finnegan, S., Heim, N.A., Peters, S.E., Fischer, W.W. Climate change and the selective signature of the Late Ordovician mass extinction. Proc Natl Acad Sci USA, 2012, 109(18):6829-6834.

Fortey, R.A., Cocks, L.R.M. Late Ordovician global warming—the Boda event. Geology, 2005, 33(5):405-408.

Ghienne, J.F., Desrochers, A., Vandenbroucke, T.R., Achab, A., Asselin, E., Dabard, M.P., Farley, C., Loi, A., Paris, F., Wickson, S., Veizer, J. A Cenozoic-style scenario for the end-Ordovician glaciation. Nat Commun, 2014, 5:4485.

Grasby, S.E., Them, T.R., Chen, Z., Yin, R., Ardakani, O.H. Mercury as a proxy for volcanic emissions in the geologic record. Earth-Science Reviews, 2019, 196:102880.

Harper, D.A.T., Hammarlund, E.U., Rasmussen, C.M.Ø. End Ordovician extinctions: A coincidence of causes. Gondwana Research, 2014, 25(4):1294-1307.

Jenkyns, H.C. Geochemistry of oceanic anoxic events. Geochemistry, Geophysics, Geosystems, 2010, 11(3):Q03004.

Jones, D.S., Fike, D.A. Dynamic sulfur and carbon cycling through the end-Ordovician extinction revealed by paired sulfate-pyrite δ^{34}S. Earth Planet Sci Lett, 2013, 363:144-155.

Jones, D.S., Martini, A.M., Fike, D.A., Kaiho, K. A volcanic trigger for the Late Ordovician mass extinction? Mercury data from south China and Laurentia. Geology, 2017, 45(7):631-634.

Jost, A.B., Bachan, A., van de Schootbrugge, B., Lau, K.V., Weaver, K.L., Maher, K., Payne, J.L. Uranium isotope evidence for an expansion of marine anoxia during the end-Triassic extinction. Geochemistry, Geophysics, Geosystems, 2017, 18(8):3093-3108.

Lewis, K.B. Slumping on a continental slope inclined at 1°–4°. Sedimentology, 1971, 16:97-110.

Li, J.J., Qian, Y.Y., Zhang, J.M. Ordovician-Silurian boundary section from Jingxian, South Anhui. In: Nanjing Institute of Geology and Palaeontology (ed.), Stratigraphy and Palaeontology of Systemic Boundaries in China, Ordovician–Silurian Boundary (1). Hefei:Anhui Science and Technology Publishing House, 1984, pp. 309-388.

Li, W.J., Chen, J.T., Wang, L.W., Fang, X., Zhang, Y.D. Slump sheets as a record of regional tectonics and paleogeographic changes in South China. Sedimentary Geology, 2019, 392:105525.

Ling, M.X., Zhan, R.B., Wang, G.X., Wang, Y., Amelin, Y., Tang, P., Liu, J.B., Jin, J., Huang, B., Wu, R.C., Xue, S., Fu, B., Bennett, V.C., Wei, X., Luan, X.C., Finnegan, S., Harper, D.A.T., Rong, J.Y. An extremely brief end Ordovician mass extinction linked to abrupt onset of glaciation. Solid Earth Sciences, 2019, 4(4):190-198.

Melchin, M.J., Mitchell, C.E., Holmden, C., Storch, P. Environmental changes in the Late Ordovician-early Silurian: Review and new insights from black shales and nitrogen isotopes. Geological Society of America Bulletin, 2013, 125(11-12):1635-1670.

Ohkouchi, N., Ogawa, N.O., Chikaraishi, Y., Tanaka, H., Wada, E. Biochemical and physiological bases for the use of carbon and nitrogen isotopes in environmental and ecological studies. Progress in Earth and Planetary Science, 2015. 2:1.

Rong, J.Y., Chen, X., Su, Y.Z., Ni, Y.N., Zhan, R.B., Chen, T.E., Fu, L.P., Li, R.Y., Fan, J.X. Silurian paleogeography of China.

In: Johnson, M.E., Landing, E. (eds.), Silurian Lands and Seas-Paleogeography Outside of Laurentia. New York:New York State Museum, 2003, pp. 243-298.

Rong, J.Y., Chen, X., Harper, D.A.T. The latest Ordovician Hirnantia Fauna (Brachiopoda) in time and space. Lethaia, 2002, 35:231-249.

Saupe, E.E., Qiao, H., Donnadieu, Y., Farnsworth, A., Kennedy-Asser, A.T., Ladant, J.B., Lunt, D.J., Pohl, A., Valdes, P., Finnegan, S. Extinction intensity during Ordovician and Cenozoic glaciations explained by cooling and palaeogeography. Nature Geoscience, 2020, 13(1):65-70.

Sepkoski, Jr.J.J. A factor analytical description of the Phanerozoic marine fossil record. Paleobiology, 1981, 7:36-53.

Sheehan, P.M. The Late Ordovician Mass Extinction. Annual Review of Earth and Planetary Sciences, 2001, 29:331-364.

Shen, J., Chen, J.B., Algeo, T.J., Yuan, S.L., Feng, Q.L., Yu, J.X., Zhou, L., O'Connell, B., Planavsky, N.J. Evidence for a prolonged Permian-Triassic extinction interval from global marine mercury records. Nature Communications, 2019, 10:1563.

Thibodeau, A.M., Ritterbush, K., Yager, J.A., West, A.J., Ibarra, Y., Bottjer, D.J., Berelson, W.M., Bergquist, B.A., Corsetti, F.A. Mercury anomalies and the timing of biotic recovery following the end-Triassic mass extinction. Nat Commun, 2016, 7:11147.

Trotter, J.A., Willians, I.S., Barnes, C.R., Lecuyer, C., Nicoll, R.S. Did cooling oceans trigger Ordovician biodiversification? Evidence from conodont thermonetry. Science, 2008, 321:550-554.

Wang, G.X., Zhan, R.B., Rong, J.Y., Huang, B., Percival, I.G., Luan, X.C., Wei, X., Wang, X.D. Exploring the end-Ordovician extinctions in Hirnantian near-shore carbonate rocks of northern Guizhou, SW China: A refined stratigraphy and regional correlation. Geological Journal, 2018, 53(6):3019-3029.

Wang, G.X., Zhan, R.B., Percival, I.G. The end-Ordovician mass extinction: A single-pulse event? Earth-Science Reviews, 2019, 192:15-33.

Yan, D.T., Chen, D.Z., Wang, Q.C., Wang, J.G. Predominance of stratified anoxic Yangtze Sea interrupted by short-term oxygenation during the Ordo-Silurian transition. Chemical Geology, 2012, 291:69-78.

Yang, S.C., Hu, W.X., Wang, X.L., Jiang, B.Y., Yao, S.P., Sun, F.N., Huang, Z.C., Zhu, F. Duration, evolution, and implications of volcanic activity across the Ordovician-Silurian transition in the Lower Yangtze region, South China. Earth and Planetary Science Letters, 2019, 518:13-25.

Zhang, F., Romaniello, S.J., Algeo, T.J., Lau, K.V., Clapham, M.E., Richoz, S., Herrmann, A.D., Smith, H., Horacek, M., Anbar, A.D. Multiple episodes of extensive marine anoxia linked to global warming and continental weathering following the latest Permian mass extinction. Science Advances, 2018, 4:e1602921.

Zhang, L.N., Fan, J.X., Chen, Q., Wu, S.Y. Reconstruction of the mid-Hirnantian palaeotopography in the Upper Yangtze region, South China. Estonian Journal of Earth Sciences, 2014, 63(4):329-334.

Zhang, T., Shen, Y., Zhan, R.B., Shen, S.Z., Chen, X. Large perturbations of the carbon and sulfur cycle associated with the Late Ordovician mass extinction in South China. Geology, 2009, 37:299-302.

Zhang, Y.D., Chen, X., Yu, G.H., Goldman, D., Liu, X. Ordovician and Silurian Rocks of Northwest Zhejiang and Northeast Jiangxi Provinces, SE China. Hefei:University of Science and Technology of China Press, 2007.

Zou, C.N, Qiu, Z., Poulton, S.W., Dong, D.Z., Wang, H.Y., Chen, D.Z., Lu, B., Shi, Z.S., Tao, H.F. Ocean euxinia and climate change "double whammy" drove the Late Ordovician mass extinction. Geology, 2018, 46(6):535-538.

7 中上扬子区奥陶系-志留系之交黑色页岩笔石带的划分与地球物理测井及同位素值的对应关系

赵 群 李 超 孙莎莎 郭 伟

地球物理测井或矿场地球物理测井，简称测井，是利用岩层的电化学特性、导电特性、声学特性、放射性等地球物理特性，测量钻井下的各种地球物理参数，作为评价油气赋存和对比的重要指标和参数，在油气勘探开发中应用广泛（Asquit et al.，2004；Bond et al.，2010）。笔者等近年来参与了中上扬子区大量含页岩气的笔石地层划分对比研究，在工作过程中发现含油气地层的笔石生物带与伽马测井曲线的峰值和低谷以及碳同位素漂移均具有较好的对应关系。伽马测井响应特征反映了地层中铀、钍和钾等放射性核素在衰变过程中所产生的放射强度。这种放射性在不同矿物中的表现形式不同，并且在有机质中浓缩富集，记录了大量的沉积地质事件。因此，生物带与伽马测井响应特征具有较强的对应性。碳同位素漂移则与笔石带记录的地质事件，以及地质事件相关的含有机质页岩直接相关。

本章基于扬子区37口钻井岩芯中笔石带的划分，以及63口井下的伽马测井曲线，建立了笔石带与伽马测井曲线的对应关系，把生物地层和伽马测井曲线两种方法结合在一起，从而为中上扬子区含页岩气黑色笔石页岩的区域对比，提供了易于识别、稳定可靠和方便快捷的有效手段。本章只公布其中少数代表性的井下资料，并进行科学讨论。

本章所研究钻井下的伽马测井曲线分布在扬子区内的4个小区内，如图7-1所示。

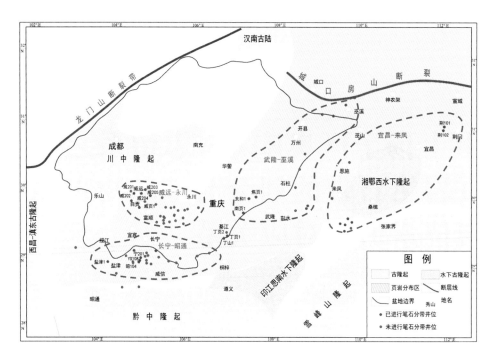

图7-1　中上扬子区笔石生物带与测井曲线对应钻井的分区

7.1　笔石生物带与伽马测井响应的关系

在划分生物带的过程中，主要选择对环境反应敏感、演化快速的古生物种作为地层划分的界线标志，因此生物带的分界线往往体现了环境的变化特征。如上所述，笔石生物带演替与测井曲线的变化存在着相互对应的关系并具可比性。因此得以用于含页岩气黑色页岩的划分与对比。但是测井曲线峰值出现的层位在扬子区内并不完全一致，因而我们据此分作四个小区来加以论述，即武隆-巫溪小区、威远-永川小区、长宁-昭通小区和宜昌来凤小区（图7-1）。

研究区内五峰组至龙马溪组主要包括三套地层，自下而上分别为五峰组、观音桥层和龙马溪组（穆恩之等，1978，1983；戎嘉余，1979；Chen et al.，2003）。在扬子区五峰组厚度为3～5 m，而在威远地区则为灰岩和页岩互层，在长宁-昭通、武隆-巫溪和宜昌-荆门地区为富有机质黑色页岩。观音桥层位于五峰组顶部，在扬子区为一套灰岩、泥灰岩或灰泥岩沉积，厚度为0.1～2.0 m，属赫南特阶。龙马溪组下部为一套黑色-灰黑色富有机质页岩，其底部0.1～0.2 m相当于赫南特阶顶部；龙马溪组中部为鲁丹阶，岩性为黑色-深灰色页岩，厚度10～40 m；龙马溪组上部为一套深灰色–灰色页岩，厚度50～80 m，属埃隆阶。在城口至巫溪一带，龙马溪组的黑色页岩向上可延至特列奇阶底部（郝子文和饶荣标，1997；辜学达和刘啸虎，1997）。

五峰组和龙马溪组黑色页岩的黏土和有机质中放射性核素的含量与沉积环境相关

（Bassiouni，1994）。在测井曲线中，页岩呈现高伽马值特征，砂岩和灰岩呈现低伽马特征（魏斌等，2016；陈浩莹，2017）。地层中的伽马射线主要来自铀（U）、钍（Th）和钾（K）三种放射性核素（魏斌等，2016），伽马能谱测井就是根据放射性核素的组合差异来确定地层中的不同矿物组成。页岩中的有机质在沉积过程中对放射性核素具有较强选择吸附作用（聂昕等，2016）。通过伽马测井解释，总有机碳含量（TOC）与实验室岩样的分析值具有较好的一致性（Schmoker，1981；魏斌等，2016；聂昕等，2016）。Lüning et al.（2003）对北非等多个地区页岩伽马曲线特征进行对比，总有机碳含量（TOC）与伽马测井的API值呈现明显的正相关关系，因此提出可用伽马值来标识页岩总有机碳含量。伽马测井曲线的变化，也可反映矿物组成和TOC的差异，以此指示地层序列中沉积环境的变化。通常情况下，相对高黏土、高TOC的富有机质页岩表现为高伽马特征，砂岩和灰岩则呈现低伽马特征。

本章中所采用的测井仪器为ECS元素俘获能谱测井仪，数据由斯伦贝谢和中油测井公司进行采集、处理和解释。测井序列中的伽马曲线主要依据地层中放射性能谱差异性来确定矿物组成和TOC等参数（魏斌等，2016；陈浩莹，2017）。

火山活动中喷发的火山灰沉积后形成的斑脱岩放射性核素含量高，在伽马测井中表现为伽马异常高值，记录了重大的地质事件。奥陶系-志留系之交火山活动频繁，地壳深部含高放射性的物质以火山灰形式喷出，沉积后形成现今的钾质斑脱岩。这种薄层的斑脱岩能够在短时间尺度内广泛分布，提供了除古生物和古地磁以外独特的、精确的事件地层对比载体（胡艳华等，2009a）。地球深部喷发形成的火山岩是放射核素的主要来源，火山灰内含有大量放射性物质（胡艳华等，2009a；汪隆武等，2015）。中上扬子区在奥陶纪-志留纪之交火山活动活跃，地层中发育多层（8~20层）钾质斑脱岩。这种钾质斑脱岩内含有大量铀（U）、钍（Th）和钾（K）等放射性物质（胡艳华等，2008，2009b；罗华等，2016；谢尚克等，2016；熊国庆等，2017）。火山灰提供了生物生长的营养元素，促进了生物体生长和演化（Langmann et al.，2010），强化了笔石带与伽马测井之间的对应关系。铁元素是影响海洋生物生产力的关键营养元素，Langmann et al.（2010）通过对Kasatochi地区研究表明，火山灰是海洋表层水体中铁离子的主要来源。火山活动使海洋水体中铁元素富集，为藻类生物爆发式生长提供了充足的营养物质（Frogner et al.，2001）。通过对长宁双河、綦江观音桥、武隆黄莺和江口镇等剖面观察，斑脱岩发育的邻近地层中笔石化石丰度明显高于其他地层。

7.2　黑色页岩笔石带的伽马测井曲线特征

受沉积作用影响，中上扬子区黑色页岩的伽马测井曲线特征在不同区域具有一定的差异性，按照伽马测井曲线特征分为武隆-巫溪、威远-永川、长宁-昭通和宜昌-来凤4个区域进行研究。奥陶系–志留系之交的黑色页岩自下而上存在GR1~GR4等4个高伽马峰值，其中GR1位于宝塔组或涧草沟组与五峰组界线附近（由于井下地层划分精度有限，涧草沟组或临湘组常被包括在宝塔组的顶部）；GR2位于LM1附近；GR3位于LM3–LM4内，但在局部地区缺失；GR4位于LM5与LM6的界线附近。上述4个伽马峰值中，GR2的分布最为稳定，GR1、GR3和GR4则因地而异，在不同地区均有缺失。

1. 武隆-巫溪地区

武隆-巫溪地区主要包括重庆市的南川、武隆、万州、巫溪等地（图7-1）。该地区五峰组-龙马溪组富有机质黑色页岩段的伽马测井曲线存在4个明显的峰值，自下而上分别位于宝塔组与五峰组界线附近（GR1）、LM1层位（GR2）、LM4与LM5界线附近（GR3），以及LM5与LM6界线附近（GR4）。本区以焦页1井为例，具体特征描述如下（图7-2）：

（1）在涧草沟组与五峰组界线附近，测井曲线表现为自然伽马值的突增，并出现第一个伽马值的峰值（GR1）。五峰组（WF1–WF4）伽马测井值比宝塔组高2~3倍，五峰组页岩厚度4.8 m，TOC为4.0%~5.9%（平均值为4.6%）。

（2）LM1笔石带附近，存在自下而上的第2个明显的伽马峰值（GR2），为本区内最高伽马值。在焦页1井，GR1峰值以上埋深2391.9~2410.6 m的LM1–LM4页岩的伽马测井值相对较高，TOC为1.2%~5.6%（平均值3.6%）。其中，埋深2391.9~2392.9 m、2393.5~2395.5 m和2400.1~2410.6 m的页岩段，TOC超过3%；埋深2392.9~2393.5 m和2395.5~2400.1 m的页岩段，TOC为2%~3%。

（3）LM4与LM5界线附近存在自下而上的第3个明显伽马峰值（GR3）。在焦页1井，此峰值以上埋深2368.1~2391.9 m的LM5层段伽马测井值略低于GR3以下地层，TOC为1.8%~3.8%（平均值2.4%）。其中，埋深2381.5~2382.4 m和2384.0~2391.9 m的页岩段TOC超过3%；埋深2379.3~2381.5 m的页岩段TOC为2%~3%；埋深2368.1~2379.3 m的页岩段TOC小于2%。

（4）LM5与LM6界线附近存在自下而上的第4个明显的伽马峰值（GR4）。在焦页1井，此峰值以上埋深2348.6~2368.1 m的LM6页岩层段伽马测井值更低，TOC为1.2%~2.2%（平均值1.8%）。其中，埋深2348.6~2353.2 m和2366.9~2368.1 m的页岩段TOC为2%~3%，埋深2353.2~2366.9 m的页岩段TOC小于2%。

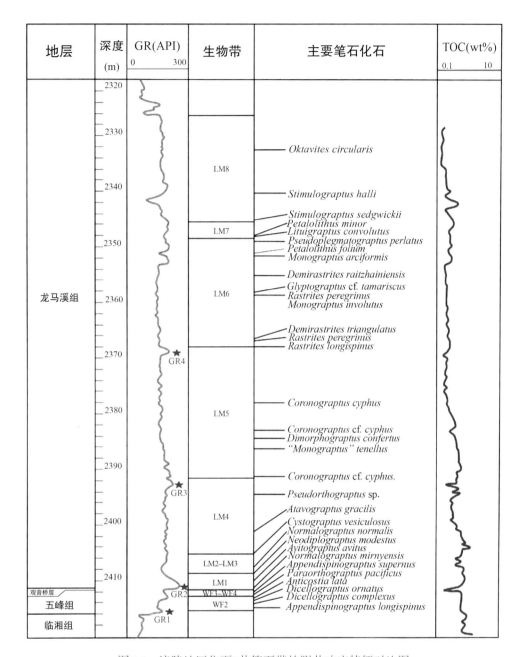

图7-2 涪陵地区焦页1井笔石带的测井响应特征对比图

（测井曲线据何治亮等，2016；笔石鉴定及笔石带划分据陈旭等2014提供的咨询报告）

2. 威远–永川地区

威远–永川地区主要包括四川省内江和自贡等地（图7-1）。该地区五峰组–龙马溪组富有机质黑色页岩段伽马测井曲线存在3个明显的峰值，自下而上分别位于LM1附近（GR2）、LM4与LM5界线附近（GR3），以及LM5与LM6界线附近（GR4）。以威202井为例，具体特征描述如下（图7-3）：

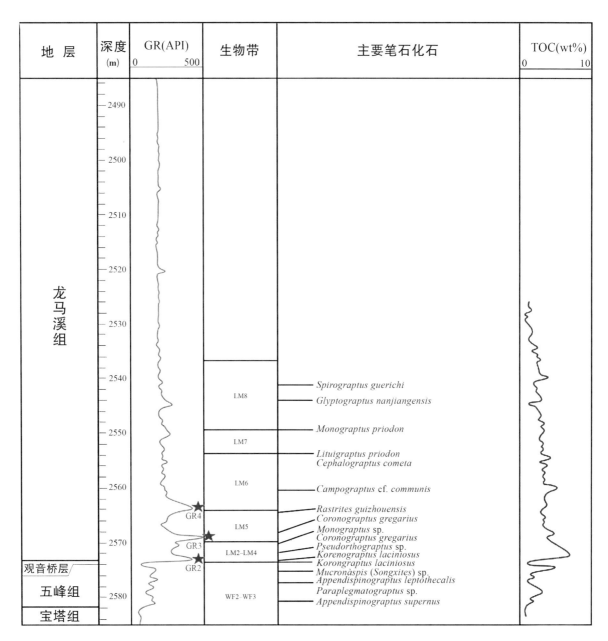

图7-3　威202井笔石带的测井响应特征对比图

（测井曲线据石强等，2017；笔石鉴定及笔石带划分据陈旭等2015提供的咨询报告）

（1）宝塔组与五峰组界线在测井曲线上缺失GR1附近的峰值。在威202井，五峰组（WF1–WF4）厚度为7.9 m，以灰岩为主，夹少量黑色页岩，TOC小于2%。在该地区南部，随着五峰组岩性全部变为黑色页岩，伽马峰值（GR1）可在局部地区出现。

（2）GR2峰值以上，埋深2569.0～2573.5 m页岩段的伽马测井值明显高于其下地层1～2倍。埋深2569.0～2573.5 m的LM1–LM4页岩段，TOC为3.5%～7.8%（平均值5.6%）。

（3）LM4与LM5界线附近存在自下而上的第2个明显的伽马峰值（GR3）。此峰值以上埋深2562.1～2569.0 m页岩的伽马测井值略低于其下地层的伽马值，TOC为2.7%～4.9%，（平均值3.2%）。其中，埋深2565.7～2569.0 m的页岩段TOC超过3%；埋深2562.1～2565.7 m的页岩段TOC为2%～3%。

（4）LM5与LM6界线附近存在自下而上的第3个明显的伽马峰值（GR4）。此峰值以上埋深2553.9～2562.1 m的LM6页岩段TOC为2.6%～5.1%（平均值3.3%）。

3. 长宁–昭通地区

长宁–昭通地区主要包括四川省的宜宾和泸州以及云南省的昭通等地（图7-1）。该地区五峰组-龙马溪组富有机质黑色页岩段的伽马测井曲线存在3个明显的峰值，自下而上分别位于宝塔组与五峰组界线附近（GR1）、LM1–LM2下部层位（GR2）、LM4中部（GR3），但GR3峰值在本区穿时。现以YS108井为例，其具体特征分析如下（图7-4）：

（1）与武隆-巫溪地区相似，YS108井下宝塔组与五峰组界线附近表现为自然伽马值的突增（GR1）。该井井下埋深2510.8～2515.3 m层段内以WF1–WF4为主的页岩段TOC为3.0%～4.2%（平均值3.8%）。

（2）YS108井下的第2个伽马峰值明显（GR2）。GR2峰值以上至GR3峰值间，伽马测井值与其下页岩基本相当。在埋深2496.4～2510.8 m的LM1–LM3中部页岩段TOC为2.8%～4.2%（平均值3.3%）。其中，埋深2497.9～2504.0 m和2504.7～2510.8 m页岩段TOC均超过3%；埋深2496.4～2497.9 m和2504.0～2504.7 m页岩段TOC为2%～3%。

（3）YS108井下的GR3伽马峰值位于LM4中部。此峰值以上页岩的伽马测井值突然降低。在埋深2473.1～2496.4 m的LM4中上部层段至LM5页岩段，TOC为1.6%～3.2%（平均值2.1%）。其中，埋深2474.1～2475.4 m、2480.9～2486.3 m和2487.7～2496.4 m页岩段TOC为2%～3%；埋深2473.1～2474.1 m、2475.4～2480.9 m和2486.3～2487.7 m页岩段TOC均小于2%。

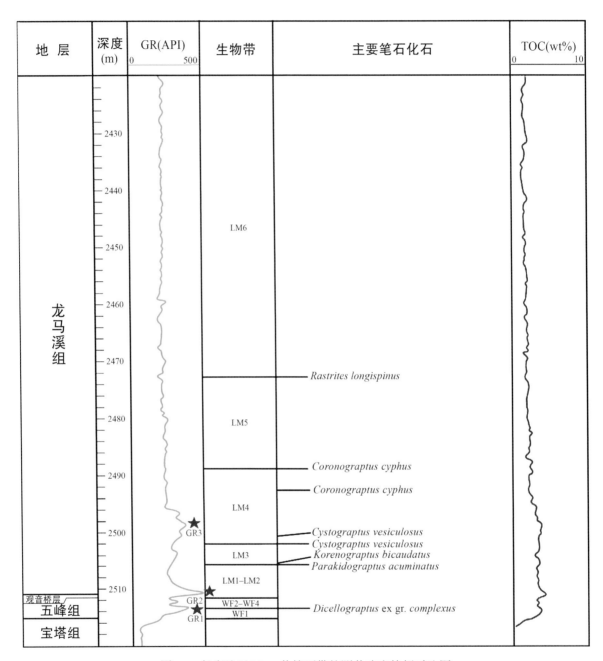

图7-4 长宁地区YS108井笔石带的测井响应特征对比图

（测井曲线据陈志鹏等，2016；笔石鉴定及笔石带划分据陈旭等2017提供的咨询报告）

4. 宜昌–来凤地区

宜昌–来凤地区主要包括湖北省的宜昌、荆门、恩施和桑植等地（图7-1）。该地区五峰组-龙马溪组富有机质黑色页岩段伽马测井曲线存在3个明显伽马峰值，GR1、GR2和GR4峰值自下而上分别位于宝塔组与五峰组界线附近（GR1）、LM1–LM3中部（GR2），以及LM5与LM6界线附近（GR4）。该地区缺失LM4与LM5界线附近GR3伽马峰值。现以荆101井为例，具体特征分析如下（图7-5）：

（1）荆101井GR1伽马峰值平缓。但五峰组伽马测井平均值比宝塔组的高2~3倍。在荆101

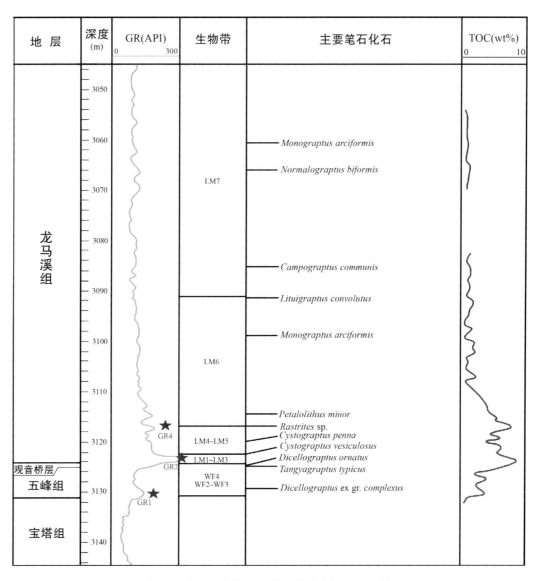

图7-5　荆101井笔石带的测井响应特征对比图

（测井曲线据马燕妮，2015；笔石鉴定及笔石带划分据陈旭等2015现场鉴定意见）

井，WF1–WF4页岩厚度为7.6 m，埋深3131.0~3134.1 m， TOC为2.0%~8.0%（平均值3.8%）。

（2）荆101井GR2在LM1层段之内。LM3与LM4之间不存在明显的伽马测井峰值。埋深3117.2~3134.1 m的LM1–LM5页岩段TOC为4.2%~8.0%（平均值5.9%）。

（3）荆101井LM5与LM6界线附近存在明显的GR4伽马峰值。在其上埋深3091.1~3117.2 m的LM6页岩内， TOC为0.8%~7.8%（平均值2.1%）。

7.3 奥陶系–志留系之交伽马峰值的全球性

1. 中上扬子与北非奥陶系–志留系之交页岩测井特征对比

扬子区奥陶系–志留系之交测井响应与北非热页岩具有可对比性。北非Murzuq盆地NC174井GR测井曲线分析结果表明该地区主要发育GRa、GRb和GRc三个高值。根据同期笔石带的对比（图7-6和7-7）（Lüning et al.，2000，2005），可以把这3个峰值与我国五峰组–龙马溪组页岩的GR2、GR3和GR4高峰值相对比。北非Murzuq盆地NC174井GRa约对应于*persculptus*带的顶部，即与我国上扬子地区GR2相对应（观音桥和龙马溪组底部LM1笔石带界线附近），GRb对应于GR3（LM4和LM5的界线附近），GRc对应于GR4（LM5和LM6的界线）。

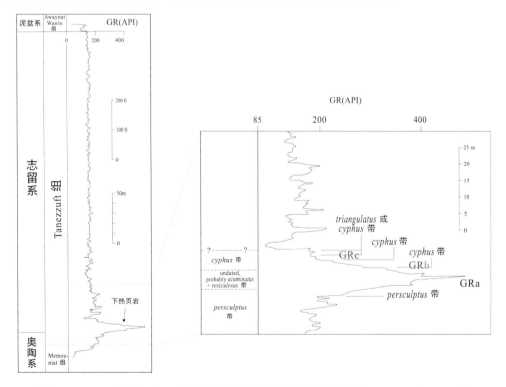

图7-6　Murzuq盆地NC174井笔石带和GR测井响应对比图（据Lüning et al.，2000）

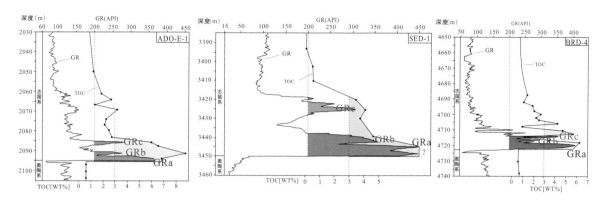

图7-7 阿尔及利亚Ghadames和Illizi盆地ADO-E-1、SED-1和BRD-4井笔石带和GR测井响应对比图

（据Lüning et al.，2000）

2.奥陶系–志留系之交页岩测井特征与碳同位素变化特征对比

赫南特期末全球冰期及之后变暖是全球性事件，其中GR2之下波谷低值与赫南特冰期事件具有一致性，GR2高伽马峰值与全球变暖事件具有一致性。奥陶纪末冰期事件发生时，全球不同地区的地层有机碳同位素（$\delta^{13}C_{org}$）值变大，记录了全球性碳同位素正漂移事件，即HICE事件。在四川长宁以及湖北宜昌的王家湾、分乡和黄花场地区，赫南特冰期事件中$\delta^{13}C_{org}$值由−31‰、−30.5‰、−29.8‰和−28.5‰分别增至−30.0‰～−29.3‰、−29.5‰～−28.5‰、−28.0‰～−26.8‰和−24.0‰～−22.0‰，冰期事件后的变暖过程中恢复为正常值（图7-8）。这种赫南特冰期$\delta^{13}C_{org}$值变大的特征在加拿大的Arctic、苏格兰的Dobb's Linn以及Estonia和Latvia等地区也表现为类似特征（Fan et al.，2009；段文哲，2011；Wang et al.，1993）。在中上扬子地区，$\delta^{13}C_{org}$高值区与GR2之下波谷伽马低值存在一致性。

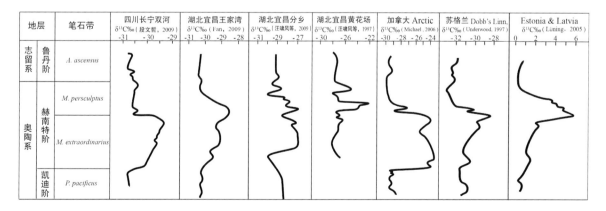

图7-8 不同地区奥陶系–志留系之交有机碳同位素对比图

在武隆-巫溪、威远-永川和宜昌-来凤地区，LM5末期达到了最大海泛，页岩TOC此处出现高值，在伽马测井记录为峰值GR4。但长宁-昭通地区靠近黔中古陆，广西运动的抬升作用使长宁-昭通地区在LM4沉积早期就遭受影响而抬升，因此这种相对较为短暂的沉积作用使该地区缺失了GR4。据Melchin and Holmden（2006）的研究，鲁丹阶-埃隆阶界线地层δ^{13}C$_{org}$具有增大现象，这种现象在全球具有一致性。在中上扬子地区的长宁剖面，δ^{13}C$_{org}$也具有增大特征。在鲁丹阶末期，δ^{13}C$_{org}$值由–30.0‰升高至–28.0‰（图7-9）。

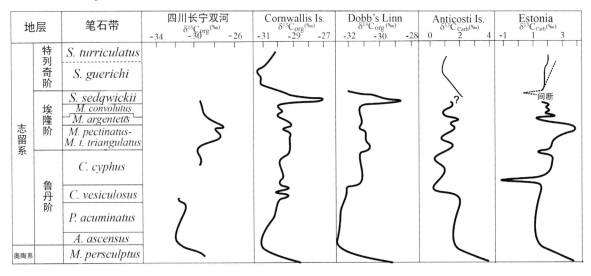

图7-9　不同地区鲁丹阶-特列奇阶有机碳同位素对比图

7.4　贵州习科1井奥陶系-志留系之交碳同位素测定与笔石生物带的对应关系

扬子区奥陶系-志留系之交碳同位素的测定最早由Wang et al.（1997）开展，后来湖北宜昌王家湾北剖面成为奥陶系赫南特阶全球层型剖面，彭平安又测定了王家湾小河边奥陶系赫南特阶有机碳同位素的正漂移事件与冰期的对应关系（Chen et al.，2006）。由于上述研究均系剖面露头采样，华南的露头风化较剧烈，不可避免地对样品造成一定程度的影响。

最近，笔者之一（李超）在贵州习水县良村镇梅溪河的习科1井浅钻中，获得井下穿越奥陶系与志留系界线的22个样品，取得了五峰组和龙马溪组底部TOC和δ^{13}C$_{org}$曲线的良好匹配结果（图7-10）。

如图7-10所示，根据井下笔石带的划分（武学进等，2020），习科1井的δ^{13}C$_{org}$正漂移记录的起始层位可大致识别在笔石带WF3的 *Paraorthograptus pacificus* 带和WF4 的 *Metabolograptus extraordinarius* 带分界处，即赫南特阶底界附近，结束于LM1-LM2的 *Metabolograptus persculptus–Akidograptus ascensus* 带中部。该正漂移可与华南其他地区乃至全球较好对比，为HICE事件。

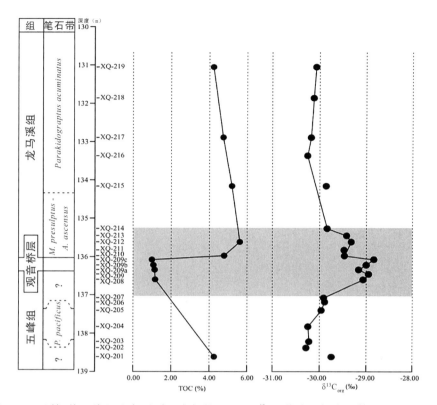

图7-10　习科1井五峰组和龙马溪组底部的TOC和δ¹³Corg曲线（据李超等，2019，图2）

HICE事件层位相对较稳定，在扬子区普遍起始于WF3的 *Paraorthograptus pacificus* 带上部，结束于LM1的 *Metabolograptus persculptus* 带上部（李超等，2019）。扬子区的HICE事件漂移幅度相较全球其他地区低，可能与海底有机碳的大量溶解有关。此时TOC普遍较低，而HICE正漂移发生之前的五峰组WF3和之后海平面上升的龙马溪组开始的LM2均为有机质相对富集、有利于页岩气储集的层段（图7-11）。这与本章中的GR1和GR2两个高峰值均十分接近。

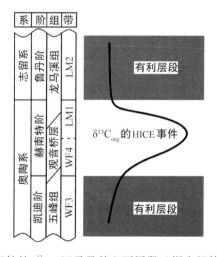

图7-11　HICE事件的δ¹³Corg记录及其上下层段（据李超等，2019，图5）

参考文献

陈洁莹. 涪陵页岩气田平桥区块五峰组–龙马溪组测井特征及识别难点. 国外测井技术, 2017, 38(6):41-45.

陈志鹏, 梁兴, 张介辉, 等. 昭通国家级示范区龙马溪组页岩气储层超压成因浅析. 天然气地球科学, 2016, 27(3):442-448.

段文哲. 四川长宁晚奥陶世–早志留世笔石生物地层及同位素地层研究. 硕士论文, 中国地质大学(北京), 2011.

辜学达, 刘啸虎. 四川省岩石地层. 武汉:中国地质大学出版社, 1997:86-89.

郝子文, 饶荣标. 西南区区域地层. 武汉:中国地质大学出版社, 1997:25-50.

何治亮, 聂海宽, 张钰莹. 四川盆地及其周缘奥陶系五峰组–志留系龙马溪组页岩气富集主控因素分析. 地学前缘(中国地质大学(北京); 北京大学), 2016, 23(2):8-17

胡艳华, 周继彬, 宋彪, 李卫, 孙卫东. 中国湖北宜昌王家湾剖面奥陶系顶部斑脱岩SHRIMP锆石U-Pb定年. 中国科学, 2008, 38(1):72-77.

胡艳华, 刘健, 周明忠, 丁兴, 汪方跃. 奥陶纪和志留纪钾质斑脱岩研究评述. 地球化学, 2009a, 38(4):393-404.

胡艳华, 张卫东, 丁兴, 汪方跃, 凌明星. 奥陶纪–志留纪边界附近火山活动记录:来自华南周缘钾质斑脱岩的信息. 岩石学报, 2009b, 25(9):3289-3308.

李超, 武学进, 樊隽轩, 陈清, 李关访, 孙宗元, 张元动. 贵州习科 1井奥陶–志留系之交的碳同位素化学地层学. 地球化学, 2019, 48(6):533-543.

罗华, 何仁亮, 潘龙克, 杨成, 余国飞. 湖北宣恩县麻阳寨晚奥陶–早志留世龙马溪组斑脱岩LA-ICP-MS 锆石 U-Pb 年龄及其地质意义. 资源环境与工程, 2016, 30(4):587-550.

马燕妮. 荆门地区龙马溪组页岩储层特征及含气性控制因素分析. 硕士论文, 西南石油大学, 2015.

穆恩之, 朱兆玲, 陈均远, 戎嘉余. 四川长宁双河附近奥陶纪地层. 地层学杂志, 1978, 2(2):105-121.

穆恩之, 朱兆玲, 陈均远, 戎嘉余. 四川长宁双河的志留系. 地层学杂志, 1983, 7(3):209-215.

聂昕, 万宇, 邹长春, 张儒. 页岩气储层(TOC)测井评价方法对比研究. 石油天然气学报, 2016, 38(2):19-27.

戎嘉余. 中国的赫南特贝动物群(Hirnantia fauna)并论奥陶系与志留系的分界. 地层学杂志, 1979, 3(1):1-28.

石强, 陈鹏, 王秀芹, 刘凤新. 页岩气水平井高产层段判识方法及其应用——以四川盆地威远页岩气示范区下志留统龙马溪组为例. 天然气工业, 2017, 37(1):60-65.

汪隆武, 张建芳, 陈津华, 张元动, 陈小友, 朱朝晖, 刘健, 胡艳华, 马譞. 浙江安吉上奥陶统钾质斑脱岩特征. 地层学杂志, 2015, 39(2):156-168.

魏斌, 邹长春, 李军, 王丽忱. 页岩气测井方法与评价. 上海:华东理工出版社, 2016:3-33.

武学进, 陈清, 李关访, 樊隽轩, 李超, 张元动, 王媛, 杨娇, 孙宗元. 黔北习科1 井五峰组–龙马溪组黑色页岩的地层划分与对比. 地层学杂志, 2020, 44(1):1-11.

谢尚克, 汪正江, 王剑, 卓皆文. 湖南桃源郝坪奥陶系五峰组顶部斑脱岩LA-ICP-MS 锆石 U-Pb 年龄. 沉积与特提斯地质, 2016, 30(4):65-69.

熊国庆, 王剑, 李园园, 余谦, 门玉澎, 周小琳, 熊小辉, 周业鑫, 杨潇. 大巴山西段上奥陶统–下志留统五峰组–龙马溪组斑脱岩锆石 U-Pb 年龄及其地质意义. 沉积与特提斯地质, 2017, 37(2):46-58.

Asquith, G., Krygowski, D. Basic relationships of well log interpretation. In: Asquith, G., Krygowski, D. (eds.), Basic Well Log Analysis. AAPG Methods in Exploration, 2004, 16:1-20.

Bassiouni, Z. Theory, Measurement, and Interpretation of Well Logs. Society of Petroleum Engineers of AIME, 1994, pp. 25-41.

Bond, L.J., Harris, R.V., Denslow, K.M., et al. Evaluation of Non-Nuclear Techniques for Well Logging. Technology Evaluation, Pacific Northwest National Laboratory, 2010:10-20.

Chen, X., Melchin, M.J., Fan, J.X., Mitchell, C.E. Ashgillian Graptolite fauna of the Yangtze region and the biogeographical distribution of diversity in the latest Ordovician. Bull. Soc. Geol. Fr., 2003, 174:141-148.

Chen, X., Rong, J.Y., Fan, J.X., Zhan, R.B., Mitchell, C.E., Harper, D.A.T., Melchin, M.J., Peng P.A., Finney, S.C., Wang, X.F. The Global Boundary Stratotype Section and Point (GSSP) for the base of the Hirnantian Stage (the uppermost of the Ordovician System). Episodes, 2006, 29(3):183-196.

Fan, J.X., Peng, P.A., Melchin, M.J. Carbon isotopes and event stratigraphy near the Ordovician-Silurian boundary, Yichang, South China. Palaeogeography, Palaeoclimatology, Palaeoecology, 2009, 276:160-169.

Frogner, P., Gislason, S.R., Óskarsson, N. Fertilizing potential of volcanic ash in ocean surface water. Geology, 2001, 29(6):487-490.

Langmann, B., Zakšek, K., Hort, M., Duggen, S. Volcanic ash as fertiliser for the surface ocean. Atmospheric Chemistry and Physics, 2010, 10:3891-3899.

Lüning, S., Kolonic, S. Uranium spectral Gamma-ray response as a proxy for organic richness in black shales: Applicability and limitations. Journal of Petroleum Geology, 2003, 26(2):153-174.

Lüning, S., Craig, J., Loydell, D.K., Štorch, P., Fitches, B. Lower Silurian 'hot shales' in North Africa and Arabia: Regional distribution and depositional model. Earth Science Reviews, 2000, 49:121-200.

Lüning, S., Shahin, Y.M., Loydell, D., Al-Rabi, H.T., Masri, A., Tarawneh, B., Kolonic, S. Anatomy of a world-class source rock: Distribution and depositional model of Silurian organic-rich shales in Jordan and implications for hydrocarbon potential. AAPG Bulletin, 2005, 89:1397-1427.

Melchin, M.J., Holmden, C. Carbon isotope chemostratigraphy of the Llandovery in Arctic Canada: Implications for global correlation and sea-level change. Geologiska Freningen I Stockholm Frhandlingar, 2006, 128(2):173-180.

Melchin, M.J., Holmden, C. Carbon isotope chemostratigraphy in Arctic Canada: Sea-level forcing of carbonate platform weathering and implications for Hirnantian global correlation. Palaeogeography, Palaeoclimatology, Palaeoecology, 2006, 234:186-200.

Schmoker, J.W. Determination of organic-matter content of Appalachian Devonian Shales from Gamma-ray logs. AAPG Bulletin, 1981, 65:1285-1298.

Wang, K., Orth, C.J., Moses, A.Jr., Chatterton, B.D.E., Wang, X.F., Li, J.J. The great latest Ordovician extinction on the South China Plate: Chemostratigraphic studies of the Ordovician-Silurian boundary interval on the Yangtze Platform. Palaeogeography, Paleoclimatology, Palaeoecology, 1993, 104:61-79.

8 扬子区五峰组至龙马溪组火山灰沉积与页岩有机质的富集

邱　振　葛祥英

8.1　研究背景

　　火山灰是火山喷发过程中产生的粒径小于2 mm的火山碎屑，一般伴随火山喷发气流长距离搬运并空降沉积（Robock，2000；陈宣谕等，2014）。在地质历史中，大规模火山活动与重大生物灭绝事件在时间上密切相关，常被认为是造成大规模海洋生物灭绝的诱发因素（Wignall，2001）。这是因为大规模（全球性）的火山喷发常伴随大量SO_2气体和硫酸盐悬浮颗粒，从而形成酸雨，造成气候变冷等现象，导致生态环境极端恶化（Self et al.，2006）。在地质历史中，火山灰也常与富有机质沉积相伴生（Gaibor et al.，2008；Su et al.，2009；Yang et al.，2010），甚至在含凝灰质（火山灰）泥岩中TOC可高达4%（王书荣等，2013）。诸多研究显示，地质历史中火山喷发产生的火山灰及相关热液活动，能够给水体带来大量营养元素，促进生物大量繁盛，从而形成富有机质沉积（张文正等，2009；高福红等，2009）。

　　火山灰沉积对有机质形成与富集的影响，体现在提高生物生产力方面。大量研究表明，在现代火山喷发中，火山灰能够释放大量铁（Fe）、磷（P）、氮（N）、硅（Si）、锰（Mn）等营养元素，它们沉入海水，从而促进海水表层中海洋生物生产力的提高（Frogner et al.，2001；Olgun et al.，2011，2013；Achterberg et al.，2013）。现代太平洋中Fe含量相对较低，限制了部分区域中浮游生物的生产力（Boyd et al.，2000），而这些区域中Fe含量纳摩尔量级的增加，足以引发大规模硅藻的繁盛（Boyd et al.，2000；Wells，2003）。诸多研究已表明，现代火山喷发与近邻海洋中生物繁盛具有密切关系。例如，2003年，马里亚纳群岛的阿娜塔翰（Anatahan）火山喷发引发了太平洋西北贫营养化区域中生产力的提高（Lin et al.，2011；Uematsu et al.，2004），致使藻类发育区域达4.8×10^3 km²。2008年，美国阿拉斯加州卡萨托奇（Kasatochi）火山喷发促发了太平洋东北海域中浮游生物的繁盛（Hamame et al.，2010；Langmann et al.，2010）。2010年，冰岛的埃亚菲亚德拉（Eyjafjallajökull）火山灰喷发提高了北大西洋的冰岛盆地中生物生产力（Achterberg et al.，2013）。陈旭等（2018）和Zhang et al.（2017）也认为在太平洋贫营养物和叶绿素的海域内，火山灰的沉落和溶解会促进异养菌类和浮游植物富集，随之带来浮游植物，并造成包括微真核生物和大真核生物的爆发。同时，火山灰相关的实验也表明，一层厚度为1 mm、面积为1 dm²的火山灰（约20 g）沉降在相同面积的50 m深度（相当于透光层厚度）的水柱中，可大幅增加营养物质的浓度。其中Fe浓度增加0.4~2.4 nmol/L，Zn浓度增加0.1~1.1 nmol/L，而正常海水中Fe和Zn的平均含量一般小于0.5 nmol/L。如果火山灰的厚度为1 cm，则所有物质浓度值会相应增加约10倍。然而一些研究表明，火山灰通常在大气中滞留时间只有1~3年（Robock，2000），沉降到海水中，对海洋生产力的影响可达几年至数十年（Olgun et al.，2011；Achterberg et al.，2013）。

目前，地质历史中火山活动对海洋生产力的影响尚不清楚，少数学者开展了一些零星探讨，已取得认识也还存在较大差异。例如，Shen et al.（2012）基于华南二叠系-三叠系界线剖面（峡口和新民剖面）火山灰层附近岩层中δ¹³C研究，发现δ¹³C负漂移与火山灰层具有较好对应关系，且负漂移规模与火山灰层厚度具有很好的相关性，并认为火山活动与海洋古生产力变化的关系不大；Algeo et al.（2013）研究发现华南二叠系-三叠系之交海洋古生产力发生了快速下降，推测可能与这一时期火山活动有关；Yan et al.（2015）认为贵州北部奥陶系五峰组沉积时期具有较高的生产力，推测海洋生产力与火山活动具有一定关系；Ran et al.（2015）也推测扬子地区五峰组-龙马溪组页岩所夹硅质岩中放射虫繁盛与这一时期火山活动有关；吴蓝宇等（2018）研究发现重庆地区五峰组-龙马溪组中斑脱岩密集发育段和稀疏段页岩TOC含量差异，认为频繁火山活动对页岩有机质富集具有促进作用，在提供营养物质同时增加海洋生产力，同时频繁火山活动还导致极度缺氧环境，也促进了有机质保存。王玉满等（2019）则认为重庆地区五峰组-龙马溪组火山灰密集度与其所夹页岩有机碳含量关系不明显，而有机质富集与区域性坳陷有关。尽管存在着这些争议，但火山活动相关的沉积事件是非常规油气沉积学的重要研究内容（Qiu and Zou，2020；邱振和邹才能，2020），厘定它与页岩有机质富集关系对我国页岩油气等非常规油气的勘探开发具有重要意义。

8.2　地质概况与火山灰沉积

全球奥陶纪–志留纪转折期发生了一些重大事件，如近85%海洋动物物种迅速灭绝（Sheehan，2003；陈旭等，2006），海平面快速下降近100 m（Haq and Schutter，2008），气候短暂变冷（持续时间小于1 Ma）（Trotter et al.，2008；Finnegan，2012）。近年来，这些事件之间的成因关系或相互响应程度等科学问题一直是国际上的重要研究热点之一（Chen et al.，2006；Harper et al.，2014；Zou et al.，2018）。在这一重大转折期，北美、欧洲、北非等地区广泛沉积了一套富有机质黑色页岩（Lüning et al.，2000；Sharma et al.，2005；Saberi et al.，2016），是全球古生代油气资源最重要的烃源岩层系之一。华南地区四川盆地受扬子板块与华夏板块两板块汇聚拼合作用的影响，其沉积环境由早–中奥陶世的浅水碳酸盐岩台地逐渐演化为晚奥陶世–早志留世碎屑陆棚环境，在扬子地区四川盆地及其周缘广泛沉积了一套富有机质页岩层系，即五峰组–龙马溪组页岩层系（图8-1（a））（Chen et al.，2006；陈旭等，2015）。图8-1（b）代表我国页岩气的重要产层。

奥陶纪–志留纪时期，我国华南等地区火山喷发活动频繁，大量火山灰层（蚀变为斑脱岩）夹含在页岩之中（图8-1（b）、（c）和图8-2）。在北美地区，这一时期火山灰层主要发育在中、晚奥陶世碳酸盐岩地层内，层数可达100层，单层厚度一般为数厘米，其中2个典型火山灰层（Millbrig层和Deicke层）厚度可达1～2 m（Bergström et al.，2004；Huff，2008），被认为是显生宙最大规模火山灰沉积（Bergström et al.，2004）。我国华南扬子地区五峰组–龙马溪组页岩层系中广泛分布火山灰层，其中上扬子地区的层数一般在20层以上（Su et al.，2009；卢斌等，2017；邱振等，2019；王玉满等，2019），而下扬子地区的火山灰层数可达100层以上（Yang et al.，2019）。整个扬子地区，火山灰单层厚度一般低于5 cm，以毫米级为主。这些火山灰层在五峰组内分布最为集中且厚度相对偏厚，如上扬子地区五峰组内火山灰层数超过20层，厚度一般在1 cm以上（邱振等，2019），最厚者可达10 cm以上；下扬子地区五峰组内火山灰层数超过60层，且厚度大于3 cm的火山灰层均分布于五峰组内（Yang et al.，2019）。而龙马溪组内火山灰层集中分布在龙一段上部（鲁丹阶与埃隆阶转折期），在四川盆地重庆石柱、巫溪等地区的层数均为10层以上，厚度可达5 cm以上（邱振等，2019；王玉满等，2019）。因此，奥陶纪–志留纪转折期，华南地区火山喷发主要集中在两个阶段：一个为晚凯迪阶五峰组沉积时期，另一个为鲁丹阶与埃隆阶转折期（邱振和邹才能，2020）。

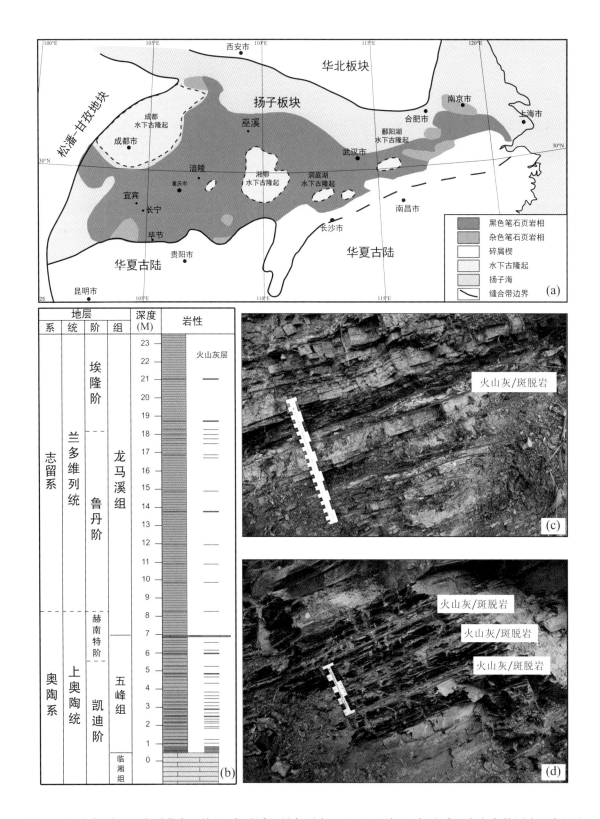

图8-1　（a）扬子地区广泛分布五峰组-龙马溪组黑色页岩；（b）五峰组-龙马溪组内发育数层火山灰沉积
（重庆巫溪田坝剖面）；（c）龙马溪组页岩中火山灰沉积层；（d）五峰组页岩中火山灰沉积层

8.3　研究方法与样品采集

开展火山灰沉积与有机质富集关系探讨时，首先需要确定是否为真正的火山灰（斑脱岩）。我们所见到的"火山灰沉积层"，部分可能是构造活动引发层内滑动，造成硬度偏软的岩层发生碎裂、碾磨而形成黏土矿化的产物，类似断层泥。这是因为五峰组-龙马溪组相对厚度较大，岩石类型较多（包括硅质页岩、钙质页岩、薄层硅质岩、泥质粉砂岩、介壳灰岩等），而且它们下伏的宝塔组或临湘组又是厚层灰岩，由于上述岩性之间存在硬度差异，在构造活动的影响下，不同岩性段之间易发生层间滑动。因此，要对它们进行相关元素分析，以便有效甄别出非火山灰沉积层。随后再对火山灰沉积发育的典型剖面开展高密度采样，通过开展沉积学、元素地球化学、同位素地球化学等综合研究，建立高分辨率古生产力综合数据，并结合氧化还原条件，对比分析火山灰层附近岩层或富火山灰纹层的岩层段中古生产力综合指标的变化，来探讨火山灰沉积对有机质富集程度的影响。

上扬子区的五峰组-龙马溪组页岩沉积相对连续，而且火山灰层保存相对较好，是开展火山灰沉积与有机质富集关系研究较为理想的地区。当前的样品主要采集于四川长宁双河剖面、重庆巫溪田坝剖面、重庆石柱漆辽剖面、重庆綦江观音桥剖面、贵州桐梓大山剖面等5个主要剖面（图8-1（a））。以上5个剖面的五峰组-龙马溪组地层出露良好，主要发育有黑色硅质、钙质及炭质页岩，斑脱岩层广泛分布于五峰组-龙马溪组页岩地层中（图8-2），且单层厚度由数毫米至

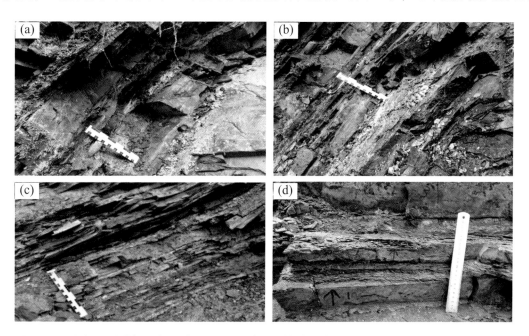

图8-2　四川盆地及周缘五峰组-龙马溪组斑脱岩野外露头特征。（a）、（b）石柱漆辽剖面；（c）巫溪田坝剖面；（d）长宁双河剖面

数厘米不等，颜色呈浅灰色、灰色、浅黄色或青灰色。部分样品采自武隆黄莺乡、道真田家湾、镇巴五星村、酉阳凤凰、镇巴梁白、南郑福成等野外露头剖面（图8-3）。

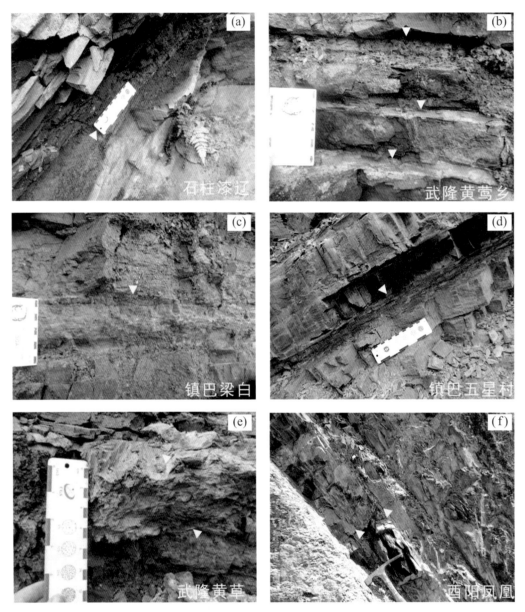

图8-3　四川盆地东部典型剖面五峰组–龙马溪组内发育的斑脱岩层。（a）石柱漆辽五峰组内斑脱岩；（b）武隆黄莺乡五峰组斑脱岩；（c）镇巴梁白龙马溪组下段斑脱岩；（d）镇巴五星村五峰组内斑脱岩；（e）武隆黄草五峰组下段斑脱岩；（f）酉阳凤凰五峰组斑脱岩

8.4　火山灰（斑脱岩）特征及物质来源

钾质斑脱岩制成薄片后在显微镜下具泥岩结构，主要由黏土矿物以及斑晶矿物组成，斑晶

矿物主要为石英和长石等（一般＜10%），同时可见含量不均匀的火山玻璃、磷灰石、石榴子石、锆石等矿物。斑脱岩中有时可见黏土矿物中嵌入晶形较好的斑晶和火山玻璃（图8-4），黏土矿物的排列方式沿斑晶等颗粒的边缘分布。火山灰（斑脱岩）样品X射线衍射分析（XRD）结果表明，当前斑脱岩矿物组分以伊利石、斜长石、石英为主，含有少量的高岭石、钾长石、石膏和白云石等矿物，五峰组与龙马溪组斑脱岩矿物组成没有明显差异。斑脱岩矿物中伊利石含量最高，为30.4%～80.7%，平均值约63.67%，大多高于60%；斜长石其次，为0～27.6%，平均值约14.63%，且大部分高于20%；石英含量也相对较高，为4.7%～23.4%，平均值约15.71%（表8-1）。

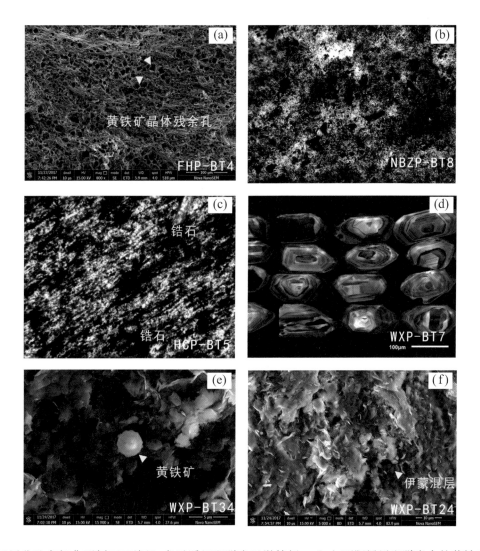

图8-4 四川盆地东部典型剖面五峰组-龙马溪组斑脱岩显微特征。（a）酉阳凤凰斑脱岩内的黄铁矿晶体残余孔；（b）桐梓南坝子斑脱岩内黑色的火山玻璃；（c）武隆黄草斑脱岩内的锆石颗粒；（d）镇巴五星村斑脱岩的锆石CL图像；（e）镇巴五星村斑脱岩内的草莓状黄铁矿；（f）镇巴五星村斑脱岩的伊蒙混层矿物

表8-1　四川盆地长宁、巫溪等地区五峰组–龙马溪组斑脱岩全岩矿物含量统计表（%）

样品编号	地层	石英	伊利石	高岭石	钾长石	斜长石	石膏	方解石	白云石	黄铁矿
V1	五峰组	4.7	71.9	0	0	23.4	0	0	0	0
V3	龙马溪组	14.2	51.8	5.1	0	27.1	0	0	1.8	0
V6	五峰组	16.3	64.0	0	0	19.7	0	0	0	0
V7	五峰组	19.3	80.7	0	0	0	0	0	0	0
V10	龙马溪组	23.4	30.4	0	17.1	27.6	0	0	1.5	0
V12	五峰组	15.3	73.9	4.5	0	0	1.1	4	0	1.2
V13	龙马溪组	21.0	46.0	0	0	27.1	2.4	0	3.5	0
V15	五峰组	14.6	78.6	0	0	6.8	0	0	0	0
V18	龙马溪组	12.6	75.7	0	11.7	0	0	0	0	0
平均值		15.7	63.7	1.07	3.2	14.6	0.39	0.44	0.76	0.13

四川盆地长宁、巫溪等地五峰组–龙马溪组斑脱岩主量元素分析显示，各地样品主量元素的含量相似（表8-2）。主量元素中SiO_2含量最高，为47.23%～67.92%，平均值约56.1%；其次为Al_2O_3，其含量为13.54%～29.77%，平均值约23.55%；Fe_2O_3和K_2O含量相近，分别为1.74%～11.08%和2.54%～8.10%，平均值分别为5.61%和5.59%；MgO含量为0.97%～4.65%，平均值约2.86%，大部分样品MgO含量接近或高于正常火成岩（其MgO含量约3.5%）；CaO和TiO_2含量最低，分别为0.16%～0.95%和0.14%～1.57%，平均值分别为0.87%和0.62%。周明忠（2007）研究认为，钾质斑脱岩的K_2O含量一般大于3.5%，而当前大部分斑脱岩样品K_2O含量均高于3.5%，K_2O/Na_2O比值为15.54～270，则K_2O的含量远远高于Na_2O的含量，表现出高钾低钠的特点，与钾质斑脱岩特征相一致。

斑脱岩中稳定的微量元素及稀土元素，可以指示原始火山的大地构造背景（Teale and Spears，1986；Roberts and Merriman，1990）。Pearce and Cann（1973）最早提出利用地球化学方法来指示岩浆原始的构造环境，随后又建立了花岗岩的判识图解（Pearce，1982，1984），Huff et al.（1997）将此图解应用到了斑脱岩的原岩构造环境判识。Wood（1980）和Mullen（1983）等学者也提出了多种判识岩浆源区大地构造环境的图解。运用Wood（1980）建立的Th-Hf/3-Ta构造环境图解对研究区样品进行投图发现，除长宁双河剖面、巫溪田坝剖面和宜昌黄花场剖面部分样品落入碱性板内玄武岩区（C区）之外，其余样品基本上落入火山弧玄武岩区（D区）（图8-5（a））。Pearce（1982，1984）提出的TiO_2-Zr大地构造环境判识图解也表明（图8-5（b）），桐梓大山剖面和巫溪田坝剖面样品主要落入板内岩浆区域，其余样品则基本分布在弧岩浆区域。四川盆地东部火山灰样品也表现了类似的特征（图8-6（a）、（b））。因此，四川盆地及周缘五峰组-龙马溪组斑脱岩的原岩构造环境主要为岛弧环境，同时也存在板内环境。然而，以上认识与苏文博等（2006）和胡艳华（2009（a）、（b））对华南地区五峰组-龙马溪组斑脱岩的原岩构造环境的认识既有相似之处，又存在一定的差异。苏文博等（2006）认为华南地区五峰组-龙马溪组斑脱岩源于板块活动边缘，或岛弧的碰撞-汇聚过程所造成的大规模中酸性火山喷发，而胡艳华（2009a，b）认为该斑脱岩的原始岩浆与板内环境、岛弧环境、碰撞环境及洋脊环境均有关。Nesbitt and Young（1996）、Ma et al.（2007）、周明忠等（2007）、胡艳华等（2009a，b）对利用斑脱岩微量元素和稀土元素构造环境来判识斑脱岩原岩构造环境产生了质疑，他们认为，斑脱岩微量元素和稀土元素中稳定的Th、U、Pb、Zr、Hf、Ta等高场强元素（HFSE），在经过长时间各种复杂的物理化学作用以及搬运、沉积作用后，某些稳定的微量元素和稀土元素可能不再稳定，从而对判识结果造成一定的影响。胡艳华（2009（a）、（b））认为造成这种现象的原因主要有两个，一是各样品本身可能产生于不同的构造环境，二是Pearce所建立的图解对钾质斑脱岩原始岩浆的形成环境判识不适用。

表8-2　四川盆地长宁、巫溪等地区五峰组-龙马溪组斑脱岩主量元素含量统计表（%）

样品编号	地层	SiO_2	Al_2O_3	TiO_2	MgO	Fe_2O_3	K_2O	Na_2O	CaO
V1	五峰组	33.19	15.81	0.171	2.29	13.40	3.64	0.08	8.45
V2	五峰组	50.89	25.57	0.142	3.81	3.29	6.07	0.06	9.95
V5	龙马溪组	54.14	21.24	0.388	3.04	11.08	4.83	0.08	0.64
V6	五峰组	48.21	22.97	0.200	2.56	10.92	6.78	0.43	0.36
V7	五峰组	54.11	27.68	1.089	3.78	3.23	7.86	0.09	0.35
V8	五峰组	55.97	28.25	0.196	3.72	2.56	7.94	0.08	0.49
V10	龙马溪组	56.18	27.66	0.308	3.95	3.03	7.36	0.33	0.42
V11	五峰组	50.45	25.38	1.228	3.44	5.23	7.01	0.23	0.98
V12	五峰组	55.68	27.64	0.474	4.08	3.43	7.57	0	0.16
V13	龙马溪组	50.85	29.77	0.339	2.19	8.21	3.80	0.17	0.18
V14	五峰组	56.12	26.88	1.336	4.17	3.16	7.83	0.05	0.21
V15	五峰组	55.60	27.66	0.575	4.15	2.65	8.10	0.03	0.21
V16	五峰组	62.13	21.35	1.312	2.63	3.28	5.41	0.23	0.26
V17	龙马溪组	57.08	27.99	0.199	3.81	1.74	5.75	0.37	0.27
V18	龙马溪组	52.77	26.67	0.205	4.65	7.24	5.95	0.14	0.17
平均值		52.90	25.50	0.544	3.48	5.50	6.39	0.158	1.54

微量元素和稀土元素构造环境判识图解，对斑脱岩原始岩浆的形成环境的判识具有一定的指导意义，但斑脱岩样品受风化等物理、化学作用的影响而存在一定的局限性，因此，在利用地

球化学图版进行判识时，还需结合相关的地质背景。钾质斑脱岩在扬子板块周缘广泛分布（吴若浩，2003），但关于扬子地区火山灰来源一直存在争议，Su et al.（2009）和苏文博等（2006，2007）认为扬子板块周缘的钾质斑脱岩与扬子板块和华夏板块的汇聚有关，即该地区的钾质斑脱岩来源于南面扬子板块与华夏板块的交汇处。然而，扬子板块以北的秦岭地区也存在火山活动的记录，因此，该地区的钾质斑脱岩也可能来源于扬子板块以北的秦岭地区（Xue et al.，1996；Sun et al.，2002；杨颖，2011；王振涛等，2015）。结合前面的构造判识图解以及扬子地区的构造背景，笔者等更倾向于扬子地区五峰组-龙马溪组黑色页岩内沉积的钾质斑脱岩的火山灰，其来源可能与扬子北缘秦岭洋闭合的板块俯冲活动有关。从沉积学角度分析原因有两点：

（1）钾质斑脱岩的厚度及分布规律显示为自北向南逐渐减少和减薄，从陕南、四川、贵州到湖南、江西等地，该时期斑脱岩的层数和厚度均呈现逐渐减少的趋势。在靠近扬子台地北缘，我们发现镇巴五星村及梁白两剖面斑脱岩的层数均超过60层，最厚一层达到近半米（图8-7（a）、（b））；向南到四川盆地中部武隆黄草及黄莺乡等地，斑脱岩最厚为10~20 cm（图8-7（c）、（d））；再往南至贵州桐梓南坝子一带斑脱岩最厚仅5 cm，且层数也逐渐减少（图8-7（e）、（f））。远离火山口的方向，火山灰厚度和层数均会相应减薄，这也说明火山灰应该来源于扬子台地北缘方向。

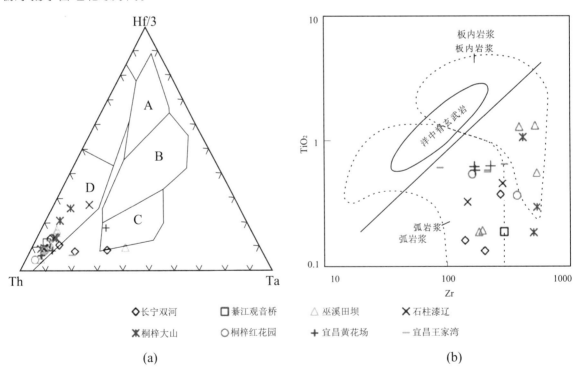

(a)   (b)

图8-5　四川盆地及周缘五峰组-龙马溪组钾质斑脱岩大地构造环境判别图解

（a）底图据Wood（1980），其中A区是N型MORB，B区为E型MORB和板内拉斑玄武岩，C区为碱性板内玄武岩，D区为火山弧玄武岩；（b）底图据Pearce（1982）（部分数据引自胡艳华等，2009a）

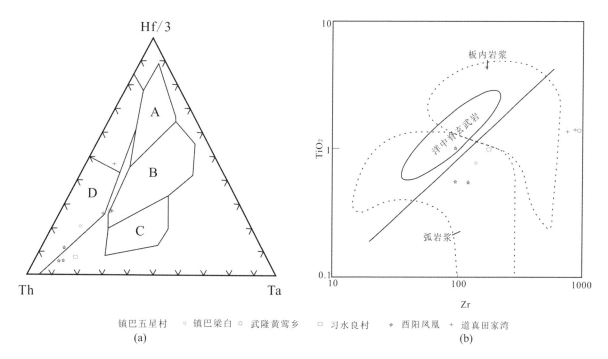

镇巴五星村　○ 镇巴梁白　□ 武隆黄莺乡　□ 习水良村　☆ 酉阳凤凰　+ 道真田家湾
(a)　　　　　　　　　　　　　　　　　　　　　　　　　　(b)

图8-6　四川盆地东部五峰-龙马溪组内钾质斑脱岩原始岩浆及构造背景判别图解

（a）底图据Winchester and Floyd（1977）；（b），（e）底图据Pearce et al.（1984）；（c）底图据
Pearce and Peat（1979）；（d）底图据Wood（1980）；（f）底图据Pearce and Peat（1995）

（2）晚奥陶世-早志留世残留的华南洋已经关闭，扬子和华夏地块已经拼合完全（张国伟
等，2013；舒良树，2012；陈旭等，2010）。证据如下：①早古生代扬子与华夏地块之间无消失
的洋壳残存记录，也无早古生代蛇绿岩以及相关的火山岩浆活动记录；②扬子与华夏陆块之间
的分界线位于江绍、萍乡-郴州分界线的两侧，其沉积相和古地理分界不是连续过渡的，不存在
沉积相跳相这一假设（陈世悦等，2011）；③华南大陆东部早古生代岩浆活动呈面状分布，不具
板块俯冲碰撞的带状性质（舒良树，2012），扬子和华夏陆块在晚奥陶世-早志留世应为统一的
大陆块，所谓的碰撞挤压活动也仅仅是陆内板块的揉皱挤压过程，未有相应的火山岛弧活动。因
此，我们认为中国华南地区晚奥陶世-早志留世的斑脱岩，可能来源于扬子北缘与秦岭洋的碰撞
闭合产生的岛弧。

8.5　火山灰沉积与有机质富集的关系

本章选取重庆巫溪地区的田坝剖面和石柱地区的漆辽剖面作为研究对象，并针对两个剖面
的火山灰层分布特征，决定不同的样品采集侧重点。考虑到巫溪田坝剖面五峰组-龙马溪组火山
灰层出露相对齐全，采取对五峰组密集取样（图8-8）；而石柱漆辽剖面仅出露五峰组和龙马溪

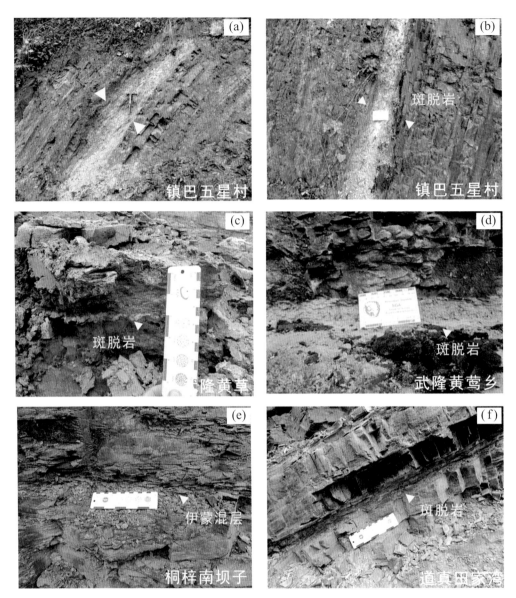

图8-7　四川盆地东部五峰组-龙马溪组内钾质斑脱岩自北向南厚度逐渐减少典型照片

（a）、（b）镇巴五星村；（c）武隆黄草；（d）武隆黄莺乡；（e）桐梓南坝子；（f）道真田家湾

组底部（厚约8 m），而且两者厚度相近，由此采取等间距方式取样（图8-9）。中石油廊坊分院采集了五峰组-龙马溪组页岩样品共计110件，其中巫溪地区田坝剖面为75件，石柱漆辽剖面为35件。2016—2019年期间，对上述大多数样品陆续开展了TOC含量、主量元素、微量元素、铁组分、碳同位素等分析。基于这些数据，笔者等对它们沉积时期的海洋底部水体缺氧条件、表层古生产力、全球气候变化沉积响应、有机质富集条件、硅质岩成因等进行了一些初步探讨（邱振等，2017，2018；Zou et al.，2018；Lu et al.，2019）。以上述页岩样品已有的测试数据为研究基础，通过对火山灰沉积层附近（20 cm以内）[即含火山灰的页岩层段（VRS）]和相对远离火山灰

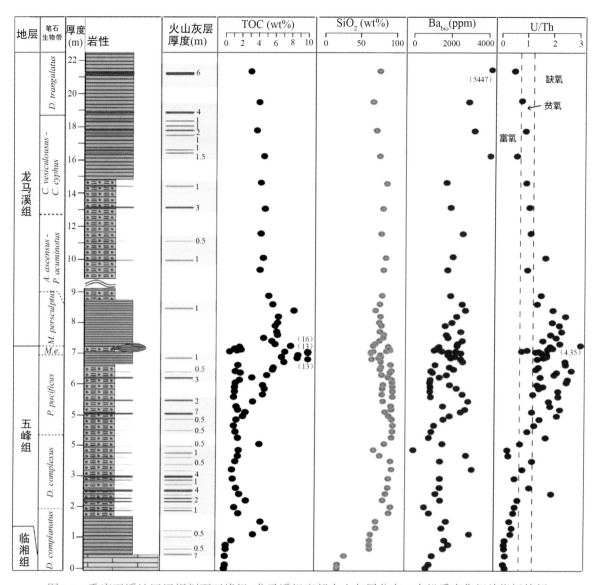

图8-8　重庆巫溪地区田坝剖面五峰组-龙马溪组底部火山灰层分布、有机质富集相关指标特征

沉积的正常沉积页岩层段（NS）的有机质差异富集特征分析，明确有机质富集的主控因素，以此探讨火山灰沉积与有机质富集关系。

（1）VRS段与NS段有机质差异富集

巫溪田坝剖面五峰组的火山灰层较密集，厚度0.5 cm以上的火山灰层可达25层，龙马溪组底部可见到13层（图8-8）。在石柱漆辽剖面两者特征差异明显，五峰组内火山灰沉积约19层，而在龙马溪组底部仅发育2层火山灰（图8-9）。这两个剖面页岩TOC含量均有较大变化，其中田坝剖面TOC为0.6%~16.0%（平均值为4.1%），漆辽剖面的为2.6%~14.0%（平均值为6.0%）。自下向上，两个剖面的TOC含量具有相似变化趋势，即先逐渐增加后缓慢降低，峰值段位于五峰组顶部与龙马溪组底部（观音桥段附近）（图8-8和8-9）。

如将火山灰沉积层附近20 cm以内页岩层段视为VRS段，其余视为NS段，从图8-8和图8-9中可以得出，VRS段与NS段交互分布，代表火山（群）间歇喷发的特征。统计表明，田坝剖面和漆辽剖面的VRS段TOC含量明显低于NS段（图8-10），具有明显的差异富集特征。其中田坝剖面VRS段TOC含量平均值约为3.1%，而NS段的为5.1%；在漆辽剖面，VRS段和NS段的TOC含量平均值分别约为3.6%和7.0%。

（2）火山灰沉积对有机质富集因素的影响

沉积物中有机质形成与富集的控制因素，尤其对于海相沉积物，一直存在争论（Demaison and Moore，1980；Tyson，2005；Katz，2005），争论的焦点主要在于保存条件（水体氧化还原条件）和海洋表层生产力，到底哪个是有机质富集的主控因素。早期研究普遍认为缺氧的保存条件是有机质富集的主要控制因素（Demaison and Moore，1980；Rimmer，2004）。然而，一些学者通过研究发现洋流上涌地区的富有机质沉积与海洋表层较高的（初级）生产力关系密切（Sageman et al.，2003；Gallego-Torres et al.，2007），这是由于有机质在沉积水体底部过程中，会发生分解作用消耗水体底部的氧气，引发底部水体缺氧（Pedersen and Calvert，1990）。实际上，影响有机质富集的因素较多，如沉积速率（Tyson，2005；Algeo et al.，2013）、黏土矿物含量（蔡进功等，2007；Blair and Aller，2012）、海平面变化（Hofman et al.，2001；Sageman et al.，2003）等。综合而言，海洋中高生产力是有机质形成与富集的基础，缺氧保存条件、沉积速率等均是影响有机质富集的非常重要的因素。

如前所述，火山灰能够释放大量Fe、P、N、Si、Mn等营养元素至海水中，从而能够促进海水表层中海洋生物生产力的提高（Frogner and Griffth，2001；Olgun et al.，2013；Achterberg et al.，2013），进而有利于有机质的形成与富集。近些年来的诸多研究中，生源钡（Ba_{bio}）常作为现代和古代海洋生产力的指标（Weldeab et al.，2003；Paytan and Griffth，2007）。Ba_{bio}的计算方法参见邱振等（2017）。如图8-11所示，巫溪田坝剖面VRS段的Ba_{bio}含量略高于NS段，而石柱漆辽剖面VRS段的Ba_{bio}含量略低于NS段的。在上述两个剖面中，火山灰沉积对其沉积时期的海洋生产力提高作用相对较弱，对有机质富集促进作用不明显，这一关系可能与五峰组–龙马溪组沉积时期海洋较高的生产力背景有关（邱振等，2017a）。已有研究表明，现代火山灰携带的Fe、P、N、Si、Mn等营养元素能够有效促进营养贫化海洋区域生物繁盛，提高古生产力（Lin et al.，2011；Wells，2003），但对于高生产力背景海洋区域影响可能较小。现代环太平洋赤道附近高生

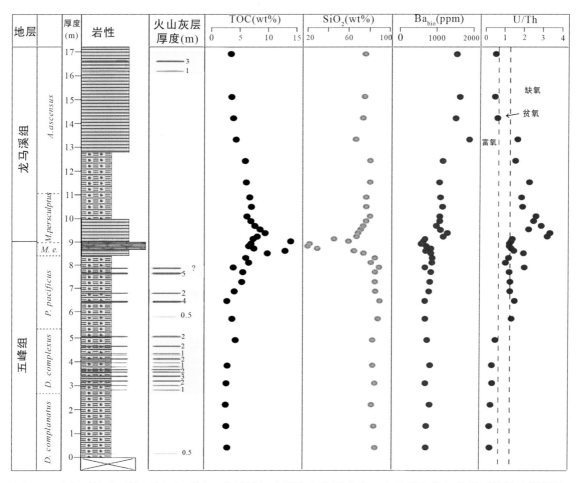

图8-9 重庆石柱地区漆辽剖面五峰组-龙马溪组底部火山灰层分布、有机质富集相关指标特征（据邱振等，2019）

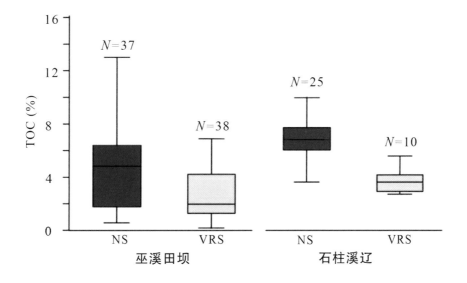

图8-10 巫溪田坝剖面和石柱漆辽剖面五峰组-龙马溪组VRS段

产力地区水体中 Ba_{bio} 含量一般在1000 ppm以上（Murray and Leinen，1993），而古代富有机质沉积物中 Ba_{bio} 含量一般在500 ppm以上（Algeo et al.，2011；Liu et al.，2018）。巫溪田坝和石柱漆辽地区的VRS段和NS段的 Ba_{bio} 含量一般总体上高于500 ppm（图8-11（a）、（c）），指示着该时期海洋表层总体上具有较高生产力。

大量研究证实，微量元素中对水体氧化还原比较敏感的过渡元素[铀（U）、钒（V）、钼（Mo）、镍（Ni）、铜（Cu）等]在沉积物中的富集与否，可作为水体氧化还原条件的指标（Calvert and Perdersen，1993；Jones and Manning，1994）。微量元素比值比较常用，如铀/钍（U/Th）、钒/镉（V/Cr）等（Jones and Manning，1994）。统计表明（图8-11（c）、（d）），田坝剖面和漆辽剖面的U/Th比值与TOC含量均具有较好的正相关性，指示着氧化还原条件（富氧—贫氧—缺氧变化趋势）与有机质富集关系密切。需要说明的是，田坝剖面五峰组部分硅质岩样品（图8-11（b）中黑色阴影部分所示）富含放射虫（图8-12（a）），这些硅质生物的大量繁盛加快了沉积速率，对有机质及陆源碎屑具有一定稀释作用（Tyson，2005；Schoepfer et al.，2014），从而造成这些样品的TOC含量明显偏低，U/Th比值明显增高。另外，沉积速率对有机质富集的影响主要体现在岩性差异上。这两个剖面五峰组-龙马溪组岩性主要为灰黑色硅质页岩、薄层状硅质岩及块状泥灰岩（SiO_2含量差异），除田坝剖面的上述富含放射虫样品（图8-12（b）中黑色阴影部分所示）外，其余样品的TOC含量总体上受岩性差异影响相对较小（图8-12（b））。

综上所述，可以初步认为在奥陶纪-志留纪转折期，火山灰沉积对海洋生产力的提高作用相对较弱，并未明显促进该时期的有机质富集，而氧化还原条件（富氧—贫氧—缺氧变化）与有机质含量关系密切，是这一时期有机质富集的主控因素。

8.6 存在问题与研究展望

由于火山灰通常在大气中滞留时间较短，即使沉降到海水中，对海洋生产力的影响也仅为几年至数十年。相对以百万年为单位的地质尺度而言，火山活动对海洋生产力影响常被认为是瞬间事件。由于火山喷发规模不同，相应的火山灰沉积厚度也会相差很大，厚者可达数米，薄者仅为几毫米，甚至直接完全溶解于水体而难以保存，以致难以厘定火山灰沉积所引发环境影响。尽管一些学者尝试从火山灰发育的富集段与非富集段对比角度分析其沉积的影响，但取得认识仍存在着较大差异，这需要我们进一步对火山灰沉积层段开展更高分辨率（如厘米级、毫米级尺度）的对比研究。最新研究表明，沉积物中黏土矿物种类对海洋有机质保存具有重要作用（Blattmann et al.，2019），即蒙脱石容易吸附海洋有机质，而陆源有机质与绿泥石等矿物在海水中能够紧密

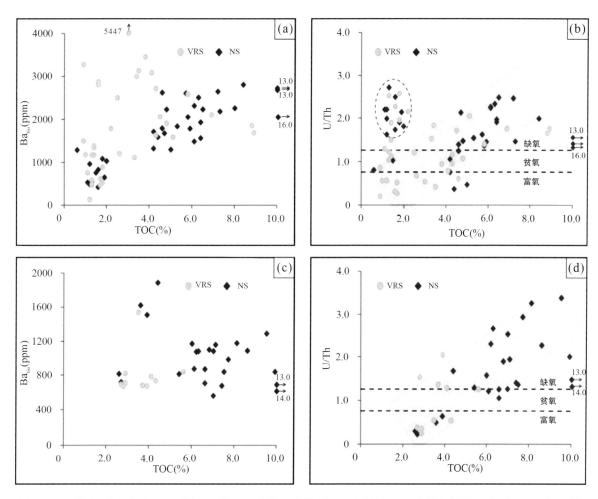

图8-11　五峰组-龙马溪组VRS段与NS段TOC含量、生源钡Ba_{bio}含量及U/Th比值交汇图。（a）、（b）巫溪田坝剖面；（c）、（d）石柱漆辽剖面

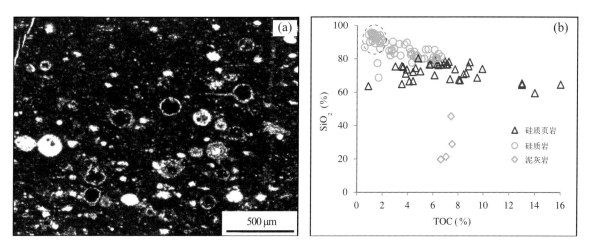

图8-12　（a）田坝剖面五峰组富含放射虫硅质岩；（b）田坝剖面和漆辽剖面不同岩性TOC分布

结合而不易发生变化。火山灰在海水中易分解成蒙脱石，从而有利于海洋有机质富集。

　　火山活动对沉积环境的影响是十分复杂的过程，火山喷发产生的火山灰及相关的热液活动不仅能够给水体带来大量营养元素，同时对水体化学性质也会产生重要影响。这需要开展沉积特征、元素、同位素等多指标地球化学特征等综合研究，以便明确火山活动对有机质形成及富集作用的影响。

参考文献

蔡进功, 包于进, 杨守业, 王行信, 范代读, 徐金鲤, 王爱萍. 泥质沉积物和泥岩中有机质的赋存形式与富集机制. 中国科学(D辑):地球科学, 2007, 37(2):234-243.

陈世悦, 李聪, 张鹏飞, 王岳军. 江南一雪峰地区加里东期和印支期不整合分布规律. 中国地质, 2011, 38:1213-121.

陈旭, 戎嘉余, Rowley, D.B., 张进, 张元动, 詹仁斌. 对华南早古生代板溪洋的质疑. 地质论评, 1995, 41(5):389-400.

陈旭, 戎嘉余, 樊隽轩, 等. 奥陶系上统赫南特阶全球层型剖面和点位的建立. 地层学杂志, 2006, 30(4):289-305.

陈旭, 张元动, 樊隽轩, 詹仁斌, Mitchell, C.E., Harper, D.A.T., Melchin, M.J., 彭平安, Finney, S.C., 汪啸风. 赣南奥陶纪笔石地层序列与广西运动. 中国科学:地球科学, 2010, 40:1621-163.

陈旭, 樊隽轩, 张元动, 王红岩, 陈清, 王文卉, 梁峰, 郭伟, 赵群, 聂海宽, 文治东, 孙宗元. 五峰组及龙马溪组黑色页岩在扬子覆盖区内的划分与圈定. 地层学杂志, 2015, 39(4):351-358.

陈旭, 陈清, 甄勇毅, 王红岩, 张琳娜, 张俊鹏, 王文卉, 肖朝晖. 志留纪初宜昌上升及其周缘龙马溪组黑色笔石页岩的圈层展布模式. 中国科学:地球科学, 2018, 48:1198-1206.

陈宣谕, 徐义刚, Menzies, M. 火山灰年代学:原理与应用. 岩石学报, 2014, 30(12):3491-3500.

高福红, 高红梅, 赵磊. 火山喷发活动对烃源岩的影响:以拉布达林盆地上库力组为例. 岩石学报, 2009, 25(10):2671-2678.

胡艳华, 刘健, 周明忠, 汪方跃, 丁兴, 凌明星, 孙卫东. 奥陶纪和志留纪钾质斑脱岩研究评述. 地球化学, 2009a, 38(4):390-401.

胡艳华, 孙卫东, 丁兴, 汪方跃, 凌明星, 刘健. 奥陶纪-志留纪边界附近火山活动记录:来华南周缘钾质斑脱岩的信息. 岩石学报, 2009b, 25(12):198-208.

卢斌, 邱振, 周杰. 四川盆地及周缘五峰组-龙马溪组钾质斑脱岩特征及其地质意义. 地质科学, 2017, 52(1):186-202.

邱振, 邹才能. 非常规油气沉积学:内涵与展望. 沉积学报, 2020, 38(1):1-29.

邱振, 江增光, 董大忠, 施振生, 卢斌, 谈昕, 周杰, 雷丹凤, 梁萍萍, 韦恒. 巫溪地区五峰组-龙马溪组页岩有机质沉积模式. 中国矿业大学学报, 2017, 46(5):1134-1143.

邱振, 谈昕, 卢斌, 陈留勤. 四川盆地巫溪地区五峰组-龙马溪组硅质岩地球化学特征. 矿物岩石地球化学通报, 2018, 37(5):880-887.

邱振, 卢斌, 陈振宏, 张蓉, 董大忠, 王红岩, 邱军利. 火山灰沉积与页岩有机质富集关系探讨——以五峰组-龙马溪组含气页岩为例. 沉积学报, 2019, 37(6):1296-1308.

舒良树. 华南构造演化的基本特征. 地质通报, 2012, 31(7):1035-1053.

苏文博, 王永标, 龚淑云. 一条新发现的奥陶系–志留系界线剖面. 现代地质, 2006, 20(3):409-412.

苏文博, 李志明, Ettensohn, F.R., Johnson, M.F., Huff, W.D., 王巍, 马超, 李录. 华南五峰组–龙马溪组黑色岩系时空展布的主控因素及其启示. 地球科学:中国地质大学学报, 2007, 32(6):819-827.

王书荣, 宋到福, 何登发. 三塘湖盆地火山灰对沉积有机质的富集效应及凝灰质烃源岩发育模式. 石油学报, 2013, 34(6):1077-1087.

王玉满, 李新景, 王皓, 蒋珊, 陈波, 马杰, 代兵. 四川盆地东部上奥陶统五峰组–下志留统龙马溪组斑脱岩发育特征及地质意义. 石油勘探与开发, 2019, 46(4):653-665.

王振涛, 周洪瑞, 王训练, 景秀春, 张永生. 鄂尔多斯盆地西南缘奥陶纪火山活动记录:来自陕甘地区平凉组钾质斑脱岩地球化学和锆石年代学的信息. 岩石学报, 2015, 31(9):2633-2654.

吴若浩. 赣东北蛇绿岩带相关地质问题的构造古地理分析. 古地理学报, 2003, 5(3):328-342.

吴蓝宇, 陆永潮, 蒋恕, 刘晓峰, 何贵松. 上扬子区奥陶系五峰组–志留系龙马溪组沉积期火山活动对页岩有机质富集程度的影响. 石油勘探与开发, 2018, 45(5):806-816.

杨颖. 华南古中生代关键地层界线附近斑脱岩锆U-Pb年代学及成因. 硕士学位论文, 中国地质大学, 2011:1-75.

张文正, 杨华, 彭平安, 杨奕华, 张辉, 石小虎. 晚三叠世火山活动对鄂尔多斯盆地长7优质烃源岩发育的影响.地球化学, 2009, 38(6):573-582.

张国伟, 郭安林, 王岳军, 李三忠, 董云鹏, 刘少峰, 何登发, 程顺有, 鲁如魁, 姚安平. 中国华南大陆构造与问题. 中国科学:地球科学, 2013, 43(10):1553-1582.

周明忠, 罗泰义, 黄智龙, 龙汉生, 杨勇. 钾质斑脱岩的研究进展. 矿物学报, 2007, 27(3):351-359.

Achterberg, E.P., Moore, C.M., Henson, S.A., Steigenberger, S., Stohl, A., Eckhardt, S. Natural iron fertilization by the Eyjafjallajökull volcanic eruption. Geophysical Research Letters, 2013, 40(5):921-926.

Algeo, T.J., Kuwahara, K., Sano, H., Bates, S., Lyons, T., Elswick, E. Spatial variation in sediment fluxes, redox conditions, and productivity in the Permian-Triassic Panthalassic Ocean. Palaeogeography, Palaeoclimatology, Palaeoecology, 2011, 308(1/2):65-83.

Algeo, T.J., Henderson, C.M., Tong, J.N., Feng, Q.L., Yin, H.F., Tyson, R.V. Plankton and productivity during the Permian-Triassic boundary crisis: An analysis of organic carbon fluxes. Global and Planetary Change, 2013, 105:52-67.

Bergström, S.M., Huff, W.D., Saltzman, M.R., Kolata, D.R., Leslie, S.A. The greatest volcanic ash falls in the Phanerozoic: Millbrig and Kinnekulle K-bentonites. The Sedimentary Record, 2004, 2:4-7.

Blair, N.E., Aller, R.C. The fate of terrestrial organic carbon in the marine environment. Annual Review of Marine Science, 2012, 4:401-423.

Blattmann, T.M., Liu, Z., Zhang, Y., Zhao, Y., Haghipour, N., Montluçon, D.B., Plötze, M., Eglinton, T. I. Mineralogical control on the fate of continentally derived organic matter in the ocean. Science, 2019, 366(6466):742-745.

Boyd, P.W., Watson, A.J., Law, C.S. A mesoscale phytoplankton bloom in the polar southern Ocean stimulated by iron fertilization. Nature, 2000, 407(6805):695-702.

Calvert, S.E., Pedersen, T.F. Geochemistry of Recent oxic and anoxic marine sediments: Implications for the geological record. Marine Geology, 1993, 113(1/2):67-88.

Chen, X., Rong, J.Y., Li, Y., Boucot, A.J. Facies patterns and geography of the Yangtze region, South China, through the Ordovician and Silurian transition. Palaeogeography, Palaeoclimatology, Palaeoecology, 2004, 204(3/4):353-372.

Demaison, G.J., Moore, G.T. Anoxic environments and oil source bed genesis. Organic Geochemistry, 1980, 2(1):9-31.

Finnegan, S. Climate change and the selective signature of the Late Ordovician mass extinction. Proceedings of the National Academy of Sciences of the United States of America, 2012, 109(18):6829-6834.

Frogner, P., Gíslason, S.R., Óskarsson, N. Fertilizing potential of volcanic ash in ocean surface water. Geology, 2001, 29(6):487-490.

Gaibor, J., Hochuli, J.P.A., Winkler, W., Toro, J. Hydrocarbon source potential of the Santiago Formation, Oriente Basin, SE of Ecuador. Journal of South American Earth Science, 2008, 25(2):145-156.

Gallego-Torres, D.F., Martínez-Ruiz, P.Z., Paytan, A., Jiménez-Espejo, F.J., Ortega-Huertas, M. Pliocene-Holocene evolution of depositional conditions in the eastern Mediterranean: Role of anoxia vs.productivity at time of sapropel deposition. Palaeogeography, Palaeoclimatology, Palaeoecology, 2007, 246(2/3/4):424-439.

Hamme, R.C., Webley, P.W., Crawford, W.R., Whitney, F.A., Degrandpre, M.D., Emerson, S.R. Volcanic ash fuels anomalous plankton bloom in subarctic Northeast Pacific. Geophysical Research Letters, 2010, 37(19):L19604.

Haq, B.U., Schutter, S.R. A chronology of paleozoic sea-level changes. Science, 2008, 322(5898):64-68.

Harper, D.A.T., Hammarlund, E.U., Rasmussen, C.M.Ø. End Ordovician extinctions: A coincidence of causes. Gondwana Research, 2014, 25(4):1294-1307.

Hofmann, P., Ricken, W., Schwark, L., Leythaeuser, D. Geochemical signature and related climatic-oceanographic processes for early Albian black shales: Site 417D, North Atlantic Ocean. Cretaceous Research, 2001, 22(2):243-257.

Huff, W.D. Ordovician K-bentonites: Issues in interpreting and correlating ancient tephras. Quaternary International, 2008, 178:276-287.

Huff, W.D., Bergström, S.M., Kolata, D.R., Sun, H.P. The Lower Silurian Osmundsberg K-bentonite. Part II: Mineralogy, geochemistry, chemostratigraphy and tectonomagmatic significance. Geological Magazine, 1997, 135(1):15-26.

Jones, B., Manning, D.A.C. Comparison of geochemical indices used for the interpretation of palaeoredox conditions in ancient mudstones. Chemical Geology, 1994, 111(1/2/3/4):111-129.

Katz, B.J. Controlling factors on source rock development—A review of productivity, preservation, and sedimentation rate. In: Harris, N.B. (ed.), The Deposition of Organic-Carbon-Rich Sediments: Models, Mechanisms, and Consequences. SEPM, Special Publication 82, 2005:7-16.

Langmann, B., Zanksek, K., Hort, M. Volcanic ash as fertiliser for the surface ocean. Atmospheric Chemistry and Physics Discussion, 2010, 10:3891-3899.

Lin, I.I. Fertilization potential of volcanic dust in the low-nutrient low-chlorophyll Western North Pacific subtropical gyre: Satellite evidence and laboratory study. Global Biogeochemical Cycles, 2011, 25(1):GB1006.

Liu, K., Feng, Q.L., Shen, J., Khan, M., Planavsky, N.J. Increased productivity as a primary driver of marine anoxia in the Lower Cambrian. Palaeogeography, Palaeoclimatology, Palaeoecology, 2018, 491:1-9.

Lu, B., Qiu, Z., Zhang, B.H. Geochemical characteristics and geological significance of the bedded chert during the Ordovician and Silurian transition in the Shizhu area, Chongqing, South China. Canadian Journal of Earth Sciences, 2019, 56(4):419-430.

Lüning, S., Craig, J., Loydell, D.K., Štorch, P., Fitches, B. Lower Silurian 'hot shales' in North Africa and Arabia: Regional distribution and depositional model. Earth-Science Reviews, 2000, 49(1/2/3/4):121-200.

Ma, J.L., Wei, G.J., Xu, Y.G. Mobilization and re-distribution of major and trace elements during extreme weathering of basalt in Hainan Island, South China. Geochimica et Cosmochimica Acta, 2007, 71(13):3223-3237.

Mullen, E.D. MnO/TiO$_2$/P$_2$O$_5$: A major element discriminant for basaltic rocks of oceanic environments and its implications for petrogenesis. Earth and Planetary Science Letters, 1983, 62:53-62.

Murray, R.W., Leinen, M. Chemical transport to the seafloor of the equatorial Pacific Ocean across a latitudinal transect at 135°W: Tracking sedimentary major, trace, and rare earth element fluxes at the Equator and the Intertropical Convergence Zone. Geochimica et Cosmochimica Acta, 1993, 57(17):4141-4163.

Nesbitt, H.W., Young, G.M. Effects of chemical weathering and sorting on the petrogenesis of siliciclastic sediments, with implications for provenance studies. Journal of Geology, 1996, 104:525-542.

Olgun, N., Duggen, S., Croot, P.L., Delmelle, P., Dietze, H., Schacht, U. Surface ocean iron fertilization: The role of airborne volcanic ash from subduction zone and hot spot volcanoes and related iron fluxes into the Pacific Ocean. Global Biogeochemical Cycles, 2011, 25(4):GB4001.

Olgun, N., Duggen, S., Andronico, D. Possible impacts of volcanic ash emissions of Mount Etna on the primary productivity in the oligotrophic Mediterranean Sea: Results from nutrient-release experiments in seawater. Marine Chemistry, 2013, 152:32-42.

Paytan, A., Griffith, E.M. Marine barite: Recorder of variations in ocean export productivity. Deep Sea Research Part II:Topical Studies in Oceanography, 2007, 54(5/6/7):687-705.

Pearce, J.A. Trace element characteristics of lavas from destructive plate boundaries. In: Hall, A.(Ed.), Andesites: Orogenic Andesites and Related Rocks. John Willey & Sons, 1982, pp. 525-548.

Pearce, J.A., Cann, J.R. Tectonic setting of basic volcanic rocks determined using trace element analyses. Earth and Planetary Science Letters, 1973, 19(2):190-200.

Pearce, J.A., Norry, M.J. Petrogenetic implications of Ti, Zr, Y, and Nb variations in volcanic rocks. Contributions to Mineralogy and Petrology, 1979, 69(1):33-47.

Pearce, J.A., Peate, D.W. Tectonic implications of the composition of volcanic arc margins. Annu. Rev. Earth Planet. Science, 1995, 23:251-285.

Pearce, J.A., Harris, H.B.W., Tindle, A.G. Trace element discrimination diagrams for the tectonic interpretation of granitic rocks. Journal of Petrology, 1984, 25:956-983.

Pedersen, T.F., Calvert, S.E. Anoxia vs. productivity: What controls the formation of organic-carbon-rich sediments and sedimentary rocks? AAPG Bulletin, 1990, 74(4):454-466.

Qiu, Z., Zou, C.N. Controlling factors on the formation and distribution of "sweet-spot areas" of marine gas shales in South China and a preliminary discussion on unconventional petroleum sedimentology. Journal of Asian Earth Sciences, 2020, 194:103989.

Ran, B., Liu, S.G., Jansa, L., Sun, W., Yang, D., Ye, Y.H., Wang, S.Y., Luo, C., Zhang, X., Zhang C.J. Origin of the Upper Ordovician-Lower Silurian cherts of the Yangtze block, South China, and their palaeogeographic significance. Journal of Asian Earth Sciences, 2015, 108:1-17.

Rimmer, S.M. Geochemical paleoredox indicators in Devonian-Mississippian black shales, Central Appalachian Basin

(USA). Chemical Geology, 2004, 206(3/4):373-391.

Roberts, B., Merriman, R.J. Cambrian and Ordovician metabentonites and their relevance to the origins of associated mudrocks in the northern sector of the Lower Palaeozoic Welsh Margina basin. Geological Magazine, 1990, 127:31-43.

Robock, A. Volcanic eruptions and climate. Reviews of Geophysics, 2000, 38(2):191-219.

Saberi, M.H., Rabbani, A.R., Ghavidel-Syooki, M. Hydrocarbon potential and palynological study of the Latest Ordovician-Earliest Silurian source rock (Sarchahan Formation) in the Zagros Mountains, southern Iran. Marine and Petroleum Geology, 2016, 71:12-25.

Sageman, B.B., Murphy, A.E., Werne, J.P., Straeten, C.A.V., Hollander, D.J., Lyons, T.W. A tale of shales: The relative roles of production, decomposition, and dilution in the accumulation of organic-rich strata, Middle-Upper Devonian, Appalachian Basin. Chemical Geology, 2003, 195(1/2/3/4):229-273.

Schoepfer, S.D., Shen, J., Wei, H.Y., Tyson, R.V., Ingall, E., Algeo, T.J. Total organic carbon, organic phosphorus, and biogenic barium fluxes as proxies for paleomarine productivity. Earth-Science Reviews, 2014, 149:23-52.

Self, S., Widdowson, M., Thordarson, T. Volatile fluxes during flood basalt eruptions and potential effects on the global environment:A Deccan perspective. Earth and Planetary Science Letters, 2006, 248(1/2):518-532.

Sharma, S., Dix, G.R., Villeneuve, M. Petrology and potential tectonic significance of a K-bentonite in a Taconian shale basin (eastern Ontario, Canada), northern Appalachians. Geological Magazine, 2005, 142(2):145-158.

Sheehan, P.M. The Late Ordovician mass extinction. Annual Review of Earth and Planetary Sciences, 2003, 29:331-364.

Shen, J., Algeo, T.J., Hu, Q., Zhang, N., Zhou, L., Xia, W., Xie, S., Feng, Q. Negative C-isotope excursions at the Permian-Triassic boundary linked to volcanism. Geology, 2012, 40(11):963-966.

Su, W.B., Huff, W.D., Ettensohn, F.R., Liu, X.M., Zhang, J.E., Li, Z.M. K-bentonite, black-shale and flysch successions at the Ordovician-Silurian transition, South China: Possible sedimentary responses to the accretion of Cathaysia to the Yangtze Block and its implications for the evolution of Gondwana. Gondwana Research, 2009, 15(1):111-130.

Sun, W.D., Li, S.G., Sun, Y., Zhang, G.W., Zhang, G.W., Li, Q.L. Mid-paleozoic collision in the north Qinling: Sm-Nd, Rb-Sr and ^{40}Ar/^{39}Ar ages and their tectonic implications. Journal of Asian Earth Science, 2002, 21:69-76.

Teale, C.T., Spears, D.A. The mineralogy and origin of some Silurian bentonites, Welsh Borderland, U.K. Sedimentology, 1986, 33:757-765.

Trotter, J.A., Williams, I.S., Barnes, C.R., Lecuyer, C., Nicoll, R.S. Did cooling oceans trigger Ordovician biodiversification? Evidence from conodont thermometry. Science, 2008, 321(5888):550-554.

Tyson, R.V. The "productivity versus preservation" controversy: Cause, flaws, and resolution. In: Harris, N.B. (ed.), The Deposition of Organic-Carbon-Rich Sediments: Models, Mechanisms, and Consequences. SEPM, Special Publication 82, 2005:17-33.

Xue, F., Kroner, A., Reischmann, T., Lerch, F. Palaeozoic pre- and post-collision calc-alkaline magmatism in the Qinling orogenic belt, central China, as documented by zircon ages on granitoid rocks. Journal of the Geological Society, 1996, 153:409-417.

Yan, D.T., Wang, H., Fu, Q.L., Chen, Z.H., He, J., Gao, Z. Organic matter accumulation of Late Ordovician sediments in North Guizhou province, China: Sulfur isotope and trace element evidences. Marine and Petroleum Geology, 2015, 59:348-358.

Yang, S., Hu, W., Wang, X., Jiang, B., Zhu, F. Duration, evolution, and implications of volcanic activity across the Ordovician-Silurian transition in the Lower Yangtze region, South China. Earth and Planetary Science Letters, 2019, 518:13-25.

Yang, H., Zhang, W., Wu, K., Li, S., Peng, P., Qin, Y. Uranium enrichment in lacustrine oil source rocks of the Chang 7 member of the Yanchang Formation, Erdos Basin, China. Journal of Asian Earth Sciences, 2010, 39(4):285-293.

Uematsu, M., Toratani, M., Kajina, M., Narita, Y., Senga, Y., Kimoto, T. Enhancement of primary productivity in the western North Pacific caused by the eruption of the Miyake-Jima Volcano. Geophysical Research Letters, 2004, 31(6):L06106.

Weldeab, S., Emeis, K.C., Hemleben, C., Schmiedl, G., Schulz, H. Spatial productivity variations during formation of sapropels S5 and S6 in the Mediterranean Sea: Evidence from Ba contents. Palaeogeography, Palaeoclimatology, Palaeoecology, 2003, 191(2):169-190.

Wells, L.M. The level of iron enrichment required to initiate diatom blooms in HNLC waters. Marine Chemistry, 2003, 82(1/2):101-114.

Wignall, P.B. Large igneous provinces and mass extinctions. Earth-Science Reviews, 2001, 53(1/2):1-33.

Winchester, J.A., Floyd, P.A. Geochemical discrimination of different magma series and their differentiation products using immobile elements. Chemical Geology, 1977, 20:325-343.

Wood, D.A. The application of a Th-Hf-Ta diagram to problem of tectonomagmatic classification and to establishing the nature of crustal contamination of basaltic lavas of the British Tertiary volcanic province. Earth and Planetary Science Letters, 1980, 50:11-30.

Zhang, R., Jiang, T., Tian, Y., Xie, S.C., Zhou, L. Volcanic ash stimulates growth of marine autotrophic and heterotrophic microorganisms. Geology, 2017, 45:679-682.

Zou, C.N., Qiu, Z., Poulton, S.W., Dong, D.Z., Tao, H.F. Ocean euxinia and climate change "double whammy" drove the Late Ordovician mass extinction. Geology, 2018, 46(6):535-538.

附录：图版

陈　旭　王文娟　林长木

图版1说明

A，D，*Dicellograptus complexus* Davies，WF2，贵州省遵义市董公寺涧草河五峰组，采集号码：AAE380。

B，*Tangyagraptus gracilis* Mu and Chen，WF3，湖北省宜昌市分乡五峰组，采集号码：AFA 139。

C，*Diceratograptus mirus* Mu，WF3，湖北省宜昌市分乡五峰组，采集号码：AFA 140。

E，*Dicellograptus ornatus* Elles and Wood，WF2-4，湖北省宜昌市分乡五峰组，采集号码：AFA133。

F，*Appendispinograptus venustus* (Hsü)，WF3，湖北省宜昌市分乡五峰组，采集号码：AFA 129a。

线形比例尺：1 mm。

图版1

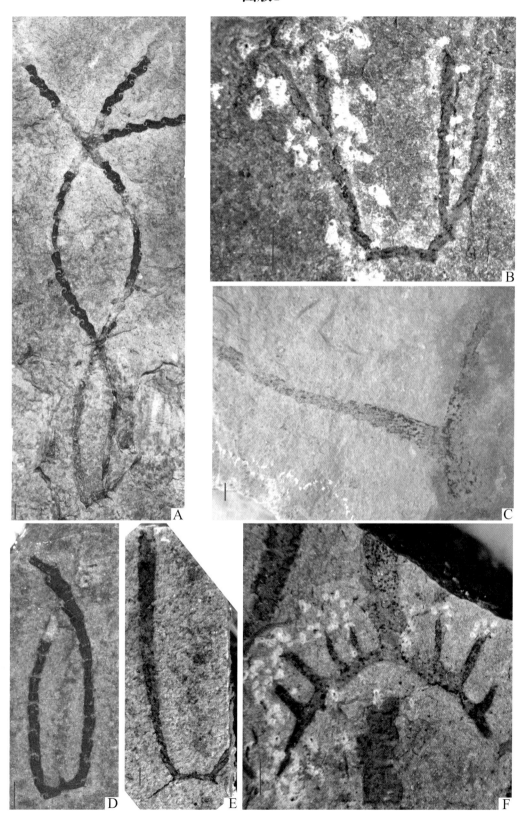

图版2说明

A，*Metabolograptus extraordinarius* (Sobolevskaya)，WF4，贵州省桐梓县红花园五峰组，采集号码：AFA290。

B，*Dicellograptus tumidus* Chen，WF2，贵州省松桃县陆地坪五峰组，采集号码：AAE601。

C，D，*Styracograptus chiai* (Mu)，WF1-2，湖北省永顺县大河坝五峰组，采集号码：CSU 10046，10047。

E，*Dicellograptus turgidus* Mu 和 *Paraorthograptus pacificus* (Ruedemann)，WF3，贵州省松桃县陆地坪五峰组，采集号码：AAE604。

F，*Paraorthograptus pacificus* (Ruedemann)，WF3，贵州省松桃县陆地坪五峰组，采集号码：AAE604。

G，*Dicellograptus* cf. *complanatus* (Lapworth)，WF2，贵州省松桃县陆地坪五峰组，采集号码：AAE601。

H，*Anticostia lata* (Elles and Wood)，WF3，贵州省桐梓县水坝塘五峰组，采集号码：SBT2 ph119。

I，*Rectograptus abbreviatus* (Elles and Wood)，WF3，贵州省桐梓县水坝塘五峰组，采集号码：SBT2 ph119。

J，*Rectograptus uniformis* Mu and Lee，WF3，湖北省宜昌市分乡五峰组，采集号码：AFA128a。

K，*Parareteograptus sinensis* Mu，WF3，湖北省宜昌市分乡五峰组，采集号码：AFA124a。

L，*Metabolograptus ojsuensis* (Koren and Mikhailova)，WF4，湖北省宜昌市王家湾五峰组，采集号码：AFA97。

线形比例尺：1 mm。

图版2

图版3说明

A–E，*Hirsutograptus sinitzini*（Chaletzkaya），LM3，湖北省宜昌市王家湾龙马溪组，采集号码：Rh 152，153。

F，*Korenograptus lungmaensis* (Sun)，LM1–3，湖北省宜昌市王家湾龙马溪组，采集号码：Rh272。

G，*Korenograptus laciniosus* (Churkin and Carter)，WF4–LM5，湖北省宜昌市王家湾龙马溪组，采集号码：Rh272。

H，L，*Normalograptus mirnyensis*（Obut and Sobolevskaya），LM1–3，湖北省宜昌市王家湾龙马溪组，采集号码：Rh181，207。

I，*Parakidograptus acuminatus* (Nicholson)，LM3，湖北省宜昌市王家湾龙马溪组，采集号码：Rh53。

J，*Normalograptus ajjeri* (Legrand)，LM2，湖北省神农架八角庙龙马溪组，采集号码：AFU 552。

K，*Appendispinograptus supernus* (Elles and Wood)，WF2，湖北省宜昌市分乡龙马溪组，采集号码：AFA120-9。

M，*Akidograptus ascensus* Davies，LM2，湖北省宜昌市王家湾龙马溪组，采集号码：Rh23。

N，*Metabolograptus persculptus* (Elles and Wood)，LM1，浙江省安吉县杭垓文昌组，采集号码：Hb35。

O，P，*Korenograptus bicaudatus* (Chen and Lin)，LM2，湖北省宜昌市王家湾龙马溪组，采集号码：Rh152，153。

线形比例尺：1 mm。

图版3

图版4说明

A，*Korenograptus guantangyuanensis* (Fang et al.)，LM1-2，湖北省神农架八角庙龙马溪组，采集号码：AFU563。

B，*Avitograptus avitus* (Davies)，LM1-2，湖北省神农架八角庙龙马溪组，采集号码：AFU560。

C，*Neodiplograptus shanchongensis* (Li)，LM2，湖北省神农架八角庙龙马溪组，采集号码：AFU555。

D，*Normalograptus anjiensis* (Yang)，LM2，湖北省神农架八角庙龙马溪组，采集号码：AFU563。

E，*Neodiplograptus parajanus* (Storch)，LM3，湖北省神农架八角庙龙马溪组，采集号码：AFU566。

F，*Neodiplograptus modestus* (Lapworth)，LM2，四川省长宁县双河镇狮子山龙马溪组，采集号码：AGH121。

G，*Neodiplograptus anhuiensis* (Li)，LM2-4，四川省长宁县双河镇狮子山龙马溪组，采集号码：AGH121。

H，*Korenograptus angustifolius* (Chen and Lin)，LM2，湖北省神农架八角庙龙马溪组，采集号码：AFU555。

I，*Normalograptus lubricus* (Chen and Lin)，LM3，湖北省神农架八角庙龙马溪组，采集号码：AFU570。

J，*Paraclimacograptus innotatus* (Nicholson)，LM3，湖北省神农架八角庙龙马溪组，采集号码：AFU571。

线形比例尺：1 mm。

图版4

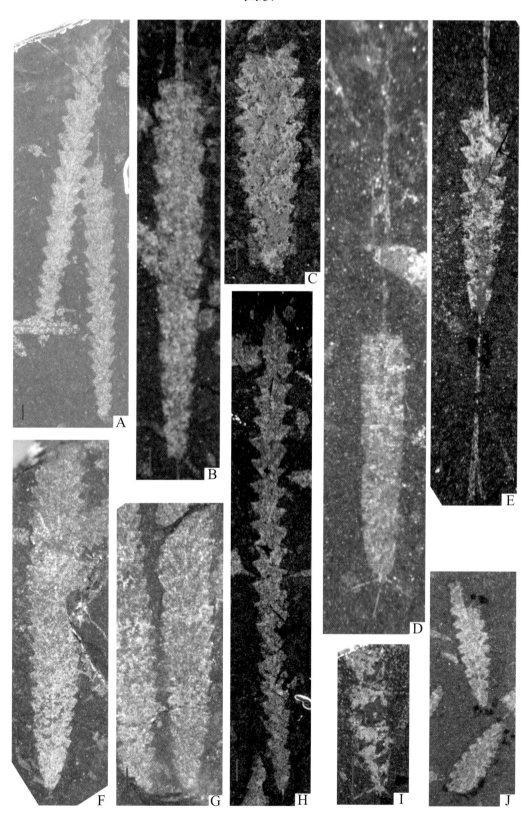

图版5说明

A，C，*Cystograptus vesiculosus*（Nicholson），LM4，湖北省神农架八角庙龙马溪组，采集号码：AFU574，573。

B，*Paramplexograptus paucispinus* (Li)，LM2–LM3，湖北省宜昌市王家湾龙马溪组，采集号码：Rh391。

D，*Normalograptus rectangularis* (M'Coy)，LM2–LM4，重庆市黔江县庙林湾龙马溪组，采集号码：AGJ168。

E，*Normalograptus brenansi* (Legrand)，LM4，湖北省神农架八角庙龙马溪组，采集号码：AFU579。

F，*Cystograptus penna* (Hopkinson)，LM4–LM5，湖北省神农架八角庙龙马溪组，采集号码：AFU583。

G，*Normalograptus normalis* (Lapworth)，LM1–LM4，湖北省神农架八角庙龙马溪组，采集号码：AFU561。

H，*Atavograptus priminus* (Li)，LM2，湖北省神农架八角庙龙马溪组，采集号码：AFU565。

线形比例尺：1 mm。

图版5

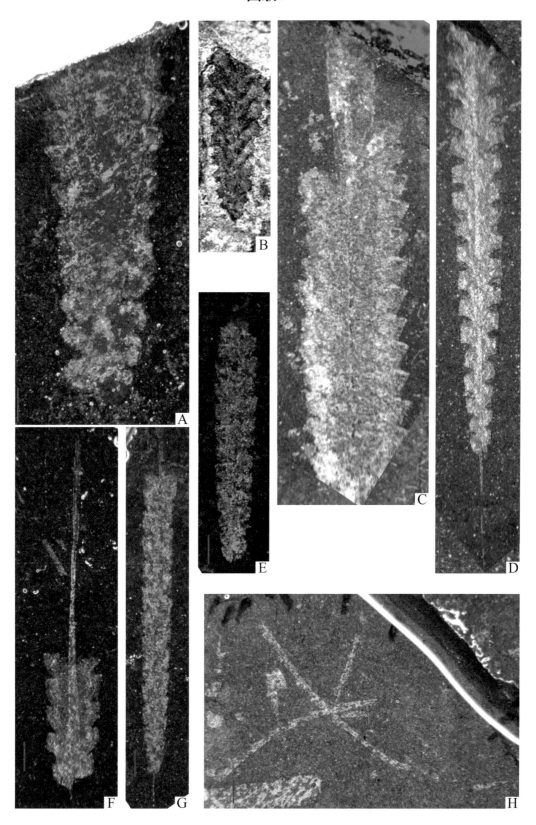

图版6说明

A，*Huttagraptus billegravensis* Koren and Bjerreskov，LM4-5，湖北省神农架八角庙龙马溪组，采集号码：AFU574。

B，*Coronograptus leei* (Hsü)，LM5，湖北省神农架八角庙龙马溪组，采集号码：AFU591。

C，*Coronograptus cyphus* (Lapworth)，LM5，四川省长宁县双河镇狮子山龙马溪组，采集号码：AGH1503。

D，*Coronograptus annellus* (Li)，LM5，湖北省神农架八角庙龙马溪组，采集号码：AFU585。

E，*Demirastrites triangulatus* (Harkness)，LM6，四川省长宁县双河镇狮子山龙马溪组，采集号码：AGH141。

F，*Normalograptus biformis* (G. Wang)，LM5-LM7，四川省长宁县双河镇狮子山龙马溪组，采集号码：AGH150。

G，*Coronograptus minusculus* Obut and Sobolevskaya，LM5，湖北省神农架八角庙龙马溪组，采集号码：AFU581。

H，*Monograptus* cf. *capillaris* (Carruthers)，LM 6-LM7，湖北省神农架八角庙龙马溪组，采集号码：AFU607。

I，*Cephalograptus tubulariformis* (Nicholson)，LM7，湖北省神农架八角庙龙马溪组，采集号码：AFU599。

线形比例尺：1 mm。

图版6

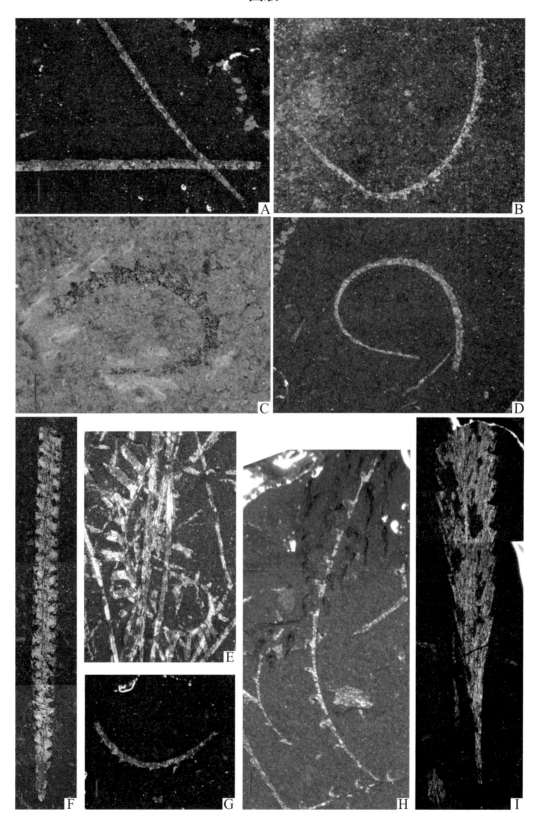

图版7说明

A，*Petalolithus ovatoelongatus* (Kurch)，LM6–LM7，湖北省神农架八角庙龙马溪组，采集号码：AFU592。

B，*Penerograptus difformis* (Tornquist)，LM6，贵州省桐梓县韩家店龙马溪组，采集号码：AAE82。

C，*Campograptus communis* (Lapworth)，LM6–LM7，湖北省神农架八角庙龙马溪组，采集号码：AFU594。

D，*Pseudorthograptus mutabilis* (Elles and Wood)，LM5，湖北省神农架八角庙龙马溪组，采集号码：AFU591。

E，*Demirastrites triangulatus* (Harkness)，LM6，四川省长宁县双河镇狮子山龙马溪组，采集号码：AGH144。

线形比例尺：1 mm。

图版7

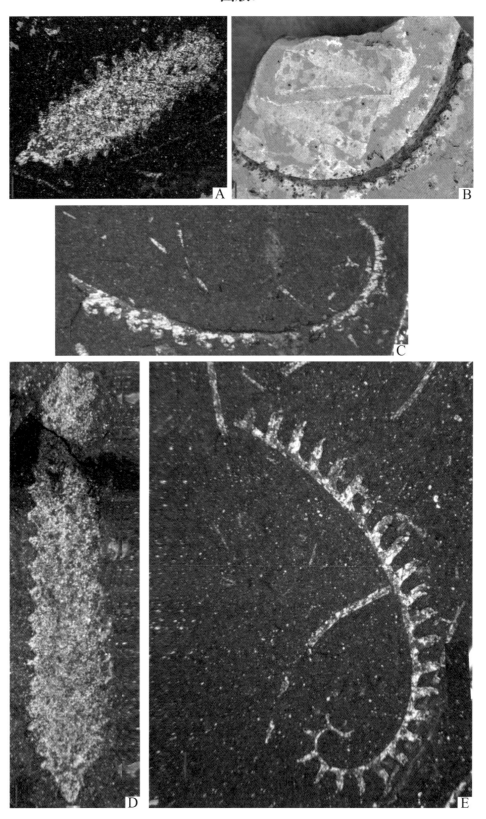

图版8说明

A，*Rastrites hybridus*（Lapworth），LM6–LM7，四川省长宁县双河镇狮子山龙马溪组，采集号码：AGH168。

B，*Rastrites approximatus* Perner，LM6，四川省长宁县双河镇狮子山龙马溪组，采集号码：AGH141。

C，*Rastrites guizhouensis* Chen and Lin，LM6，四川省长宁县双河镇狮子山龙马溪组，采集号码：AGH152。

D，*Rastrites peregrinus* Barrande，LM6，四川省长宁县狮子山双河镇龙马溪组，采集号码：AGH153。

E，*Pristiograptus regularis* (Tornquist)，LM7–LM9，湖北省神农架八角庙龙马溪组，采集号码：AFU604。

F，*Normalograptus scalaris* (Hisinger)，LM6，四川省长宁县双河镇狮子山龙马溪组，采集号码：AGH168。

G，*Pseudoretiolites perlatus* (Nicholson)，LM8，湖北省神农架八角庙龙马溪组，采集号码：AFU613。

H，*Rastrites longispinus* (Perner)，LM6–LM7，四川省长宁县双河镇狮子山龙马溪组，采集号码：AGH167。

线形比例尺：1 mm。

图版8

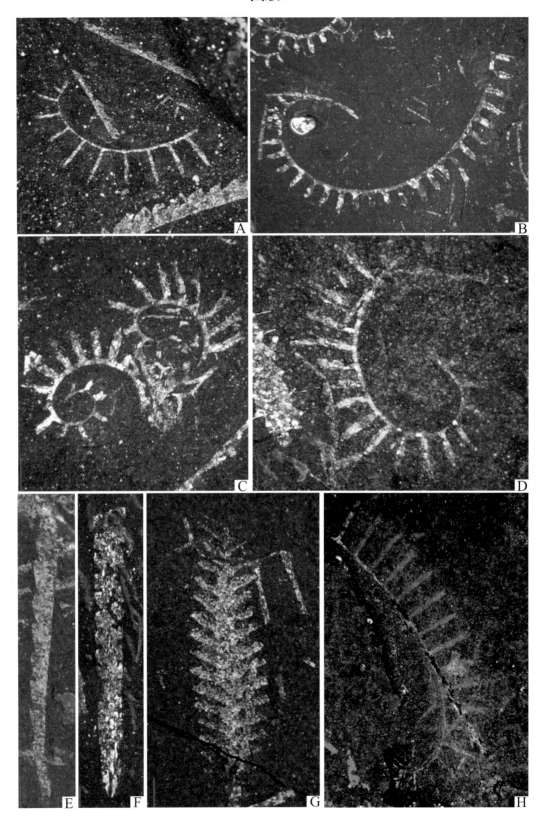

图版9说明

A，*Pseudoretiolites daironi* (Lapworth)，LM8，湖北省神农架八角庙龙马溪组，采集号码：AFU613。

B，*Normalograptus medius* (Tornquist)，LM5，贵州省遵义市板桥龙马溪组，采集号码：ZF1。

C，*Metaclimacograptus hughesi* (Nicholson)，LM6，四川省长宁县双河镇狮子山龙马溪组，采集号码：AGH149。

D，*Stimulograptus sedgwickii* (Portlock)和*Lituigraptus* sp.，LM8，四川省长宁县双河镇狮子山龙马溪组，采集号码：AGH167。

E，*Lituigraptus richteri* (Perner)，LM7，四川省长宁县双河镇狮子山龙马溪组，采集号码：AGH142。

F，*Pristiograptus regularis* (Tornquist)，LM8，四川省长宁县双河镇狮子山龙马溪组，采集号码：AGH197。

G，*Pristiograptus pristinus* Pribyl，LM 9，湖北省神农架八角庙龙马溪组，采集号码：AFU625。

H，*Petalolithus praecursor* Boucek and Pribyl，LM 6，湖北省神农架八角庙龙马溪组，采集号码：AFU593。

I，*Spirograptus andrewsi* (Sherwin)，LM8，湖北省神农架八角庙龙马溪组，采集号码：AFU613。

线形比例尺：1 mm。

图版9

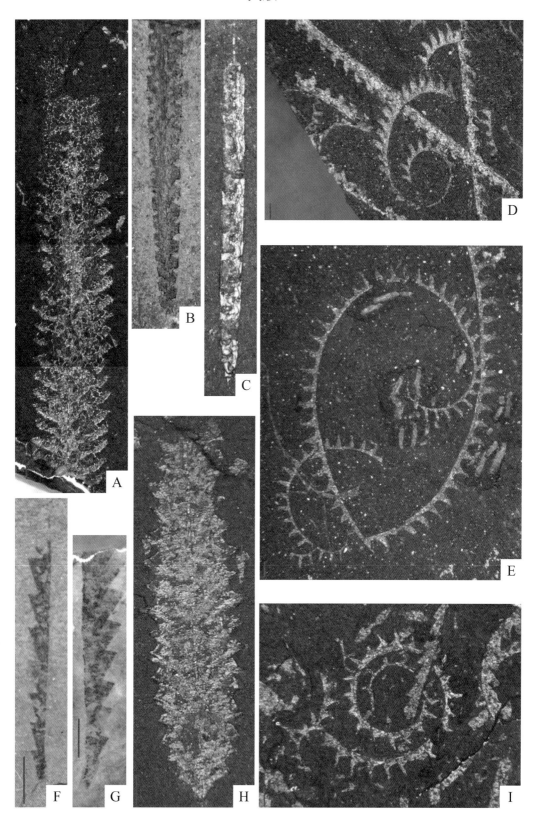

图版10说明

A，*Stimulograptus sedgwickii* (Portlock)，LM8，湖北省神农架八角庙龙马溪组，采集号码：AFU613。

B，*Lituigraptus convolutus* (Hisinger)，LM7，湖北省五峰县小河村龙马溪组，采集号码：GHH242。

C，*Parapetalolithus palmeus* (Barrande)，LM8，湖北省神农架八角庙龙马溪组，采集号码：AFU613。

D，*Paramonoclimacis falcatus* (Chen and Lin)，LM6–LM7，四川省长宁县双河镇狮子山龙马溪组，采集号码：AGH171。

E，*Parapetalolithus clavatus* (Boucek and Pribyl)，LM8，四川省长宁县双河镇狮子山龙马溪组，采集号码：CN230。

F，*Paramonoclimacis chengkouensis* (Ge)，LM7，湖北省神农架八角庙龙马溪组，采集号码：AFU604。

G，*Paramonoclimacis sidjachenkoi* (Obut and Sobolevskaya)，LM7，湖北省神农架八角庙龙马溪组，采集号码：AFU604。

H，*Rastrites lenzi* Loydell et al.，四川省长宁县双河镇狮子山龙马溪组，采集号码：AGH197。

线形比例尺：1 mm。

图版10

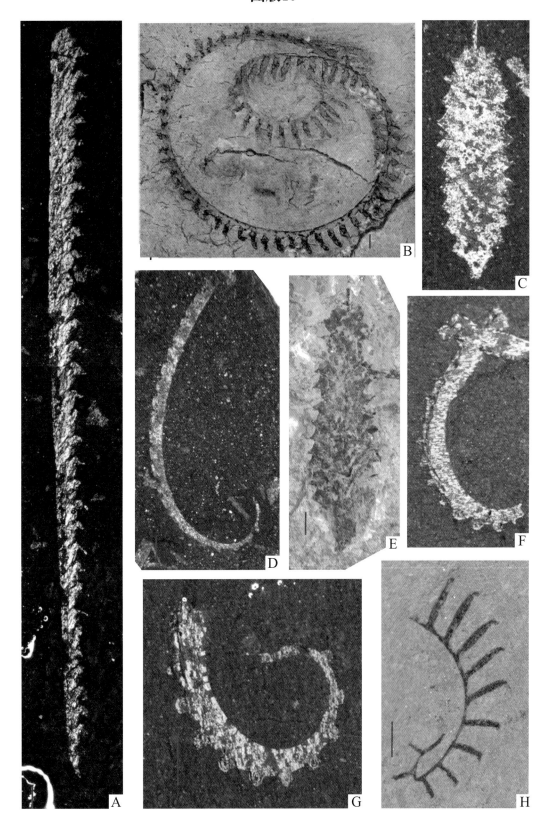

图版11说明

A，*Spirograptus guerichi* Loydell，Storch and Melchin，LM9，陕西省南郑县元坝子崔家沟组，登记号码：NIGP59849，59850。

B，*Pseudoretiolites perlatus* (Nicholson)，LM8，湖北省神农架八角庙龙马溪组，采集号码：AFU613。

C，*Monograptus bjerreskovae* Loydell et al.，LM9，湖北省神农架八角庙龙马溪组，采集号码：AFU625。

D，*Torquigraptus decipiens* (Tornquist)，LM8，湖北省神农架八角庙龙马溪组，采集号码：AFU610。

E，*Torquigraptus obtusus* (Schauer)，LM9，湖北省神农架八角庙龙马溪组，采集号码：AFU625。

F，*Monograptus marri* Perner，LM9，湖北省神农架八角庙龙马溪组，采集号码：AFU625。

线形比例尺：1 mm。

图版11

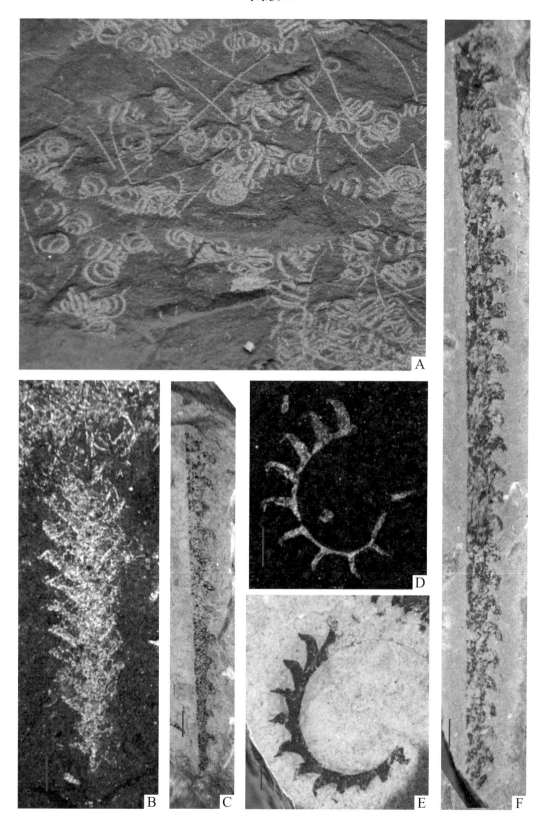

图版12说明

五峰组（凯迪阶晚期）DDO笔石动物群向龙马溪组（赫南特阶至鲁丹阶）N动物群的转换（据Chen et al.，2003，Fig.3）

A，*Nymphograptus sichuanensis* Mu，WF2，×1.7。

B，*Diceratograptus mirus* Mu，WF3，×5。

C，*Climacograptus hastatus* (T. S. Hall)，WF3–4，×5。

D，*Dicellograptus graciliramosus* Yin and Mu，WF2，×2.6。

E，*Tangyagraptus typicus* Mu，WF3，×5。

F，*Paraorthograptus pacificus* (Ruedemann)，WF3–4，×5.5。

G，*Phormograptus connectus* (Mu)，WF2–4，×4.7。

H，*Sinoretiograptus mirabilis* Mu，WF2，×6.8。

I，*Appendispinograptus venustus* (Hsü)，WF2–3，×4.4。

J，*Parareteograptus sinensis* Mu，WF2–3，×5.5。

K，*Styracograptus tatianae* (Keller)，WF3–4，×4.3。

L，*Orthoretiograptus denticulatus* Mu，WF2，×4.8。

M，*Dicellograptus ornatus* Elles and Wood，WF2–4，×5.8。

N，*Appendispinograptus superus* (Elles and Wood)，WF1–4，×4。

O，*Anticostia maxima* (Mu)，WF2–3，×5.5。

P，*Arachniograptus connectus* (Wang)，WF2，×2.1。

Q，*Anticostia lata* (Elles and Wood)，WF2–4，×8.5。

R，*Yinograptus disjunctus* (Yin and Mu)，WF3，×5.5。

S，*Rectograptus uniformis* (Mu and Li)，WF2–4，×3.7。

T，*Metabolograptus ojsuensis* (Koren and Mikhilova)，WF4–LM1，×5。

U，*Neodiplograptus chairs* (Mu and Ni)，WF4–LM1，×5。

V，*Korenograptus angustifolius* (Chen and Lin)，LM1–2，×5。

W，*Normalograptus* sp. aff. *N. indivisus* (Davies)，LM1，×17。

图版12

DDO fauna

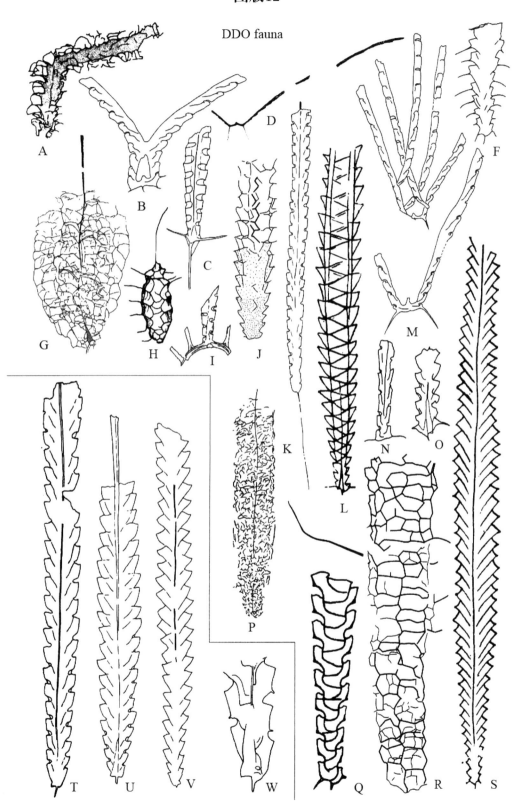

参考文献

Chen, X., Melchin, M.J., Fan, J.X., Mitchell, C.E., 2003. Ashgillian graptolite fauna of the Yangtze region and the biogeographical distribution of diversity in the latest Ordovician. Bulletin de la Société Géologique de France, 175:141-148.

参考文献